L'ORIGINE
DU SEXE

Laura Sadowski

L'ORIGINE DU SEXE

Odile Jacob

15, rue Soufflot, 75005 Paris

www.odilejacob.fr

ISBN : 978-2-7381-2246-9
ISSN : 1952-2126

À Karine

1

L'enveloppe

La première enveloppe arriva par la poste. C'était une enveloppe grossièrement cachetée et surchargée de timbres.

Diane la tint longtemps entre ses mains avec le reste du courrier, allant çà et là dans le vaste appartement, retirant ses chaussures et ses mi-bas, ouvrant les rideaux et les volets pour laisser entrer les derniers rayons du soleil d'automne, se réchauffant un bol de lait au micro-ondes. Elle s'assit enfin dans le canapé avec son lait fumant. Puis elle décacheta l'enveloppe.

Celle-ci contenait un jeu de photographies, une quinzaine environ, accompagné d'un bristol plus gris que blanc, taché et écorné, et sur lequel étaient écrits ces mots : « Voici comme convenu la première livraison, P. P. »

Elle fronça les sourcils, but une gorgée brûlante de son lait en regardant dans le vide et dit à voix haute :

– Pépé ?... Connais pas !

Puis son visage s'éclaira brusquement :

– Mais oui, bien sûr ! Enfin les voilà ! C'est pas trop tôt.

Elle examina les photographies : elles étaient si mal prises, si mal cadrées et parfois si floues qu'elle eut du mal à reconnaître sa sœur.

Celle-ci avait été capturée à différents moments de la journée, souvent seule, quelquefois accompagnée de connaissances communes dans des endroits de Paris que Diane identifiait. Il n'y avait rien dans ces clichés de particulier, rien d'insolite ou de singulier, rien même de plaisant ou d'amusant, juste des prises de vue maladroites, sans charme et sans intérêt.

Elle fronça de nouveau les sourcils et, perdue dans ses pensées, but à petites gorgées son lait devenu tiède. « Bizarre, vraiment, se dit-elle. Pourquoi m'envoyer ce genre de photographies ? Ce n'est pas ce que j'avais demandé. »

Quand le téléphone sonna.

C'était un coup de fil qu'elle avait attendu toute la journée, de sorte que, toute à sa conversation, elle déposa sans y prêter garde l'enveloppe et les photographies dans le tiroir de son bureau qu'elle referma machinalement, et les oublia.

Une deuxième enveloppe lui parvint quelque temps après. Elle avait le même aspect grossier et peu soigné que la première. Cependant, les photographies étaient différentes : sa sœur avait été prise cette fois de façon plus nette et plus personnelle.

On la voyait seule au volant de sa voiture ou attablée à l'intérieur d'un grand café, des clichés nocturnes pour la plupart ; elle y avait les traits tirés, le regard fixe et fiévreux, une expression étrange que Diane ne lui connaissait pas.

Les trois dernières photographies, prises vraisemblablement au téléobjectif depuis un immeuble situé en face de l'appartement de sa sœur, à la Muette, la montraient dans sa chambre, assise en tailleur sur son lit, penchée sur un plan de la ville, une bouteille de gin largement entamée devant elle. Ce qui étonna Diane, c'était la façon dont sa sœur était habillée : ses tenues étaient pour la plupart provocantes, vulgaires même, une vulgarité accentuée par un maquillage outrancier.

« Ce n'est pas elle » fut la première pensée de Diane, ce ne peut pas être elle. C'est une mauvaise plaisanterie. Elle lut sur le bristol qui accompagnait l'envoi : « Comme convenu, voici la deuxième livraison. Cordialement, P. P. »

Le soir même, Diane décida de rendre visite à sa sœur sans s'annoncer. Elle la trouva donnant un dîner pour des relations de son mari. Celle-ci fut surprise mais néanmoins ravie.

– Diane ! Comme je suis heureuse de te voir ! Je te croyais à Amsterdam.

– Je suis rentrée tout à l'heure.

– Et tu viens m'embrasser aussitôt ? Tu es la seule à m'aimer ainsi, tu sais ça ?

Elle l'entraîna dans la grande salle de réception et l'obligea à prendre place au milieu des convives. On était à l'entrée. Elle lui fit apporter un couvert et lui servit elle-même un verre de vin. Elle était comme à son habitude aimable et souriante, mondaine et attentive à chacun.

Diane eut beau l'observer durant le repas et profiter de la moindre occasion pour lui parler, elle ne trouva rien en elle qui corresponde aux expressions singulières des mystérieux clichés. Une plus grande pâleur peut-être, des cernes plus prononcés, mais sa jeune sœur avait toujours été d'une nature délicate. Une surexcitation dans son humeur aussi, une espèce de fébrilité dans ses gestes et dans le débit de sa voix, mais la soirée était arrosée et les mets épicés.

Un détail cependant : Diane surprit un regard de sa sœur posé sur son mari qui était placé face à elle, en bout de table. On aurait dit qu'elle observait un étranger dont elle aurait cherché à démêler les sentiments qu'il lui inspirait. Puis elle eut un frisson qui lui fit relever son étole sur ses épaules et baisser les yeux.

Diane quitta la soirée plus tôt que les autres invités. Il était tard, elle était fatiguée. Elle serra sa sœur dans ses bras :

– Si tu avais des ennuis, tu me le dirais, n'est-ce pas ?

– Bien sûr, voyons !

– Tout va bien alors ?

– À part un léger mal de crâne parce que j'ai bu trop de champagne, tout va bien, je t'assure.

– Mets un gant frais sur ton front en te couchant, ça te soulagera.

Et, comme pour anticiper la sensation de bien-être qu'allait ressentir sa sœur, Diane posa une main ouverte sur son front. Il était brûlant.

– Mais tu as de la fièvre !

Sa sœur fit une moue agacée :

– Tu ne vas pas t'y mettre toi aussi ! (Elle eut un coup de menton en direction de son époux.) J'ai déjà mon docteur Mabuse, merci !

Elles éclatèrent de rire tout en se jetant dans les bras l'une de l'autre.

Diane ne vit pas alors la nécessité de la questionner sur les photographies qu'elle avait reçues.

Revenue chez elle, elle les rangea dans la corbeille des papiers à trier sans y penser davantage.

Le troisième paquet ne lui fut pas envoyé par la poste, mais déposé à son domicile. En effet, un soir que Diane rentrait d'un de ses voyages d'affaires, le coin de sa porte buta contre un objet qui se trouvait derrière. Elle découvrit une enveloppe identique aux précédentes, moins épaisse cependant et mieux cachetée.

Elle demeura un long moment perplexe : comment avait-on fait pour pénétrer chez elle ? Comment était-on parvenu à ouvrir la porte blindée sans l'endommager ou sans déclencher l'alarme ?

Elle vérifia les serrures. Rien, pas une fracture, pas une bosse, pas même une éraflure... Mais pourquoi s'était-on introduit dans l'appartement alors que les boîtes aux lettres de l'immeuble sont bien visibles dans le grand hall ? Et qu'il y a la loge de la concierge ?...

– La concierge ! s'écria Diane. Elle doit savoir quelque chose.

Elle jeta sa valise et son attaché-case à l'intérieur de l'appartement, tira la porte et dévala le grand escalier haussmannien.

Diane ne se rendit compte de l'heure tardive que lorsque Mme Mercier écarta le rideau à carreaux de la porte vitrée de sa loge : c'était sa manière à elle de signifier aux résidents que contrairement aux siècles passés une gardienne n'a pas à se tenir à la disposition de tous 24 heures sur 24, qu'elle a, elle aussi, le droit d'avoir une vie privée.

Elle ouvrit pourtant avec un visage avenant : Mlle Jenken était celle qui lui donnait le plus d'étrennes en fin d'année.

Diane la salua brièvement, omit de s'excuser et la questionna brusquement.

– Madame Jenken, j'ai rien déposé chez vous. Pas de paquet, pas d'enveloppe. Non, non, le facteur ne m'a rien donné de spécial pour vous cette semaine... Non, j'ai ouvert à personne pendant votre absence et personne ne m'a demandé d'ouvrir votre porte... J'ai vu personne de bizarre dans l'immeuble et aucun résident ne m'a signalé quelque chose d'anormal... Non, madame Jenken...

Il y avait un arrière-fond par-dessus les épaules de la concierge que Diane prit soin d'ignorer : elle et sa famille étaient à table et leur télévision criait à tue-tête la météo du soir.

– Non madame, c'est lundi que je fais le ménage chez vous. Le jeudi, c'est chez Mme Gauthier... Oui, c'est sûr que vos clés sont ici, si vous voulez je vais vérifier au tableau...

– Ce serait aimable à vous, madame Mercier, c'est que j'ai découvert dans mon couloir une enveloppe et j'ignore comment on a pu l'y déposer.

La gardienne se raidit et fronça les sourcils : non, le regard de Mlle Jenken n'était pas soupçonneux à son égard. Avec un large sourire obligeant, elle rentra dans sa loge en laissant la porte entrebâillée.

Devant la télévision braillarde, M. Mercier épluchait placidement une poire tandis que ses deux fils se tortillaient sur leurs chaises en se chamaillant. Un gros chat gris tigré accroupi sur le coin de la table tentait de lécher ce qui était vraisemblablement l'assiette de Mme Mercier. De temps à autre, la voix forte de M. Mercier grognait quelques mots entre ses dents, ce qui provoquait une timide retraite du matou et une interruption momentanée des cris de ses fils.

Tout autour d'eux s'éparpillait un bric-à-brac clinquant composé de vases, de napperons, de cadres ; une Vierge de la rue du Bac, surmontait l'écharpe du PSG ; à droite, au-dessus du tableau de bord de la minuterie et des sonnettes de l'immeuble, s'étalait une collection de cartes postales envoyées par les résidents en voyage à leur concierge vigilante.

Diane reconnut celle qu'elle lui avait adressée de Malte et dans laquelle elle lui rappelait de bien veiller à faire garder la même température à toutes les pièces de son appartement pour la bonne conservation des objets d'art.

Tout à coup elle éprouva une sensation de gêne et s'éloigna du seuil. C'était un monde qu'elle ne connaissait pas, qu'elle apercevait de temps à autre dans le métro quand elle le prenait, dans les centres commerciaux les rares fois qu'elle s'y rendait, autour de la Grande Roue lorsqu'elle traversait les Tuileries. Çà et là sur les plages de la côte atlantique lorsqu'elle rejoignait sa sœur et sa mère dans leur maison de vacances.

Elle savait qu'il existait dans Paris des quartiers *populaires* qui bordaient le sien, et d'autres encore plus étrangers, vaguement menaçants, en périphérie… Mais la plupart du temps les taxis dans lesquels elle sautait les évitaient, naviguant entre la rive droite et la rive gauche ou filant vers les aéroports.

Mme Mercier revint triomphante en agitant un trousseau de clés devant elle. Elle désigna avec ostentation l'étiquette accrochée à l'anneau :

– Vous voyez, c'est écrit là : « Mlle D. Jenken, Appart. 4e étage droite. »

Diane lut de loin l'étiquette, mais insista encore.

– Non, non, je n'ai pas ouvert, ni à quelqu'un de votre connaissance ni à un employé, à personne. J'suis pas rentrée depuis votre départ. Non, non, j'ai pas arrosé les plantes sans votre permission… C'est rien, je suis là pour ça, bonsoir madame Jenken.

Diane fit mine de se diriger vers l'ascenseur, mais, dès qu'elle entendit la porte de la loge se refermer, elle se précipita dans l'escalier pour remonter chez elle. Elle voulait laisser derrière elle cette odeur saumâtre de produits d'entretien et de friture qui se dégageait de toute la personne de la gardienne chaque fois qu'elle secouait la tête avant de commencer ses phrases : « Non, non. »

Elle arriva haletante à sa porte. Moins à cause de sa course que des mille questions qui se bousculaient dans sa tête. On avait donc réussi par un mystérieux subterfuge à pénétrer chez elle… Sans rien abîmer. Sans rien toucher, sans rien bousculer… C'est probablement parce que le paquet devait contenir quelque chose d'important, assez pour qu'on s'assure qu'il lui soit remis personnellement. Cependant, on avait pénétré chez elle… Une sorte de malaise, la sensation pénible d'une effraction pas seulement de son domicile mais aussi de toute son intimité lui fit imaginer la silhouette d'un étranger rôdant à sa porte : « Je ferai changer les serrures dès demain », se dit-elle pour chasser l'image inquiétante.

Cela ne suffit pas à la rassurer. Elle brancha l'alarme. Ensuite, elle examina l'enveloppe. Elle n'était pas timbrée et ne portait que son nom sans adresse. Elle hésitait à l'ouvrir. De nouveau, une crainte vague, une peur indéterminée la retenait et l'avertissait que cette fois, *ce n'était plus un jeu*.

Un jeu : car tout avait commencé entre sa sœur et elle par une plaisanterie.

– Je te défie pour mon prochain anniversaire de trouver un cadeau qui m'étonnera ! lui avait dit sa sœur.

Diane avait répondu en haussant les épaules :

– Rien ne peut plus te surprendre, tu es revenue de tout, tu es blasée jusqu'à l'ennui.

– Pourtant… il me manque quelque chose.

– À toi ? Et quoi donc ?

– L'amour.

Sa sœur avait prononcé le mot dans un souffle, presque avec crainte.

– Tu en parles comme d'une chose qui t'est inconnue.

– Avoue que ce serait le comble pour la jeune femme mariée que je suis !

Et elle partit dans un éclat de rire forcé qui intrigua Diane :

– Me cacherais-tu quelque chose ?

Le même éclat de rire exagéré précéda cette étrange réponse :

– Si tu veux le savoir, fais-moi suivre !

Fais-moi suivre... Étonne-moi... Surprends-moi... Ces mots par la suite revinrent plusieurs fois à l'esprit de Diane comme un refrain qu'on ne parvient pas à chasser. Ils paralysaient en elle toute idée originale de cadeau. En même temps, elle sentait obscurément que sa sœur était en attente de quelque chose de nouveau, d'extravagant, de fantasque – quelque chose qui la ferait sortir de cette espèce de langueur, de mélancolie qui semblait l'avoir saisie ces derniers temps.

Quand, un soir, regardant la télévision depuis le fond de son lit, Diane trouva l'inspiration. On diffusait sur une chaîne du câble un polar américain en noir et blanc. Le héros était un détective privé. L'idée la fit bondir hors de son lit et, excitée, elle envoya à sa sœur ce texto : « J'ai trouvé ton cadeau. Tu seras bluffée ! Je t'aime, Diane. »

Diane Jenken voulut que le hasard s'en mêle tout à fait, et, en ouvrant l'annuaire, elle choisit, index levé et yeux fermés, le nom de : « P. Perrier, détective privé, filatures en tout genre, enquêtes discrètes, surveillances étroites, etc. Métro République. »

Elle ne rencontra jamais ce détective. Elle ne sut jamais à quoi pouvait correspondre l'initiale de son prénom, ni à quoi pouvait ressembler son agence de filatures. Toute la transaction se passa par l'entremise d'une boîte vocale et se borna à l'envoi d'un mémo sur ce qu'elle désirait, les coordonnées de la personne à suivre, sa photo, le tout accompagné d'un chèque.

Les choses en restèrent là. On était à l'entrée de l'hiver.

Or, à la fin de l'été, conformément aux termes de la transaction, la première livraison lui parvint alors même qu'elle en était à chercher une autre idée de cadeau : « P. P. » correspondait à « P. Perrier », et les jeux de photographies au cadeau d'anniversaire promis dans l'excitation d'un soir.

En effet, elle avait eu l'idée folle et romanesque de faire suivre sa sœur durant une année par un détective privé qui, à des moments que lui seul choisirait, la prendrait en photo à différents instants de sa vie, de jour comme de nuit, en public ou dans son intimité. Les instantanés capturés au hasard, dérobés aux saisons et aux jours permettraient à Diane d'organiser une exposition inattendue dans une galerie d'art de la rue de Seine en guise de cadeau d'anniversaire. Elle y inviterait la famille et les amis mais aussi, pour ajouter à l'effet de surprise, des anonymes et des passants interpellés de manière aléatoire dans la rue. Quelle idée géniale !

« Étonne-moi ! » lui avait lancé sa sœur avec une sorte de supplication dans la voix. Et voici qu'à présent, c'était Diane qui était déconcertée par la tournure que prenaient les choses.

Elle ouvrit l'enveloppe : toujours le même contenu, une suite de photographies accompagnées d'une carte de visite. Elle alluma la lampe de son bureau et les examina de plus près. En réalité, ce n'était pas tout à fait la même chose… Tous les clichés avaient été pris de nuit selon un même angle.

On y distinguait la frêle silhouette de sa sœur qui allait et venait sous les lumières électriques d'une rue étroite. En perspective, une jeune femme se tenait debout contre un mur, les mains dans son blouson et une cigarette aux lèvres. Des clichés en argentique, fort bien pris d'ailleurs, mais sans intérêt particulier.

– De qui se moque-t-il à la fin ? !

Diane jeta en vrac le paquet sur son bureau et alla de mauvaise humeur se faire couler un bain. Entrer par effraction chez elle pour y déposer des photos insignifiantes et toutes identiques, c'est un comble !

– Avec ce qu'il m'a envoyé il n'y a même pas de quoi faire un album de poche !

Diane était assise nue sur le bord de la baignoire et vérifiait avec le bout de ses doigts la température de l'eau : elle aimait les bains chauds mais pas brûlants. Petit à petit, la pièce se remplissait d'une légère vapeur d'eau.

– Payer une fortune un détective privé pour un travail d'amateur, c'est ce qui s'appelle de l'escroquerie !

Elle alla se placer devant la glace, s'empara de plusieurs épingles à cheveux qui se trouvaient dans une petite corbeille en osier et les pinça entre ses lèvres. Puis lentement releva une à une ses longues mèches au-dessus de sa nuque.

– Je peux vous garantir, monsieur l'incapable, que vous aurez de mes nouvelles demain à la première heure !

Mais sa phrase prononcée à voix haute resta suspendue en même temps que le mouvement de ses mains.

Son visage exprima d'abord l'incrédulité, puis l'effarement et enfin l'horreur.

Elle regarda son reflet disparaître peu à peu sous une fine couche de vapeur d'eau qui dévorait le miroir par le milieu et être progressivement remplacé par une des photographies qu'elle avait entraperçue sans l'examiner. Celle-ci était différente de la série pourtant : sa sœur prise en plan éloigné avait l'allure d'une racoleuse.

Elle tressaillit ; ses bras retombèrent et son chignon s'écroula sur ses épaules. La vérité venait de jaillir en elle avec la violence d'une gifle : sa sœur se prostituait !

Elle coupa d'un geste sec l'eau de la baignoire, jeta un peignoir sur ses épaules et courut à son bureau. La lampe était toujours allumée et on aurait dit qu'elle éclairait tout particulièrement la photographie que ses yeux avaient entrevue et que sa conscience venait de lui restituer. Sa sœur y apparaissait exagérément maquillée avec des yeux charbonneux et des faux cils, la bouche épaissie par un rouge à lèvres gras, le visage encadré par une perruque aux mèches crantées ; sa tenue allongeait démesurément sa taille gracile : de longues cuissardes touchant le bord d'une minijupe à motifs léopard, un body collant sous un Perfecto de cuir clair et un sac à main en demi-lune coincé sous l'aisselle. Son regard brillant fouillait avec inquiétude le fond de la rue.

Diane tira une loupe d'un tiroir du bureau et se mit à scruter des détails de la photographie qui lui auraient permis d'identifier la rue. Mais elle ne connaissait pas ce Paris-là. Cette rue humide et sordide ne traversait aucun des endroits clairs, vastes et propres de la capitale qu'elle fréquentait. Sa gorge se noua et sa bouche devint très sèche.

Elle retourna machinalement la photographie et eut la surprise de découvrir ces mots hâtivement écrits : « DJ à (un mot raturé) pour Somaly – Tentative 7. »

Elle fronça les sourcils, relut plusieurs fois l'inscription et, ahurie, alla s'asseoir sur le petit canapé de la pièce. Elle eut beau réfléchir, retourner mille fois les mots dans sa tête, tenter des combinaisons et des rapprochements, elle ne les comprenait pas. Qui était Somaly ? De quelle tentative s'agissait-il ? À quoi correspondait ce chiffre 7 ?

Tout à coup, elle fut submergée par une angoisse aiguë… Elle sentit qu'elle allait pleurer, mais au lieu de cela elle éclata de rire.

– On se moque de moi, c'est une farce, on m'a monté un canular !

Elle riait et tremblait tout à la fois. Des larmes vacillaient au bord de ses yeux, tandis que des rires ressemblant à des sanglots déchiraient sa poitrine. Brusquement elle se ressaisit :

– Peut-être qu'on veut me faire peur ? M'effrayer, qui sait ?... Mais dans quel but ?

Elle réfléchit un instant, puis hocha lentement la tête comme quelqu'un qui devine petit à petit ce qui se cache derrière les choses.

– Oui, je ne vois que ça !... C'est forcément ça ! Monsieur le détective veut me faire peur pour justifier ses honoraires. Il fait du mauvais boulot, mais il veut que je pense le contraire. C'est bien vu, mais ça ne prend pas avec moi. Il faudra bien qu'il s'explique sur sa petite combine. C'est sûrement un montage, des photos truquées pour faire passer la note. Quelle imbécile j'ai été de faire appel à quelqu'un sur lequel je n'ai pris aucun renseignement ! Ça me servira de leçon !

Elle ne tremblait plus. Elle semblait même s'apaiser au son de sa voix. Elle essuya les larmes de ses joues avec la manche de son peignoir et bâilla légèrement. Soudain elle ressentit une immense fatigue lui tomber sur les épaules. Elle prit le plaid qui se trouvait au bout du canapé, s'en enveloppa et s'allongea. Elle était épuisée. Elle n'avait pensé se reposer qu'un instant, mais elle s'assoupit presque immédiatement.

Elle plongea dans un sommeil agité et oppressant. Ses rêves se confondirent avec les scènes des photographies : Diane s'y découvrit sous les traits de la femme qui racolait avec sa sœur. Elle tentait de séduire un homme qui portait un chapeau mou et un trench-coat mais dont elle ne parvenait pas à voir le visage. Il répétait sans cesse : « C'est ta dernière tentative. Ta sœur a la septième. Somaly a les autres. » La voix de l'homme était synthétique, comme enregistrée sur la bande d'une boîte vocale.

Puis il y eut un paysage d'hiver : la neige tombait dans la photographie. Dans un coin, elle vit sa sœur grelotter de froid, assise sur le bord d'un trottoir, les bras enserrant ses jambes repliées contre sa poitrine, et le regard tourné vers le fond de la rue. Elle s'y trouvait elle-même, dans le coin opposé. Elle était dans son peignoir blanc, les cheveux défaits. Elle n'avait pas froid, elle sentait seulement dans son dos une présence tandis qu'elle fixait de lourds flocons espacés qui dessinaient quelque chose avec lenteur sur la chaussée : un jeu de whist étalé. Elle avança la main vers les cartes et dit :

– L'as est au mort, la dame dans ma main.

C'est alors que la présence derrière elle cria :

– Mauvaise pioche ! en la secouant brutalement.

Diane se réveilla en sursaut. Le jour allait poindre, il faisait froid dans l'appartement. Elle n'eut pas la force de se lever tout de suite, elle s'emmitoufla davantage dans sa couverture et plongea aussitôt dans un nouveau sommeil.

Paysage d'hiver encore : le sol glacé de givre étincelait sous la lune. Sa sœur était toujours assise sur le bord du trottoir :

– Que fais-tu là ? lui demanda Diane.

– Je me suis égarée.

– Viens, rentrons, je connais le chemin.

– Il n'y a pas de chemin dans cette rue, Diane, lorsqu'on y est, on reste prisonnier de la gélatine des photographies. De toute façon, je ne peux pas. J'attends.

– Qu'attends-tu ?

– Voyons, tu le sais bien, j'attends Somaly.

Diane s'éveilla dans ce qui lui sembla un cri. C'était le téléphone qui sonnait. Elle ne reconnut pas immédiatement la voix, elle répéta plusieurs fois :

– Qui êtes-vous ? Mais qui êtes-vous ?

C'était Aïda Jenken, sa mère. Celle-ci avait besoin d'elle pour être conduite chez le décorateur Balducci du faubourg Saint-Honoré :

– … Je ne trouve personne ma chérie, tout le personnel est occupé à surveiller les travaux de la maison, c'est affreux tout est sens dessus dessous, de la cave au grenier, des communs aux dépendances. J'ai même décidé de rénover le belvédère, je ne sais plus où donner de la tête. Je m'excuse de te demander d'être mon chauffeur, j'ai téléphoné à ta sœur, mais elle n'est pas là. Elle est partie passer quelques jours à l'île d'Yeu…

Ce fut un immense soulagement. Sa sœur allait bien, sa sœur était sur l'île ! Au bout du fil sa mère n'en finissait pas :

– Elle aurait pu prévenir, même son mari n'était pas au courant. J'ai dû le lui apprendre moi-même. Et puis d'ailleurs, quel plaisir trouve-t-on à aller s'enfermer seule, durant des semaines dans une maison battue par les vents et dévorée par le sel de la mer ? Décidément, je ne comprendrai jamais ta sœur ! Dieu merci, tu es prévisible, toi ! C'est pourquoi je t'attends d'ici une heure.

Une autre enveloppe lui parvint comme la dernière, c'est-à-dire déposée dans son vestibule sans aucune trace d'effraction.

Lorsqu'elle la vit, Diane frémit de colère : elle en avait assez de tout ce manège, de cet homme qui se permettait de pénétrer chez elle comme un voleur, de cette idée saugrenue de cadeau qui tournait au cauchemar !… Elle claqua la porte derrière elle et, sans attendre, décacheta le pli.

Ce fut comme un coup violent qu'on lui aurait assené derrière la tête. Elle s'adossa au mur, regarda de nouveau les photographies, mais elle ne vit plus rien. Ses yeux s'étaient enténébrés, une sorte d'obscurité épaisse s'était faite entre eux et les clichés. Puis ces derniers redevinrent très nets : ils montraient une femme qui poignardait un homme derrière une fenêtre, et cette femme… c'était sa sœur !

Elle émit un râle qui l'effraya elle-même, puis, hébétée, lut le bristol qui accompagnait l'envoi : « C'est la dernière livraison. Contre les négatifs, payez la somme de 10 000 euros en liquide ou la police les recevra. Vous serez contactée. Ne parlez à personne. »

Le dernier mot ainsi que la somme étaient écrits en lettres capitales, et Diane les répéta mécaniquement plusieurs fois à haute voix.

Alors quelque chose se passa en elle, quelque chose de semblable à une dissociation d'elle-même. Si son corps était tétanisé par l'effroi, son esprit, lui, était en effervescence, cherchant une histoire à se raconter pour n'avoir pas à envisager la réalité. Après tout, pourquoi pas ? Pourquoi ne serait-ce pas encore une manœuvre douteuse du détective ? Pourquoi pas un nouveau montage, une nouvelle tromperie ? Des photographies falsifiées ?…

Elle considéra une nouvelle fois les clichés : la scène se passait dans la chambre d'un hôtel. L'enseigne cassée illuminait une façade d'aspect miteux. Les rideaux des fenêtres étaient déchirés ou rapiécés, du linge intime pendait aux montants, l'intérieur des chambres était éclairé par des plafonniers crasseux. Dans cet endroit sordide, en haut à droite, à l'avant-dernier étage, c'était très net, on voyait sa sœur tuer un homme. On la voyait elle, debout, avec une lame ensanglantée dans une main et la silhouette de sa victime chanceler. On voyait cela très bien.

Elle se laissa glisser le long du mur et s'affaissa sur ses jambes repliées.

Soudain elle s'écria :

– J'ai compris ! (Puis se relevant d'un bond :) Ça y est, j'ai compris !

Elle était heureuse d'avoir trouvé l'explication, son cœur battait la chamade, elle respirait à pleins poumons en gambadant partout.

– J'ai compris !

Elle se convainquit que la farce ne venait pas du détective qu'elle avait engagé, comme elle pouvait être bête ! mais de sa propre sœur. Celle-ci avait dû découvrir qu'on la suivait, elle avait embobiné Perrier et s'était entendue avec lui pour jouer un mauvais tour à la commanditaire. Quelque chose comme ça.

– C'est tout elle ! C'est elle tout craché !

Diane au milieu de ses cabrioles se servit un doigt de porto, leva le verre à la perspicacité de sa sœur, puis se mit à glousser d'allégresse.

Tout à coup on sonna à la porte. C'était sa mère, défaite et blême. Elle tenait dans ses mains une enveloppe.

2

Hôtel Darwin
Rue Marcadet
18e arrondissement

C'est difficile pour un flic d'expliquer pourquoi la mort, pourquoi n'importe quelle mort qui coïncide avec l'aube provoque un malaise. Même chez le flic le plus aguerri.

Ce n'est pas qu'il y ait un moment approprié pour mourir, mais il y en a un pour découvrir un cadavre. Le lever du jour est celui qui convient le moins. C'est comme si ça jurait, la première lumière du matin et un corps, deux choses qui ne vont pas ensemble… Pourtant, c'est à l'aube que les condamnés sont exécutés ou que les désespérés nouent une corde autour de leur cou.

Un policier vous dira que la mort pour être « enquêtable » doit s'accorder avec le franc éclat du soleil ou la totale obscurité de la nuit. Surtout lorsqu'il s'agit d'un crime de sang. Car alors on évolue sur la scène de crime sans hésitation et sans embarras : on part de la victime et l'on rayonne tout autour d'elle à la recherche d'indices et de traces, tandis qu'on émet des hypothèses sur le déroulement des faits qui ont conduit à l'homicide, qu'on échange des banalités sur la vie, qu'on donne des nouvelles de nos familles. Il n'y a pas de gêne envers le macchabée…

Alors qu'avec la lumière grise de l'aube on pénètre dans les lieux du crime avec retenue et précaution. Les pas des officiers de la PJ sont hésitants et les voix étouffées. Les gestes évitent le plus possible l'environnement proche de la victime et, quand ils fouillent ses affaires personnelles dans les tiroirs, ils lui tournent le dos par pudeur.

Toute la scène du crime d'ailleurs prend la teinte de la couleur morne du ciel : les objets, nos silhouettes, le sol et les murs, jusqu'à la dépouille elle-même… Cette clarté indécise trouble l'espace et transforme en ombres chinoises ce que nos yeux perçoivent : ce n'est ni tout à fait le jour ni tout à fait la nuit, plutôt une moitié de jour et une moitié de nuit. La victime est encore une forme et déjà une ombre ; les policiers sur place sont à la fois des enquêteurs et des veilleurs de morts, et l'on en viendrait à penser que le meurtrier n'est pas seulement un criminel mais aussi l'exécuteur fatal de quelque divinité obscure.

Chez le capitaine Malika Kétab, qui s'engageait rue Marcadet dans le 18e arrondissement, ce malaise de l'homicide à l'aube pouvait confiner à l'angoisse. C'était la sensation qu'elle avait en ce moment. Elle avait beau déglutir et tirer sur sa cigarette, sa gorge restait nouée. Elle apercevait, prismée par les gouttes de pluie qui s'étaient déposées sur son pare-brise, la lumière tournoyante des gyrophares des voitures de police et du camion des pompiers.

Elle se gara à la diable sur le trottoir, son essuie-glace côté passager ne fonctionnait plus. L'autre, fatigué, étalait plus qu'il ne balayait la pluie et la poussière du ciel. Il aurait fallu qu'elle se décide à changer de véhicule, mais elle ne s'y résolvait pas, par superstition. Par cette sorte d'attachement aussi que l'on éprouve à l'égard d'objets qui vous côtoient tous les jours comme des animaux domestiques.

Elle éteignit les phares, mais laissa l'essuie-glace aller et venir devant elle. Elle alluma une nouvelle cigarette sur laquelle elle tira plusieurs bouffées de suite et soupira en constatant la grisaille encore sombre de la rue.

« Mon royaume pour un double expresso ! », s'exclama-t-elle.

À une heure près, elle avait fini sa permanence de nuit. Elle achevait la lecture de sa pile de mangas quand le standard avait sonné : « Une victime X, rue Marcadet. Il faut quelqu'un de chez vous tout de suite. »

C'était la voix du procureur de permanence. Pas moyen d'attendre la relève.

Elle écrasa rageusement son mégot dans le cendrier déjà plein et coupa l'essuie-glace. Très vite ce fut tout son pare-brise qui se recouvrit d'une myriade de gouttelettes qui devenaient rouges et bleues par intervalles. Elle les fixa comme si elle poursuivait une pensée : et puis il n'y a pas que ça qui fout le cafard. La mort au lever du jour entraîne une sorte de déclassement. À l'heure où les choses devraient naître à la vie, voilà que c'est la vie qui devient une chose. Le corps qu'elle allait devoir examiner dans un instant était devenu un objet, un je-ne-sais-quoi qui a changé de catégorie et qui ne fait plus partie de la hiérarchie du vivant. Pour un temps d'abord, il appartiendra à la justice qui en aura, comme un meuble, la détention précaire. Ensuite, celle-ci le restituera aux légitimes propriétaires, les ayants droit du corps, qui entreront en possession de leur bien pour l'enterrer. Enfin, le cadavre finira par être ce quelque chose qui se confondra avec sa fosse : un carré de terre dans un cimetière. Or la brutalité avec laquelle le meurtre opère ce déclassement est rendue obscène par la lumière de l'aube.

On cogna à sa portière. Elle descendit en moulinant sa vitre embuée.

– Vous êtes le capitaine Kétab, de la BRAP ?

Elle acquiesça d'un hochement de tête et s'extirpa de la voiture tout en tirant sa carte de la poche intérieure de son cuir.

Son interlocuteur secoua la main :

– Inutile, inutile de me montrer votre carte, quelqu'un de la brigade, ça se reconnaît tout de suite.

Le petit homme, tout rond, tout chauve, tout rouge, avait dit cela sans ironie ni complaisance, seulement sur le ton de l'évidence. Il tendit vivement sa petite main qui continuait de s'agiter :

– Je suis le commissaire Yves Sempère. C'est moi qui ai demandé au proc d'envoyer un officier de chez vous. Merci d'être venue si vite.

Sempère n'attendit pas que Kétab finisse d'enfiler son brassard : sa main, comme montée sur ressort, gesticulait cette fois d'avant en arrière pour signifier qu'il fallait la suivre. Kétab, accélérant le pas derrière lui, demanda :

– Pourquoi avoir fait appel à nous, monsieur le commissaire ?

– Parce que nous pensons être en présence d'un homicide d'une personne disparue ou enlevée…

– Qu'est-ce qui vous fait penser ça ?

– Mais… mais parce que nous ne parvenons pas à identifier la victime !

Ce fut au tour du capitaine de la BRAP d'être étonnée : l'impossibilité d'identifier une personne n'était pas un critère suffisant pour conclure à « une disparition inquiétante avec causes criminelles supposées ». Les nombreuses notes de la brigade ne cessaient tous les ans de le rappeler aux différents services de la police judiciaire.

Pourtant ceux-ci persistaient à la saisir dès qu'ils avaient un macchabée sur les bras. Par facilité bien sûr, mais aussi pour gagner du temps, s'évitant par là d'avoir à opérer eux-mêmes les investigations d'identification. C'est agaçant à la fin ! Si elle avait eu un double expresso dans le ventre, elle lui aurait respectueusement rappelé les conditions de saisine de la BRAP et sa mission. Mais à quoi bon ? Il était 6 h 30 du matin, il pleuvinait, il faisait froid, dans une minute elle constaterait la nullité de son intervention par procès-verbal sur la scène du crime, et rentrerait chez elle se coucher.

Ils reprirent leur marche, la main potelée du commissaire toujours en houlette. Ils transpercèrent l'attroupement de badauds et de policiers en tenue qui constitue toujours la première haie à franchir avant d'accéder au périmètre de sécurité. Kétab leva la tête : c'était l'entrée d'un hôtel. La lumière rose de l'enseigne était allumée mais des lettres étaient grillées. Elle lut à voix haute :

– *ôtel rwin.*

Sempère rectifia :

– *Hôtel Darwin.* C'est le nom de la rue juste à l'angle. Il faut croire qu'en donnant ce nom, le proprio a voulu se démarquer des autres garnis du quartier où l'on pratique une forme *particulière* de recherches en biologie.

Le commissaire rit de son bon mot. Moins pour la vulgarité qu'il sous-entendait que pour la culture générale qu'il exhibait. Elle esquissa un sourire flatteur car il lui vint soudain une pensée :

– Vous croyez qu'on sert du café ici ?

C'est moins Sempère que sa main agitée qui sembla prise au dépourvu. Elle cessa tout mouvement.

– C'est que..., je ne pense pas. Il n'y a pas de réception. On n'a même pas pu mettre la main sur l'hôtelier. C'est l'homme de ménage qui a découvert le cadavre et qui a prévenu le seul résident permanent de cet hôtel miteux qui, à son tour, nous a appelés. L'un et l'autre sont des sans-papiers bien entendu, mais enfin, ils ont fait leur devoir et on n'est pas de l'immigration, n'est-ce pas ?

Il répéta : « N'est-ce pas ? », dans le cas où elle n'aurait pas compris l'allusion à ses origines. Mais elle était déjà en train de soulever la bande jaune de sécurité :

– On y va, monsieur le commissaire ?

Sa main répondit par la négative puis il ajouta :

– Inutile, inutile que je poursuive avec vous. Je vous laisse y aller seule. C'est en haut de l'escalier. Je vous verrai après.

Elle remarqua alors sa nervosité. Ses yeux, tout ronds eux aussi, hésitaient à la regarder en face, une espèce de fébrilité le faisait se balancer sur ses pieds, qui, avec ses lèvres lippues, lui donnait un air de gros garçon de village timide. Pourquoi cette brusque émotion ? Qu'y a-t-il en haut de ces marches ?

Sous le regard de sa collègue, Sempère recula de quelques pas et se retrouva éclairé par la lumière rose bonbon de l'enseigne, de sorte que le gros garçon se transforma en bébé Candi. Mais elle n'avait pas le cœur à rire. Elle pressentait qu'avec un type pareil, sa journée ne se passerait pas comme elle l'avait prévue.

Il tint néanmoins à expliquer pourquoi il battait en retraite :

– Je vais vous chercher le légiste, capitaine. Il a déjà effectué les premières constatations. Cependant, je vous demanderais de ne pas le retenir trop longtemps, il est attendu pour une autre expertise à l'autre bout de Paris…

Sa petite main ronde, lustrée par la bruine de novembre, s'éleva par-dessus son épaule pour désigner un lieu lointain qui serait l'extrémité de la capitale, puis elle s'envola brusquement, emportant avec elle le petit corps agité du commissaire.

Elle prit une cigarette qu'elle n'alluma pas et entra dans le hall de l'hôtel. Un policier en faction la salua avant de lui indiquer que la scène de crime était à l'étage supérieur.

Mais elle préféra fureter auparavant dans les alentours pour se faire une petite idée des lieux.

C'était une entrée d'hôtel crasseux comme il en existe beaucoup dans le quartier : le jaune des murs avait viré au verdâtre avec le temps, avec la chaleur des radiateurs, la nicotine des cigarettes et la respiration chargée des haleines. De l'ancienne moquette marron, il ne restait qu'une surface râpée et trouée que les innombrables semelles avaient tassée jusqu'à en faire une sorte de matière bouillie. Le comptoir de réception en formica avait gardé les traces de ses usages : taches de graisse, auréoles de boissons, empreintes de chewing-gums collés, brûlures d'allumettes, sudations de mains… Sous la tablette, dans une sorte de casier, gisaient épars un crayon de papier mâchonné, un bloc-notes à l'estampille d'une marque de pastis disparue, un torchon raidi par la crasse, des trombones dépliés, un verre avec au fond des grains de café qui avaient séché.

Kétab s'empara compulsivement du verre et le huma. Elle le reposa aussitôt en s'exclamant :

– Dégueulasse, c'est de l'instantané !

Et, en effet, derrière le comptoir, posé sur une pile de dossiers elle découvrit le pot de café soluble. Elle fouilla un moment ces dossiers qui remontaient pour certains aux années 1970, empilés sans ordre ni logique, mais elle ne parvint pas à mettre la main sur ce qu'elle cherchait.

– Si le fisc venait à avoir l'idée de faire un tour ici, je lui conseillerais de bloquer plusieurs années pour le contrôle. J'ai jamais vu un foutoir pareil !

Elle se retourna, repoussa le fauteuil de la réception, et aperçut sous le comptoir un petit meuble à tiroirs. Elle tenta de les ouvrir l'un après l'autre, ils étaient fermés à clé. Elle chercha partout, même dans le pot à café, rien, pas de clés. Alors elle fit comme on fait dans les romans policiers, elle les força avec une petite règle métallique qui traînait.

Le premier tiroir contenait le téléphone, un vieux coucou noir comme il n'en existe plus mais qui marchait encore. Il y avait aussi une caisse avec un peu d'argent, à peine de quoi rendre la monnaie.

En revanche, dans le deuxième tiroir il y avait ce qu'elle cherchait : le registre des chambres louées. Elle tourna les grandes feuilles collées entre elles et collantes. Un rapide coup d'œil lui suffit pour comprendre qu'une grande partie des noms étaient des noms d'emprunt : Mlle Durand, M. et Mme Dupont, M. Dubuis, Mme Dumont, etc. Elle se dit : « C'est un hôtel de passe », et continua de soulever les pages jusqu'aux attributions de la veille au soir. Elle interpella le gardien de la paix en faction :

– Dites-moi, la victime est dans quelle chambre ?

– La… la 13.

– C'est un chiffre qui ne lui aura pas porté chance, remarqua-t-elle.

Son index glissa le long de la colonne correspondante : chambre 13, Mlle Dulac. Elle hocha la tête :

– C'est une tapineuse.

L'agent qui l'avait entendue parler sans comprendre, demanda :

– Excusez-moi capitaine ?

Kétab leva la tête avec un petit sourire malin au coin des lèvres :

– Je disais, ça y est j'ai identifié votre inconnue du 13. C'était une prostituée et elle s'appelait Mlle Dulac.

Le jeune gardien de la paix écarquilla les yeux de surprise et ouvrit la mâchoire d'admiration. Il la regarda passer devant lui comme on regarde descendre du ring un champion de boxe victorieux.

N'empêche, son amour-propre n'était pas flatté, car en le saluant, elle remarqua son extrême jeunesse. « C'est encore un bleu, il est naïf, se dit-elle. D'ailleurs il tremble comme une feuille, ça doit être sa première intervention sur le terrain. »

Dans le couloir étroit qui menait à la chambre n° 13 au deuxième étage, un silence presque total régnait parmi les agents de la police judiciaire. De nouveau, l'insidieuse angoisse lui noua l'estomac. Elle ferma les yeux pour recourir à cette respiration abdominale qui calmait en général l'emballement du cœur. Néanmoins lui parvenaient, amplifiés, le froissement des vêtements des collègues, la détonation des flashs électroniques, le crissement des combinaisons des techniciens de la scientifique, le murmure des paroles échangées… Faudrait pouvoir voir…

Quoi ? Le jour s'il est levé, s'il fait à présent complètement jour, si cette garce d'aurore avec ses doigts de rose a fini d'ouvrir les portes de l'Orient… On dit tout à coup quelque chose de sonore devant son visage, elle ouvrit les yeux :

– Vous êtes l'officier de la BRAP ? C'est vous ?

Elle fit un signe affirmatif, puis se racla la gorge et reprit à voix haute :

– Oui, je suis le capitaine Malika Kétab.

Elle remarqua ensuite les mains gantées de latex de l'homme et ajouta d'une voix plus ferme :

– Et vous êtes le médecin légiste, c'est ça ?

– Docteur Pierre-Yves Maisonneuve, de l'Institut médico-légal de Paris. J'ai opéré aux premières constatations, qui demandent bien sûr à être étayées. Mais le commissaire a insisté pour que je vous briefe dès à présent. La victime est une jeune femme âgée d'une trentaine d'années, de constitution délicate mais pas en mauvaise santé. Vu la rigidité cadavérique, je dirais que la mort remonte à un peu plus de huit heures. Ce serait une mort par suffocation. Il y a des ecchymoses autour du cou, je penche donc pour une strangulation manuelle. La victime semble ne pas s'être défendue. Aucune trace de lutte apparente. Toutefois les collègues de la scientifique sont en train de relever des signes de bagarre dans la chambre. Il semble que la victime n'ait pas subi de violences sexuelles. Cependant, le corps a été manipulé après la mort car il occupe une position inhabituelle après un décès par étranglement. On l'a selon toute vraisemblance placé dans une position bien précise. Celle du sommeil peut-être. Ou propre à un rituel… À vous de voir. Quoi d'autre encore ?…

Le ton du légiste était monocorde et lent. Au fil des rapports d'expertise, sa voix avait fini par prendre le tempo de la bande magnéto sur laquelle elle s'enregistrait sur les scènes de crime ou lors des autopsies.

Le docteur-enregistreur poursuivit :

– Quoi d'autre encore ?… Ah, oui ! Les policiers ont relevé sur le sol des traces de sang. Or, pour ma part, je n'ai constaté sur le corps de la victime aucune entaille, aucune coupure ou perforation. Cependant, l'examen que j'ai effectué a été hâtif et succinct compte tenu de la mauvaise lumière qu'il y a dans la chambre. J'ai demandé à ouvrir les rideaux, mais on y voit goutte. Il fait encore gris. J'ajouterai pour conclure une chose singulière : la peau hâlée de la jeune femme est marquée de traces plus claires de bijoux qu'elle n'a pas ou qu'elle n'a plus. Sans doute l'aura-t-on volée…

En prononçant ces derniers mots, l'expression de son visage changea, ainsi que le timbre de sa voix, comme s'il envisageait subitement cette chose atroce, le pillage de la morte. Il contint difficilement son émotion. Kétab se rappela alors l'attitude curieuse, elle aussi nerveuse, du commissaire Sempère. Elle se hissa sur la pointe des pieds et regarda par-dessus l'épaule du légiste l'entrée de la chambre tandis que celui-ci ajoutait très vite et très bas :

– Si c'est un crime crapuleux, c'est abominable ! ignoble ! Vous ne pensez pas ?

– Je n'ai pas encore vu la macchabée.

Le médecin plissa les yeux et serra les lèvres comme s'il était choqué par le détachement de sa collègue. Il répliqua sur un ton sec :

– Vous en mettez du temps.

Puis, sans cérémonie, il tendit la main pour prendre congé :

– Si vous n'avez pas de questions…

Il réalisa qu'il avait gardé ses gants, mais, au lieu de les retirer, il leva les coudes bien haut comme s'il allait opérer sur-le-champ.

– Si, j'en ai une, docteur. Pourquoi avoir précisé que la victime était en bonne santé ?

Il répondit la tête entre ses avant-bras :

– C'est qu'en général lorsque j'examine des prostituées, je constate la plupart du temps que le corps est en mauvais état physiologique et qu'il porte les traumatismes de leur activité. Or ce n'est pas le cas pour cette jeune femme. Je dirais même qu'elle prenait grand soin de son corps.

– Vous en concluez quoi ?

– Mais… rien ! Ce n'est pas moi l'enquêteur. La médecine constate, la police déduit. Maintenant, si vous voulez bien m'excuser, je suis demandé pour un autre homicide dans le sud de Paris.

Sans même attendre un salut de son interlocutrice, le légiste s'en alla avec ses deux coudes levés et s'engagea dans les escaliers comme s'il descendait au bloc.

L'entrée de la chambre 13 se trouvait obstruée par trois policiers en civil. Deux hommes et une femme, probablement des enquêteurs du commissariat du 18e arrondissement :

– Bonjour les gars ! Capitaine Kétab de la BRAP, qu'est-ce qu'on a ?

Ils ne serrèrent pas la main qu'elle leur tendit ni ne rendirent le sourire qu'elle leur adressa. Ils lui firent juste un bref salut de la tête et restèrent silencieux. Mais Kétab ne s'en formalisa pas, elle avait l'habitude. C'était à chaque fois la même réaction d'hostilité de la part des flics de quartier qui voyaient débarquer les officiers des prestigieuses brigades de la Direction centrale qui leur piquaient leurs plus belles affaires. Il fallait les comprendre. Elle répéta :

– Qu'est-ce qu'on a ?

Et c'est la lieutenante qui lui répondit :

– Un cadavre.

Son insolence fit ricaner ses deux collègues. Kétab claqua la langue et se frotta les yeux :

– Écoutez, je viens de me taper une perm de nuit de dix heures. Et avant cette perm, une autre perm de nuit de dix heures. Je ne fais que passer ici, le temps de rédiger un PV de non-saisine, ensuite je rentre chez moi. Mais si vous le souhaitez sur le chemin, je peux aussi téléphoner au proc et lui parler de votre précieuse collaboration…

Le plus âgé des enquêteurs fit un pas en avant et expliqua d'une voix conciliante :

– Lieutenant Éric Chollet, capitaine. En réalité ce que voulait dire Nadine, c'est que c'est un cadavre sans identité et sans effets personnels. Pas même un sac à main. Les quelques affaires que l'on a retrouvées dans la chambre ne sont pas les siennes mais celles d'un homme. Peut-être le meurtrier. On a envoyé chercher le taulier pour qu'il nous donne l'identité de l'occupant de la chambre et celle de la victime, qui sait ? Il n'y a pas eu lutte, mais la chambre a été dérangée. La victime, certainement une prostituée, a été étranglée. On a retrouvé un peu de crack dans un placard et un matériel de shoot dans un tiroir. Peut-être une histoire de junkies qui a mal tourné. C'est l'homme de ménage qui a trouvé le corps. Il dit que la porte était entrouverte et qu'il n'a touché à rien. Il a prévenu un autre client de l'hôtel. Ni l'un ni l'autre n'ont pu nous donner l'identité de la victime.

– Où sont ces deux personnes ?

Le lieutenant Chollet désigna le fond du couloir d'un coup de menton :

– Là-bas.

Kétab se pencha sur le côté et aperçut, collés l'un contre l'autre, deux pauvres malheureux tremblants de peur : l'un, noir, grand et efflanqué, les pieds nus dans ses chaussures, et l'autre jaune, petit et maigre aussi, l'échine courbée.

– Ils sont en situation irrégulière m'a-t-on dit ?

– Oui, capitaine. Le Black est sénégalais et réside illégalement en France depuis vingt-deux ans et l'Asiatique est coréen et dit demander l'asile politique depuis neuf ans. Des invisibles. Ils sont inconnus de nos services…

Les « invisibles », ce sont ces clandestins qui sont en France depuis un certain temps, qui ne troublent pas l'ordre public, qui travaillent même, et que la police tolère dans certains quartiers en échange d'infos sur les trafics qui s'y déroulent. Des indics qui risquent parfois leur vie à jouer ce double jeu… Kétab hocha la tête :

– Et la victime, elle n'est pas dans votre fichier de secteur ?

– Non, ce n'est pas une tapineuse de chez nous. Ni de Marcadet, ni de la Chapelle, ni de Barbès, ni de Pigalle.

– Vous l'avez peut-être ratée, ça en fait un paquet de prostituées à se mémoriser dans votre arrondissement…

Les trois policiers de quartier échangèrent un regard d'intelligence.

– Si, capitaine, répliqua Nadine toujours sur un ton narquois, nous les connaissons toutes, ça fait partie de notre boulot. Elle doit forcément venir d'ailleurs ou alors elle débute tout juste dans le métier.

– Bien, allons voir celle qui n'a pas eu le temps de finir sa période d'essai.

Alors elle la vit. Elle lui apparut flottante, irréelle, étendue sur un couvre-lit vert profond semblable à celui des étangs et dont les motifs de nénuphars, de joncs et de roseaux semblaient la retenir. Ses vêtements, d'un tissu léger et transparent comme de la gaze, bougeaient lentement comme au gré d'une onde invisible. C'était l'air soufflant de la fenêtre entrebâillée qui les remuait doucement. Il régnait dans la petite chambre une retenue, une révérence, qui faisait songer à un lieu sacré. Les policiers allaient et venaient comme s'ils officiaient. Ils avaient fini, et rangeaient leur matériel avec précaution en se faisant des signes de la tête pour éviter de parler, par respect.

Kétab s'approcha jusqu'au pied du lit. Elle demeura saisie. L'inconnue était d'une beauté telle que la mort, elle-même étonnée, l'avait laissée intacte. Étalée autour de ses épaules, sa longue chevelure semblait onduler aux mouvements d'une eau imperceptible. Elle avait les yeux limpides, si sereins, grands ouverts et sa bouche en corolle paraissait exprimer une plainte qui ne s'entendait pas.

Alors, sans savoir pourquoi lui revinrent en mémoire ces vers appris sur les bancs de l'école et qu'elle pensait avoir oubliés depuis longtemps :

Sur l'onde calme et noire où dorment les étoiles
La blanche Ophélia flotte comme un grand lys
Flotte très lentement, couchée en ses longs voiles…

Deux ombres passèrent devant elle comme un écran noir. C'étaient les agents des services funéraires de la morgue. L'un d'eux s'exclama :

– Mince ! Qu'est-ce qu'elle est canon !

Elle se surprit à reprendre :

– Oui, très belle…

Puis ce fut l'agitation de la levée du corps :

– C'est bon on peut y aller ? On peut l'envelopper ?

– Oui, oui les gars, allez-y, c'est fini pour nous. On a relevé les indices sur elle et sur le lit…

– On écrit quoi sur l'étiquette ?

– Elle n'a pas de nom. Inscrivez : « X – femme – Hôtel Darwin ».

Ensuite, ce fut le froissement sourd de la housse noire qu'on déplia et le crissement interminable de la fermeture Éclair qu'on tirait. Une forte odeur d'antiseptique se répandit aussitôt dans la pièce. Mais Kétab avait déjà la main sur la bouche. Alors on fit glisser le corps vers le côté droit du lit, et celui-ci reflua comme sous la poussée d'une vague. On le déposa dans l'obscurité de son enveloppe de plastique.

Brusquement, Kétab se sentit mal, elle avait besoin d'air frais et d'un café chaud.

En sortant elle croisa un gardien de la paix qui lança par-dessus sa tête :

– Hé les gars ! Faites gaffe avec la macchabée dans les escaliers ! C'est raide et les planches sont pourries. Vous risquez de vous casser la gueule avec. Ce serait dommage, il paraît que la tapineuse était bien roulée. Y a des étudiants en médecine qui pourraient peut-être la trouver encore à leur goût !

Les deux agents de la morgue rirent grassement à la plaisanterie de leur collègue. Malika, sur le seuil, se retourna vivement et, les mâchoires serrées, leur jeta un regard si noir qu'ils reprirent sur-le-champ leur occupation. À présent, elle aurait volontiers partagé l'indignation du docteur Maisonneuve, ou l'émotion du commissaire Sempère qui l'avait empêché de retourner dans l'hôtel.

La beauté encore intacte, vivante pour ainsi dire, de la jeune inconnue prenait aux tripes. De même que son regard clair encore humide. Quelque chose d'étrange, de troublant, vous retenait auprès d'elle, une force obscure qu'on ne saurait nommer. Et, dans les eaux profondes de la mort, elle paraissait se laisser bercer par un sommeil surnaturel.

3

Rue Marcadet
18e arrondissement

Sur le trottoir, Kétab prit une longue, une très longue inspiration.

Dans le ciel gris et bas, le jour avait réussi à se lever enfin. La foule des curieux s'était dispersée, il ne restait plus que quelques badauds qui se parlaient en désignant l'hôtel.

Ses yeux fouillèrent la rue à la recherche d'un troquet ouvert. Ils tombèrent sur un homme en caban boutonné jusqu'au cou et au col relevé qui venait à elle en souriant. Sans même lui laisser le temps de la saluer, elle lui lança d'une voix rude :

– Tu n'as rien à faire ici, Domérégo.

– C'est un point de vue.

– Qui t'as prévenu ?

– Même si je suis un pestiféré, j'ai encore des contacts dans la maison. Alors ?

– Alors rien. Comme tu le sais, c'est une scène de crime. Par conséquent, toute personne étrangère à l'enquête doit se tenir en dehors du périmètre de sécurité. Par ici la sortie !…

Elle désigna le ruban jaune.

– Le droit à l'information, tu en fais quoi ?

– Ça n'a jamais été une de mes priorités.

– Pourtant le public doit être en mesure…

– Fais pas chier avec ton nouveau job de journaliste ! Tu connais les règles, non ?

– Oui, je les appliquais autrefois. Et même bien avant toi.

Et comme elle s'y attendait, il s'entêta. Quand il était encore « de la maison », c'était sa principale qualité, s'entêter.

– Écoute Kétab, je ne suis pas là pour jouer les emmerdeurs. J'essaie juste de gagner ma croûte comme toi, comme n'importe qui ici…

Elle était sur le point de faire signe à un gardien de la paix, mais d'un geste il l'en empêcha :

– Accorde-moi une minute ! Seulement une minute, Malika.

– C'est capitaine Kétab. Et pourquoi je ferais ça ?

– On pourrait échanger nos infos.

Il avait vieilli. Son visage s'était creusé, ses tempes grisonnaient et une grande ride lui barrait le front. Les paupières aux bords rougis contrastaient avec des cernes bleutés qui soulignaient des yeux brillants : c'était un homme qui ne dormait pas.

– Échanger des infos, dis-tu ? Autant négocier avec un vautour.

– J'aurais pensé que quelqu'un comme toi n'avait pas de préjugés…

– Alors c'est que tu as oublié qu'un officier de police judiciaire se doit d'avoir ce genre de préjugés avec un journaliste. Et c'est avant tout ce que je suis, une OPJ.

Domérégo sourit devant cette profession de foi naïve. Or il avait été là, précisément, le problème de l'ex-commandant Roch Domérégo, il adoptait sans arrêt une réserve ironique envers sa brigade en particulier et la police en général.

Non pas à l'égard de son boulot de flic qu'il avait aimé jusqu'à se laisser détruire par lui, mais à l'égard de l'institution elle-même. Il n'avait pas l'esprit de corps.

– Mais peut-être que tu me vois bien différent de ce que je suis en réalité. Tu sais, je suis moins un journaliste qu'un gratte-papier, un pigiste payé à la page. D'ailleurs, je ne signe même pas mes articles la plupart du temps.

Il avait dit cela très simplement et très sincèrement, sans ruse ni fausse pudeur. Kétab fut soudain gênée devant l'image que donnait cet homme de lui-même, lui qui avait autrefois été un très bon policier, un des meilleurs.

Il avait fait partie de cette nouvelle génération d'enquêteurs sortie des grandes écoles et des universités, fine, psychologue, cultivée, privilégiant l'analyse de la nature humaine aux méthodes rudes et physiques.

Du reste, il avait répugné à utiliser la « panoplie » du flic à l'ancienne : pistolet, menottes, plaque, gyrophare et interrogatoire musclé. Et pourtant, ironie du sort, c'est un des gadgets de cette panoplie qui l'avait perdu : son arme de service…

On avait essayé de le copier sans le citer. Mais cela demandait une telle implication personnelle, un tel engagement, que peu y parvenaient. Il avait obtenu de bons résultats mais à quel prix ! Il était toujours sur le terrain, de jour comme de nuit, de nuit surtout, à tenter de pénétrer l'intimité de la victime, à cerner la personnalité du délinquant, à tisser des liens avec l'entourage, les proches, les connaissances du passé, les amis du moment, à tester la fiabilité des témoins, à reconstituer dans les moindres détails les faits, les paroles, à recouper les preuves et les indices. Lorsqu'il était dans les locaux du Quai des Orfèvres, il consacrait des centaines d'heures à réécouter les enregistrements des surveillances téléphoniques, revoir les photographies des scènes de crime, les schémas des techniciens de la scientifique, à relire les dépositions, les rapports d'enquête, etc. Et lors des interrogatoires, il cherchait essentiellement à créer une empathie avec le gardé à vue plutôt que de provoquer à tout prix des aveux.

Il ne jugeait jamais. « C'est pas mon rôle », disait-il. Il ne pactisait pas non plus. Il entrait comme un personnage de fiction dans une histoire qui racontait un drame, et dont on lui demandait de dénouer les fils et d'y mettre un point final.

Mais cette façon de faire l'amenait quasiment toujours à travailler en solitaire, et à ne plus savoir tracer de frontière entre la vie privée et le travail. Et à force de bosser toujours en solo, il avait fini par ne plus supporter la subordination hiérarchique et le travail d'équipe : on le laissa longtemps faire car il atteignait remarquablement les objectifs qu'on lui fixait, mais il fut pris en grippe par ses supérieurs et détesté par ses collègues : « Il n'a pas l'esprit de famille », disait-on de lui.

Pour finir, il devint insomniaque, ce type de flic fâché avec le sommeil. On le voyait dans les bureaux du 36, le visage allongé, les yeux fiévreux et la barbe naissante, errer sous la lumière des néons et des halogènes, vidant des brocs de café ou des verres de rye selon qu'il avait des migraines ou des problèmes conjugaux.

Toutefois, Malika avait aussi en tête une autre image du commandant Dómérégo : celui d'un merveilleux joueur de saxo, qui faisait résonner dans le silence de la nuit des locaux de la brigade sa Selmer Macaferi et vous remuait le cœur avec des notes sublimes. Les mélodies lentes suivaient le dédale des couloirs et des escaliers, et venaient expirer dans les bureaux en une longue arabesque déchirante. C'était juste après la mort de sa femme. De sorte que personne n'osait rien dire, rien faire, pas même le consoler…

– Tu sais, Roch, ça n'a rien de personnel. Que tu sois un grand chroniqueur ou un journaliste de faits divers, ça ne change rien au problème. Je ne peux pas te communiquer des éléments relatifs à une enquête en cours. Je ne t'apprends rien.

Il haussa les épaules d'un air résigné.

– C'est pas grave Malika, j'irai à la pêche ailleurs. (Il sourit.) D'autres seront moins pointilleux sur la déontologie que toi. Dis-moi seulement pourquoi on a fait appel à la BRAP ? C'est un élément extérieur à l'enquête, ça.

Elle hésita un moment, se demandant si ce n'était pas une ruse, mais elle avait l'esprit trop embrumé pour réfléchir :

– À condition que tu me dises où je pourrais trouver un café dans le coin qui sert des expressos à volonté. (Il acquiesça.) Eh bien, parce que la victime est une prostituée non identifiée.

Trop tard ! Elle en avait trop dit. Domérégo s'engouffra aussitôt dans la brèche :

– Une prostituée, ici ? T'en es sûre ? Je sais qu'on est dans un quartier de racolage, mais le Darwin n'est pas un hôtel de passe…

– Qu'est-ce que tu en sais ?

– Mais parce qu'il n'y a pas de réception ni de gardien. La chambre d'un clandé se paye à la passe, c'est donc trop juteux pour qu'il n'y ait pas un encaisseur vigilant à l'entrée. De même, il faut toujours quelqu'un en cas de descente de la police, sans ça le tenancier court le risque de voir fermer son bouge. Non, crois-en mon expérience, s'il n'y a pas de portier à l'entrée du palace pour vous accueillir, c'est que c'est un simple garni, pas un bordel.

– C'était peut-être une fille qui travaillait en solo et qui aura été étranglée par un de ses clients ou par son proxénète, suggéra Kétab.

Elle désirait mettre fin à la conversation, mais elle était en même temps curieuse de connaître le point de vue de l'ex-commandant de la crim'.

Les mains dans les poches de son caban, le bout de son pied jouant avec une canette de bière froissée dans le caniveau, Domérégo secoua la tête :

– Non, cette version non plus ne tient pas : *primo*, parce que les prostituées n'amènent jamais le client chez elles. C'est une question de sécurité. *Secundo*, les exécutions par les macs se font différemment. Ils balancent les filles nues dans le canal Saint-Martin. C'est leur façon à eux de faire passer leur message dans le milieu.

Kétab se mordilla l'intérieur de la joue. Elle était perplexe et fixa les roulades de la canette driblée dans la rigole. C'est que Domérégo avait longtemps travaillé à la section de la répression de la prostitution, du trafic d'êtres humains et du trafic de drogue. Il savait de quoi il parlait. Tandis qu'elle, elle s'était essentiellement occupée de la délinquance liée aux trafics de voitures et de cartes grises falsifiées, de chéquiers et de cartes bancaires volées, autant dire de la petite criminalité.

Mais il y avait quand même des éléments tangibles dans cet hôtel qui laissaient à penser qu'on avait affaire à un crime sordide de prostituée... Elle aurait aimé en discuter avec lui, mais son éthique professionnelle la retint. D'autant qu'il y avait autre chose. Domérégo avait quitté la police à la suite d'une bavure qui avait coûté la vie à un gosse de 16 ans dans l'est de Paris, de sorte qu'il était loin d'être si infaillible que ça.

Soudain, Domérégo bloqua la boîte métallique sous son talon et demanda d'un air enthousiaste :

– Tu prends le dossier alors ? Parce qu'on m'a dit que le proc te laissait libre de décider de l'opportunité de ta saisine.

Ainsi, il avait une taupe au poste du quartier. Ça expliquerait pourquoi il était là avant les autres journalistes.

– Je n'ai pas encore pris ma décision. Je veux d'abord interroger le propriétaire de l'hôtel, ou le gérant.

– Je l'ai déjà fait. Ce que j'en ai tiré, ce sont précisément les infos que je voulais partager avec toi.

Elle détourna la tête pour ne pas laisser voir sa surprise et sa mortification d'officier de police coiffé au poteau par un scribouillard. Mais elle ira réclamer vengeance à Sempère du Judas qui renseignait Domérégo.

– Tu n'as pas à interroger un témoin avant les enquêteurs ! Je pourrais te faire embarquer pour entrave à une enquête de police.

Le ton qu'elle avait employé était encore contenu, au point que Domérégo ne sentit pas la menace. Aussi il proposa, engageant :

– Si tu veux, on peut en parler autour d'un café. C'est ma tournée !

Elle rétorqua les yeux étincelants et le ton cassant :

– Écoute Domérégo, au risque de te rappeler une évidence, tu n'es plus un flic, tu n'es plus des nôtres et personne ne le regrette d'ailleurs. Alors cesse de me traiter comme si j'étais une collègue avec qui tu pourrais parler sur un pied d'égalité. J'enquête et toi tu fouines. Par conséquent, contente-toi de faire comme d'habitude pour écrire tes papiers, cogner à la porte des commissariats. Passe demain rue du Château-des-Rentiers, je verrai ce que je pourrai faire pour toi.

Il blêmit, mais encaissa le coup sans broncher. Apparemment, ce n'était pas la première fois qu'il se faisait rembarrer par un ancien collègue sur une enquête. Les yeux baissés, il reprit son manège avec la canette de bière :

– Je n'avais pas l'intention de te froisser. Mon expérience m'a appris qu'un témoin pris sur le vif se confie plus facilement à un journaliste qu'à un enquêteur. C'est normal, on a moins peur de nous…

– C'est surtout que vous pouvez les soudoyer !

– C'est peut-être vrai pour les autres, mais moi je n'en ai pas les moyens. Les notes de frais sont de ma poche et elle est en général vide. Quoi qu'il en soit le tenancier m'a confié des choses qu'il ne te dira pas, ni à toi ni aux flics du coin. Comme il ne se voit pas comme un bon citoyen, il n'aura rien à y gagner, si ce n'est une mauvaise publicité.

– Tandis que toi, j'imagine que tu lui offres une bonne publicité mais anonyme, railla Kétab.

– Ce type ne s'est pas confié à moi pour me faire plaisir. Il avait même plutôt l'air méfiant. Le fait est qu'il était sous le choc d'apprendre que « la fille du 13 » comme il l'appelle a été assassinée, et j'en ai profité. Il répétait tout le temps : « Pas elle ! Pas possible ! Vous êtes sûr, ce n'est pas quelqu'un d'autre de l'hôtel ? » C'est comme s'il me suppliait de me tromper de fille, de chambre, d'étage. Je crois qu'il s'en serait complètement foutu si ça avait été un autre client, mais elle, comment dire ? ça lui paraissait inconcevable. Il était tellement secoué qu'à un moment ce gros bonhomme roublard a failli se mettre à chialer dans mes bras comme un môme. Tu ne veux pas en apprendre plus sur ta victime ?

La sensation à la fois d'oppression et de fascination qui l'avait saisie devant le lit de la jeune femme bercée dans la mort, Kétab la ressentit de nouveau mais de façon plus diffuse et plus voilée. C'était comme un regret sans objet, une vague mélancolie qui aurait enveloppé son cœur. Qui était-elle, cette inconnue qui, vivante ou morte, s'emparait des esprits de ceux qui l'approchaient ?

Elle céda finalement à la tentation d'en savoir davantage :

– A-t-il révélé son nom ?

– Il dit l'avoir inscrite sous le nom de Dulac. Mais j'imagine que comme moi tu penses que c'est un faux nom.

En disant cela, Domérégo fixa ostensiblement le registre que Kétab tenait sous le bras. Elle l'agita devant elle et rétorqua :

– Comme tous ceux qui y figurent.

– Oui, c'est la raison pour laquelle on a fait appel à toi. Tu as les moyens de l'identifier.

– Encore faut-il qu'elle soit fichée ou signalée disparue. Ça prendra des semaines. Et mon chef de groupe ne sera pas forcément d'accord pour me donner ne serait-ce qu'une journée pour une prostituée.

– Elle n'en était pas une, tu t'en doutes.

– Encore faut-il que j'aie une preuve tangible à lui fournir pour qu'il me croie, et non des avis et des impressions fondés sur des déductions.

– Cette preuve, moi, je l'ai.

Domérégo répéta : « J'ai cette preuve » à son interlocutrice stupéfaite, puis shoota dans la boîte métallique qui atterrit d'un bond dans la bouche d'égout qui se trouvait à proximité. Kétab le dévisagea. Il n'y avait pas que physiquement qu'il avait changé, moralement aussi. Jamais le Domérégo qu'elle avait connu ne se serait abaissé à faire du chantage. Elle répliqua gravement :

– Tu sais que ça pourrait te coûter cher de taire des éléments essentiels relatifs à une enquête en cours ?

– Pas plus cher que les factures que je dois régler à la fin de chaque mois.

– Tu es devenu cynique Roch, et ça te va bien.

– La famille qui est la tienne, et dont j'ai été autrefois un des enfants, y est un peu pour quelque chose.

– Allons, tu t'es mis tout seul dans cette merde ! Tu as perdu ta femme, c'est une chose atroce, mais ça t'a fait perdre ta lucidité. Tu as quand même abattu un gamin qui s'enfuyait avec ton arme de service et, ça, nous n'y sommes pour rien !

Il s'expliqua aussitôt comme s'il avait répété ces mots des milliers de fois :

– Il avait eu un geste équivoque... J'étais si fatigué... mes yeux me brûlaient... Ça s'est passé si vite ! si vite !

Il se mit tout à coup à trembler. Il rabattit sur sa gorge le col de son caban et dit dans un souffle :

– Il fait froid tu ne trouves pas ?

Elle trouva surtout qu'il avait besoin de dormir quelques années d'affilée :

– Tu la monnayes combien, ta preuve ?

Domérégo ploya sous le mépris de la question, cinglante comme un coup de cravache. Il esquissa un sourire qu'il ne finit pas :

– Je veux être le premier à donner le mobile de l'assassin dans mon papier. On me paie deux fois plus pour un scoop. En général, on apprend le mobile durant la garde à vue. Or c'est la seule chose que je ne pourrai pas mener. Le reste, je sais faire.

– Tu penses élucider l'affaire tout seul ?

– Apparemment je suis bien parti, non ?

Son regard, où brilla un éclat de fierté retrouvée, défia l'officier de police judiciaire. Cette dernière était sur le point de répondre : « Va te faire foutre » et de héler un gardien de la paix afin qu'on le jette de l'autre côté de la rue quand, dans son dos, elle entendit les cliquetis des roulettes et de l'armature de la civière du service funéraire.

Celle-ci passa entre eux avec son fardeau sombre, et comme il avait été mal sanglé les agents s'arrêtèrent devant eux pour mieux fixer les attaches.

Kétab remarqua alors les gouttes de pluie qui tombaient de l'enseigne déglinguée de l'hôtel sur la housse mortuaire. Elle leva les yeux et lut de nouveau malgré la clarté du jour : « ôtel rwin ». Elle ne pouvait pas ne pas donner à l'inconnue de la chambre 13 toutes les chances possibles pour qu'on lui restitue son identité et qu'on retrouve son assassin, pour qu'elle quitte au plus vite sa sinistre enveloppe de plastique.

Les employés de la morgue repartirent. Elle lança aussitôt à Domérégo qui était devenu pâle à la vue de la civière :

– C'est d'accord, tu auras en premier la teneur de la déposition du meurtrier.

Mais, au lieu de se réjouir, il demanda d'une voix étranglée :

– Elle avait quel âge ?

Elle comprit qu'il songeait à sa femme. Elle choisit de mentir parce que Cécile avait le même âge quand elle est morte :

– Le légiste n'a pas pu le déterminer avec exactitude...

Puis il y eut un silence, durant lequel elle se reprocha de ne pas trouver, encore aujourd'hui, des mots de sympathie, des mots qui réconforteraient... Mais rien ne la paralysait tant que l'épanchement des émotions, que la démonstration de ses sentiments. Elle se mit à gratter un coin du registre avec son ongle, à la fois embarrassée et troublée.

– Elle était mariée, dit-il après un long moment.

– Ça, nous l'ignorons encore. Le registre de l'hôtel n'indique pas si...

– Non, je te dis qu'elle était mariée. C'est ça la preuve.

Elle écarquilla les yeux d'étonnement. Elle ne comprenait pas. Elle bredouilla :

– Oui, elle était mariée... et alors ?

– Les prostituées ne portent jamais d'alliance. Or l'hôtelier est formel : il l'a vue avec une alliance au doigt.

Elle resta un instant bouche bée devant l'annulaire qu'agitait Domérégo devant elle. Brusquement, elle se souvint de la remarque du docteur Maisonneuve concernant un possible vol des bijoux de la victime. Elle bouscula alors son interlocuteur et se précipita vers le fourgon funéraire.

Elle cria : « Attendez ! » aux agents qui étaient en train d'ajuster le brancard devant les portières arrière pour le hisser. Elle fut obligée de crier encore en agitant des bras pour qu'ils la comprennent.

Elle leur ordonna, essoufflée :

– Ouvrez la housse à hauteur du buste. Je veux voir ses mains.

Mais les deux agents se montrèrent réticents :

– Je vous demande de la découvrir. Elle ajouta, impérieuse : Tout de suite !

Quelques soupirs appuyés, puis finalement ils s'exécutèrent. Ils dénouèrent les sangles qu'ils avaient eu tant de mal à fixer et ouvrirent à l'endroit où les deux fermetures Éclair, celle du haut et celle du bas, se rencontraient. Kétab écarta elle-même les lèvres synthétiques et souleva la main gauche de la victime : en effet, il y avait bien sur la peau de l'annulaire la trace éclaircie d'un anneau.

Elle reposa doucement la main, referma l'enveloppe, et s'en alla, pensive, au milieu de la chaussée. Ce fut là que le commissaire Sempère la rejoignit. Il était rouge d'excitation :

– Dites, c'est bon maintenant ? On peut dégager les véhicules d'urgence ? Les voitures coincent rue Francœur et rue Caulaincourt. C'est un embouteillage monstre ! Je vais finir par avoir le préfet sur le dos si ça continue !

Elle y consentit d'un mouvement distrait de la tête.

Sempère repartit en courant puis revint aussitôt. Il demanda avec une face de plus en plus apoplectique :

– Puisque vous êtes à présent en charge de l'affaire, voulez-vous interroger tout de suite le propriétaire de l'hôtel ?

– Non, pas pour l'instant, l'essentiel de ce qu'il pourrait m'apprendre, je le sais déjà.

Le commissaire fut ébahi. Il balbutia, impressionné :

– Ah, bon ?… Vraiment ? On prend sa déposition alors ?

– C'est ça, prenez les dépositions de tous les témoins.

Il acquiesça, mais hésitait à partir. Soudain, sa petite main potelée surgit devant lui comme un diable de sa boîte et à nouveau s'agita frénétiquement. Il demanda d'une voix basse en s'approchant très près d'elle :

– Ça vous fiche un coup à vous aussi ? On se dit qu'avec cette victime le destin est allé trop loin, vous ne trouvez pas ?

Puis, sans attendre de réponse, il s'éloigna au pas de course. Sur le chemin, il croisa Domérégo à qui il lança, agressif :

– Qu'est-ce que vous fichez là, vous ? Je vous ai déjà dit la dernière fois de ne plus foutre les pieds dans mon secteur !

Mais Domérégo l'ignora et s'approcha de Kétab.

– Alors ? demanda-t-il.

– Alors quoi ? Tu m'as donné une info, je vais la vérifier. Si elle se révèle bonne, je tiendrai ma part du marché. Notre collaboration s'arrête là.

– Ce n'est pas ce que je demandais, Malika. Je voulais seulement savoir si tu acceptais mon invitation, boire un café avec moi, sans échange de tuyaux ni arrière-pensée. Rien qu'un café au comptoir… Alors ?

Il la dévisageait comme quelqu'un qui avait besoin qu'on lui dise oui. Comme quelqu'un qui ne voulait pas être seul en ce moment précis… Ou peut-être voulait-il retrouver une habitude d'autrefois, qu'il appréciait, boire un caoua avec un collègue.

Il la fixait toujours, tandis qu'elle, par-dessus son épaule, regardait Sempère, qui de son côté les observait. Et elle se montra lâche :

– Non merci. Je crois que je vais le boire au poste.

4

Place de la République 11e arrondissement

La circulation des voitures, des bus et des camions de livraison était si intense à cette heure-ci de la matinée que Diane demanda au chauffeur de taxi de la déposer au hasard sur la place :

– Au feu, ça vous ira ?

– Oui, parfait.

Elle le paya et, sans même attendre sa monnaie, se retrouva livrée à elle-même, assourdie et éperdue, sur l'immense place de la République.

Là, elle fut bousculée, poussée, presque molestée par des gens pressés et indifférents à son sort.

Elle finit par trouver l'immeuble, coincé entre un magasin d'ameublement en liquidation et un bar fermé. Elle lut : « P. P. – Agence – 2e étage droite ». Son cœur cogna à coups précipités dans sa poitrine mais elle appuya sur la sonnette avec fermeté, puis insistance. Aucune réponse. Elle renouvela plusieurs fois son geste, mais la porte cochère resta obstinément close.

Elle sonna alors ailleurs, sans ordre ni distinction, mais, là encore, aucune réponse. Personne ne semblait habiter l'immeuble. Un doute qui se transforma en panique l'envahit brusquement. Elle s'accroupit, fouilla son sac à main puis le vida à même le trottoir, éparpillant son contenu devant des passants médusés. Elle réalisa alors qu'une enveloppe béante pleine de billets de banque qu'elle avait glissée dans son sac était bien visible. Elle la rangea fébrilement dans la poche de son manteau et c'est seulement là qu'elle découvrit ce qu'elle cherchait : la carte de visite du détective. Elle ramassa le reste de ses affaires puis vérifia le bristol. C'était la bonne adresse, le bon étage. Sa gorge était sèche et son front brûlant. Elle sortit son téléphone portable et composa pour la énième fois le numéro, mais ce fut encore la même bande vocale qui défila. Elle regarda sa montre. Il est peut-être trop tôt, se dit-elle, puis scruta les fenêtres de l'agence dont les rideaux étaient tirés.

Elle avait réussi à persuader sa mère de ne pas appeler la police.

– … De ne rien tenter surtout de ne rien faire avant mon retour car je connais quelqu'un qui sait où elle peut être.

– Qui ? Qui sait où est ma fille ?

Diane n'avait pas osé lui avouer : « La même personne qui nous rançonne avec ces horribles photos. » Elle avait préféré la rassurer :

– Un ami, maman. Ne t'inquiète pas. Fais-moi confiance.

Puis elle lui avait préparé à la hâte un thé bien chaud dans lequel elle avait dilué des gouttes de laudanum.

À présent, que faire ? Elle avait le sentiment pénible d'être à l'origine d'événements obscurs qu'elle avait fait surgir dans la vie de ses proches et qui, à présent, s'enchaînaient et prenaient un tour effrayant sans qu'elle parvienne à les arrêter. Mais peut-être que tout cela n'était qu'une erreur du sort ? Ce n'était ni elle, ni sa sœur, ni sa mère qui étaient concernées ; qu'aveugle, le destin s'était trompé ; qu'un rien pouvait faire que l'on se réveille et que l'on se dise avec un grand soupir de soulagement : « Ah, ce n'était qu'un cauchemar ! Un mauvais rêve sans conséquence. Tout est pour le mieux maintenant. »

Alors, pour forcer les choses, elle essaya de joindre une nouvelle fois sa sœur : son portable était coupé. Son doigt erra un instant au-dessus des touches, elle hésitait à appeler à son domicile, car si son mari décrochait, il poserait inévitablement des questions. Et elle risquait alors d'initier d'autres événements.

Quand tout à coup elle entendit l'ouverture électrique bourdonner et la lourde porte de chêne s'ouvrir. Elle se jeta dans l'entrebâillement. Mais une femme courte et large arrêta son élan. Cette dernière se plaça dans l'ouverture et retint la porte du coude :

– Où allez-vous comme ça ? demanda-t-elle d'une voix bourrue et d'un air revêche.

Diane fut décontenancée :

– Eh bien, je souhaiterais entrer dans l'immeuble…

– Certes, je le vois bien, je suis pas miro. Mais pourquoi vous cherchez à y entrer ?

– C'est que… j'ai quelqu'un à voir.

L'air désemparé de Diane, qui n'avait pas l'habitude qu'on use ainsi avec elle, excita davantage la portière acariâtre dont le ton se fit hargneux :

– Dans ce cas, sonnez à son domicile, qu'il vous ouvre lui-même.

– J'ai déjà essayé, sans succès.

– C'est donc qu'il n'y a personne. C'est pas la peine d'entrer.

Éperdue, Diane tenta d'amadouer le cerbère en lui inspirant de la pitié :

– Je vous en prie, c'est très important. Si vous pouviez avoir l'obligeance de me permettre de l'attendre dans le hall, je vous en serais très reconnaissante. Il fait si froid !

Ses phrases, l'intonation, la manière, tout visiblement déplut à la femme besogneuse qui pensait qu'on la prenait pour plus imbécile qu'elle n'était. Elle jeta à Diane un regard de bas en haut et en conclut :

– Ça dort dans la soie, ça se lave avec du parfum, ça ne fait jamais son shopping pendant les soldes et ça voudrait me la jouer ? Ce n'est pas parce que je suis une aide à domicile et elle actionnaire à la Bourse que ça fait de moi une idiote !

Elle lâcha avec tout son ressentiment de femme de peine malmenée par la vie :

– La température est la même à l'intérieur qu'à l'extérieur, vous ne sentirez guère de différence. Boutonnez voir votre beau manteau en cachemire, vous aurez plus chaud.

Sur ces mots, elle retira vivement son coude et lorsque la porte claqua dans son dos, elle toisa sa victime, triomphante.

Le bruit de la serrure se refermant transperça le cœur de Diane. Celle-ci, hébétée, s'écarta pour laisser passer cet être dont la rudesse lui était étrangère. Et tandis que Diane regardait la femme à la démarche pesante s'éloigner, elle se reprocha amèrement de ne pas lui avoir proposé de l'argent.

Elle reprit son attente en faisant les cent pas devant l'immeuble, jetant de temps à autre des coups d'œil aux fenêtres du deuxième étage pour vérifier si, par miracle, les lumières ne s'étaient pas allumées.

Soudain, le rideau de fer du magasin d'ameublement gronda avant de se lever avec lenteur. Derrière la vitrine, Diane aperçut un homme qui appuyait de toute sa paume sur un gros bouton rouge. Elle courut à la devanture. Le commerçant leva l'index et l'agita négativement. Elle lui fit signe. Il fronça les sourcils et cria :

– Non, ce n'est pas ouvert, madame !

Elle s'approcha tout contre la vitre et pour couvrir le bruit du mécanisme, elle hurla à son tour :

– Je le sais ! Je souhaite vous parler de tout autre chose !

Il sortit sur le seuil du magasin :

– De quoi s'agit-il ?

– Peut-être pourriez-vous me renseigner… Connaissez-vous les résidents de l'immeuble voisin ?

– Vous voulez dire cet immeuble ? Plus ou moins, ça fait quinze ans que je tiens ce magasin, enfin… tenais. Pourquoi vous demandez ça ?

– Je cherche à savoir si un certain Pascal Perrier habite ici.

L'homme se montra tout à coup rétif et même méfiant :

– Connais pas.

– Pourtant la sonnette indique qu'il loge au deuxième étage…

– C'est possible.

Elle insista mais l'homme se ferma de plus en plus. Il l'examina d'une manière soupçonneuse, à la façon d'un commerçant en liquidation qui aurait déposé le bilan et qui n'aurait pas envie de faciliter la tâche à un huissier sournois.

– Pourquoi vous me demandez ça ? Qui êtes-vous ?

Diane, troublée, parut réfléchir un instant, ce qui ne fit que renforcer les soupçons du commerçant. Que lui répondre ? « Je suis une cliente de cet homme que je n'ai jamais vu, que j'ai engagé pourtant et qui m'envoie des photographies horribles de ma sœur pour me faire chanter » ? Elle trouva une parade et répliqua :

– C'est personnel.

– Vous dites toutes ça.

L'étonnement de Diane fut si réel, si visible, sa surprise si peu feinte que l'homme baissa un peu la garde :

– Comment ça, *nous* disons *toutes* ça ?

– C'est une façon de parler…

Soudain il voulut bien se souvenir de quelque chose :

– À dire vrai, vous n'êtes pas la première personne à me poser cette question. Récemment une femme dans votre genre m'a demandé la même chose. Je lui ai répondu que moi je m'occupais de mes oignons, je ne fourrais pas le nez dans les affaires de mes voisins…

Elle s'écria, affolée :

– Comment était-elle ? Comment était cette femme ?

– Eh bien, j'aurais du mal à vous la décrire. Il pleuvait. Elle avait un grand chapeau de pluie sur la tête qui lui mangeait la moitié du visage. Et elle avait remonté son col roulé (il fit une drôle de mimique sous son menton), vous voyez comme ça, du coup je ne la voyais pas bien. D'ailleurs, ce jour-là, j'étais très occupé, je bradais mes derniers meubles, alors j'ai pas vraiment fait attention…

Puis il demanda, avec une expression obscène dans les yeux et un sourire goguenard sur les lèvres :

– Mais pourquoi est-ce que vous en avez toutes après cet homme ? Qu'est-ce qu'il fait dans son appartement, hein ?

Diane fut choquée. Elle recula rouge de colère et de dégoût :

– Mais qu'est-ce que vous voulez dire, monsieur ? C'est ignoble !… abject !

Mais l'homme hocha la tête avec le même air sous-entendu au coin des lèvres :

– C'est ça, à d'autres ! En attendant, si vous voulez l'attraper votre petit oiseau, va falloir faire la grue.

Il éclata de rire, d'un rire gras qu'il emmena avec lui jusqu'au fond du magasin vide.

Diane s'enfuit et se réfugia sur un banc d'où elle pouvait voir l'entrée de l'immeuble mais ne plus entendre résonner le rire grossier.

Sur le moment l'immobilité apaisa son cœur affolé. Elle se détendit même. Mais rapidement l'abattement l'écrasa au fond du banc. Elle demeurait prostrée. La place de la République, furieuse, hurlait dans son dos. Elle aurait voulu plaquer ses mains sur ses oreilles mais elle n'en trouvait pas la force, elle sentait quelque chose monter en elle, quelque chose comme une vague immense, une houle qui était prête à s'abattre sur elle et à la submerger. Mais elle n'eut pas non plus l'énergie pour pleurer, les sanglots restèrent dans sa gorge.

C'est alors qu'elle l'aperçut sans le remarquer d'abord. Il poussait son vélo d'une main tandis que de l'autre il tenait un paquet de lettres. Le facteur de la rue faisait sa distribution. Il faisait quelques pas, appuyait son engin contre le mur, triait comme un joueur de cartes quelques enveloppes, s'engouffrait dans une entrée puis en ressortait pour recommencer. Diane se distrayait à le regarder faire, mécanique, précis, impeccable.

Ce ne fut que lorsqu'il utilisa son passe face à une porte d'immeuble close qu'elle réalisa l'occasion qui lui était offerte et se leva d'un bond. Il ouvrira la porte ! Cependant les deux expériences précédentes l'avaient échaudée ; de sorte que cette fois elle décida de recourir à la ruse.

Elle se posta à l'extrémité du trottoir, juste en face de la porte convoitée, et fit semblant de consulter la messagerie de son portable. Cependant elle guettait nerveusement le facteur du coin de l'œil, et chaque pas, chaque geste, chaque poussée de son vélo faisaient faire à son cœur un bond d'impatience.

Il s'approchait. Elle comptait les entrées des halls qui lui restaient à faire, calculait les distributions en fonction du courrier qu'il avait dans la main, enrageait quand il perdait du temps avec le papillon d'une lettre recommandée. Il avançait toujours. Il trouva la porte du bar fermée, se pencha et glissa une à une les enveloppes sous la porte.

Enfin, le voilà ! Elle s'approcha doucement du préposé tel un félin et, à l'instant où il glissa son passe-partout dans la serrure et le tourna, elle fut tout à coup derrière lui et dit d'un ton pressé :

– Excusez-moi, monsieur, vous permettez ?

Devant cette femme élégante au nez levé et à l'air affairé, le facteur retint la porte et la laissa passer :

– Mais je vous en prie, madame…

Elle avait réussi ! Elle était dans le hall ! Il était sombre, vétuste, et l'on y était immédiatement arrêté par l'écœurante odeur de moisissure des caves et des relents de vies humaines confinées.

Qu'importe, Diane monta deux à deux les escaliers et sonna à la porte du deuxième étage, à droite.

Personne ne vint lui ouvrir. Elle sonna encore et cogna en même temps. Rien ne bougeait, pas un bruit à l'intérieur. Elle appuya sans relâcher sur la sonnette et frappa de plus en plus fort du poing et des pieds avec rage, avec colère, elle appela, elle cria, elle sonnait, elle tapait mais seuls ses coups et ses éclats de voix faisaient échos dans l'appartement.

– C'est inutile, vous ne trouverez personne.

Elle tourna la tête et, dans l'entrebâillement de la seconde porte du palier, elle aperçut une veille femme à l'allure fantomatique, enveloppée dans une longue robe de chambre claire sous laquelle disparaissaient ses mains et ses pieds pour ne laisser entrevoir qu'un cou maigre et un visage décharné. La veille dame reprit d'une voix grêle :

– Il n'y a jamais personne.

La phrase fit sur Diane l'effet d'une commotion. Son corps esquissa les gestes pour frapper et sonner de nouveau à la porte, tandis que son esprit, essayait de comprendre le sens des mots qu'elle venait d'entendre. Et lorsqu'elle les saisit enfin, elle se précipita sur le spectre en criant :

– C'est impossible ! C'est impossible ! Il y a forcément quelqu'un ! Il doit y avoir quelqu'un !

La vieille dame se déroba vivement derrière sa porte qu'elle claqua.

– Non, non je vous en prie, ne partez pas ! hurla Diane. Je vous en supplie, revenez ! Revenez !

À cet instant, ce fut une autre voix qui résonna ailleurs, de plus bas, depuis le hall. C'était celle du facteur :

– Mme Lebrun a raison, vous perdez votre temps. Vous ne trouverez âme qui vive dans cet appartement.

Diane vacilla et tout en s'agrippant à la rampe, elle répéta étourdie, égarée :

– Il y a quelqu'un… Je le sais… Il faut qu'il y ait quelqu'un !

Le facteur était dans l'escalier et, tordit le cou pour lui parler :

– Je vous assure, madame, que cet appartement est inoccupé. Je distribue le courrier dans le quartier depuis sept ans et je n'ai jamais vu qui que ce soit aller et venir dans ce logement. Je n'y ai même jamais monté de recommandé ou de paquet. D'ailleurs, en y réfléchissant bien, je n'ai presque pas distribué de courrier à l'attention de la personne qui y réside.

– Pourtant elle existe bien !

– Oui, et c'est ça qui est curieux. Il y a bien un nom, « M. Perrier Pascal », et une adresse qui correspondent, et cependant vous venez de le constater vous-même, on n'ouvre jamais.

Il gravit encore quelques marches doucement parce qu'il vit deux grosses larmes couler sur les joues de Diane :

– Vous devriez vous asseoir un instant, vous êtes si pâle !

Elle secoua la tête et, se penchant par-dessus la balustrade, elle plongea ses yeux dans le vide.

Le facteur retint son souffle, effrayé par ce que pouvait faire la jeune femme. Une éternité se passa pour lui dans l'attente du pire.

– Que pouvez-vous me dire d'autre ? finit-elle par articuler.

Le facteur se balançait sur ses pieds, hésitant, réticent : c'est qu'il était un préposé de la Poste et, à ce titre, il était tenu au secret professionnel. D'un autre côté, il était ému par le désarroi de cette femme élégante ; et ce n'était pas faillir à son serment que de parler d'un usager qui, pour ainsi dire, n'existait pratiquement pas :

– Comme je vous l'ai dit il reçoit peu de courrier, même administratif. La seule chose qu'on lui expédie avec régularité, c'est la facture du téléphone. Une chose m'intrigue, voyez-vous : c'est censé être une agence, mais il n'y a ni employé ni personnel d'entretien. Il y a bien quelques habitants de l'immeuble qui ont parfois entendu remuer à l'intérieur mais, comme c'était la plupart du temps la nuit, ils ont conclu à des sarabandes de souris. De toute façon, ce n'est pas possible de faire ouvrir la porte pour s'en assurer, ce n'est pas une location. M. Perrier, ou quel que soit son nom, est propriétaire de cet appartement. Ce serait une violation de domicile.

La mention de la loi le fit se taire instantanément ; il se rappela l'obligation de discrétion à laquelle il était lié. La jeune femme ne bougeait toujours pas. Accrochée de ses deux mains à la rampe, elle paraissait vouloir la desceller, l'arracher au bois du plancher afin de s'avancer avec elle dans le vide.

Le facteur tendit les bras devant lui comme pour se tenir prêt à la rattraper puis se décida à monter les dernières marches. Le grincement d'une latte le stoppa aussitôt sur l'avant-dernière marche :

– Écoutez, madame, j'ignore si quelque chose de terrible vous arrive, mais vous semblez trop fatiguée pour rester ici. Vous devriez rentrer chez vous, vous mettre au chaud et vous reposer un peu. Vous verrez vos problèmes différemment après. Les choses finissent toujours par s'arranger…

Diane tourna vers lui un visage bouleversé mais sur lequel un sourire de gratitude tenta de se fixer.

– Je vous remercie, balbutia-t-elle, vous êtes si gentil…

Et par un irrésistible besoin de contact, de chaleur humaine, elle prit dans sa main la main qui se tendait vers elle, celle d'un homme qu'elle ne connaissait pas il y a quelques instants encore.

Puis tous deux se mirent à redescendre les escaliers avec précaution, comme s'ils craignaient de réveiller une douleur qui s'assoupissait.

Soudain ils s'arrêtèrent et se regardèrent, effarés. Ils tendirent l'oreille… Quelque chose avait bougé à l'intérieur de l'appartement !

D'un bond, Diane fut à la porte, tandis que le facteur, blême, resta pétrifié, un pied entre deux marches.

Ils retinrent leur respiration. Leur cœur battait dans leur gorge. Ils frissonnaient par à-coups. C'est alors qu'ils perçurent très distinctement de l'autre côté de la porte un bruit sec suivi d'une longue expiration.

– Vous entendez ? Il y a quelqu'un ! chuchota Diane. Le facteur s'était changé en statue de sel.

Ensuite, ce fut le son d'une voix qui résonna. Tous deux tressaillirent et échangèrent un regard ivre, fou d'allégresse, un regard de chasseurs de trésors qui auraient mis la main sur le coffre d'un galion. Ils écoutèrent et perçurent ces mots : « Bonjour, vous êtes sur le répondeur de l'Agence Perrier et associés, recherches privées, filatures en tout genre, etc., discrétion assurée... Laissez votre message après le signal. »

Diane fut anéantie : cette bande qui défilait elle ne la connaissait que trop bien. Le facteur, lui aussi déçu, ne put que dire :

– Mince alors ! Ce n'était que le répondeur...

Et soudain refroidi, il se souvint qu'il avait une tournée à faire, toute la rue à descendre, et que :

– C'est bien joli de faire l'enfant, mais l'heure tourne !

Il entreprit de redescendre :

– Allons, vous voyez bien qu'il est inutile de rester là. Soyons raisonnables et partons. Allons, venez.

Sa voix était ferme, Diane obéit et le suivit, hébétée.

Une fois dans le hall, il tira la lourde porte de l'entrée et s'effaça pour la laisser passer.

Mais, dans l'embrasure, elle s'immobilisa subitement, pivota sur elle-même et retourna comme une balle à l'intérieur de l'immeuble.

Elle se plaça devant les boîtes aux lettres et lut sur l'une d'elles : « Agence Perrier et Associés ». Elle se hissa sur la pointe des pieds et constata qu'elle était vide.

– Vous vous demandez qui relève le courrier, c'est ça ? interrogea le facteur avec le ton d'un homme qui connaissait déjà la réponse.

Cependant Diane, sans se retourner, demanda :

– Vous auriez une enveloppe ?

– Pardon ?…

– Oui, une enveloppe vide ou une feuille de papier vierge, qu'importe !

Elle avait levé une main et agitait à présent le bout de ses doigts d'un air pressé, presque impatient.

Cette allure de grande dame des beaux quartiers qui commande le dos tourné surprit le préposé, mais il s'exécuta. Il chercha dans le petit tas de courrier qu'il tenait dans sa main. Il trouva un prospectus et le lui tendit, un peu intimidé à présent :

– Voilà, je pense que ça fera l'affaire.

Elle s'empara du pli par-dessus son épaule, sans se retourner, et le glissa dans la boîte de manière à ce qu'il soit bien visible par la fente.

– Et maintenant ? s'enquit le facteur.

– Maintenant ? J'attends.

5

Rue du Château-des-Rentiers
13e arrondissement

Assise, une liasse de papiers sur les genoux, Malika Kétab avait les yeux baissés. On aurait pu voir dans son attitude un signe de respect. En réalité, elle regardait sa montre : il était 15 h 55.

Le jour avait baissé, et les murs de la pièce avaient pris la même teinte que le ciel badigeonné de gris derrière les vitres, un gris monochrome, sans éclat.

Son supérieur, le commissaire divisionnaire Yann Sézureck soupira :

– Vous connaissez la mer du Nord, capitaine ?

– Non, monsieur.

– C'est sinistre.

Il était affalé dans son fauteuil placé de biais, le regard vague attaché à la fenêtre entrouverte. Ce n'était pas le ciel du 13e arrondissement de Paris qu'il contemplait, mais un lointain souvenir qui ne concernait que lui.

Il soupira encore. Ses soupirs n'étaient pas d'un seul tenant, ils arrivaient par saccades au rythme de sa bouche qui s'ouvrait et se refermait. On aurait dit un poisson hors de l'eau qui s'asphyxiait.

– C'est embêtant, voyez-vous ?

– Je n'ai pas beaucoup voyagé…

– Je parlais de votre enquête, Kétab. La BRAP n'est pas le Mont-de-Piété. On ne peut pas se charger de toutes les affaires criminelles de Paris et de sa région, sous prétexte que la victime n'a pas ses papiers sur elle. Il y a l'identification judiciaire pour ça.

– Je suis d'accord avec vous, monsieur le divisionnaire, mais il y a tout lieu de penser que nous avons affaire à un cas de disparition, suivi d'un homicide.

– Et sur quoi vous fondez-vous ? Vous n'avez aucun élément probant pour étayer cette affirmation !

– Comme je vous l'ai précisé, certains effets personnels lui ont été dérobés…

– Et comme je vous l'ai signalé, il pourrait s'agir d'un crime crapuleux. Or, dans ce cas, c'est l'affaire de la police judiciaire ou la de brigade criminelle, pas la nôtre.

– Cependant, il y a ce fait majeur, la disparition de la bague…

– Permettez-moi de vous dire que ce n'est pas un fait majeur, mais une simple supposition, au mieux un détail.

– Pourtant, j'ai ici la déposition du propriétaire de l'hôtel qui affirme que la victime portait une alliance…

– « … et n'avait rien d'une prostituée », je sais. Vous vous répétez, capitaine. Mais je ne vais tout de même pas vous donner mon feu vert pour une trace de bronzage sur un doigt et la conviction d'un logeur dont c'est l'intérêt de ne pas avouer à la police qu'il tient un bordel ! Où est donc passé votre bon sens, Kétab ?

C'était le credo de la BRAP en général et de Sézureck, son sous-directeur, en particulier : « L'arme du policier, ce n'est pas ce qu'il porte à la ceinture, mais ce qu'il a dans la tête : son bon sens. »

Elle s'était attendue à la résistance de son patron. Le service de la rue du Château-des-Rentiers était sous pression depuis les dernières réorganisations de la brigade et les nouvelles directives du ministère de l'Intérieur : le chef de groupe était garant des résultats de ses officiers et des objectifs annuellement fixés par la DCPJ, la direction centrale de la police judiciaire.

Ainsi, la brigade de la répression des atteintes aux personnes et aux biens avait eu pour consigne de se concentrer sur les dossiers d'enlèvements et de disparitions de mineurs, car la société tolérait de moins en moins que l'on fasse du mal à ses enfants. Les sphères politiques en avaient pris acte.

De même, chaque chef de groupe devait impérativement clore 65 % des dossiers qui atterrissaient sur les bureaux de son équipe. Cette obligation de résultat pesait au-dessus de leur tête comme une épée de Damoclès et déterminait pour l'essentiel leur avancement.

Or, pour Sézureck, on entrait dans la police comme on entre en religion. La vocation ne pouvait venir que d'En Haut et impliquait un engagement total, aussi bien moral que physique. C'est pourquoi il conduisait sa carrière comme un fanatique, avec la rage du zélé.

Il était fier d'être sorti de Saint-Cyr-au-Mont-d'Or, les épaulettes décorées de feuilles de chêne et de ne pas devoir son grade de commissaire à la promotion interne : « C'est important d'être immédiatement chef quand on commence dans ce métier parce que l'ambition devient une seconde nature », avait-il coutume de répéter en admirant d'un œil humide son uniforme pendu à une patère de son bureau.

Il affirmait ne vouloir qu'être directeur de la DCPJ. Mais chacun savait qu'il caressait en secret le rêve de devenir préfet de police de Paris, et même, qui sait ? d'aller plus loin encore… de s'installer dans le siège de ministre de la Place Beauvau.

C'était la raison pour laquelle il poursuivait à présent la conversation les mains à plat sur son bureau, le buste penché en avant et les yeux plantés dans ceux de son interlocutrice. Il n'avait pas l'intention de laisser une brebis de son troupeau l'égarer sur un autre chemin que celui de sa marche sur Rome.

– Votre affaire m'a tout l'air d'un de ces banals crimes sordides qui sont perpétrés toutes les semaines dans ce quartier. Que la victime ait été une fille publique doublée d'une femme mariée n'a rien d'extraordinaire, l'un n'empêche pas l'autre. En revanche, ce qui serait extraordinaire, c'est que vous consacriez du temps pour en arriver à cette conclusion. Et du temps, vous n'en avez pas.

– Vous ne trouvez pas curieux qu'on ne découvre rien sur les lieux, aucun effet personnel, aucun objet, aucun papier de la personne qui occupait la chambre. L'homme qui a appelé la police et qui réside dans l'hôtel dit l'avoir aperçue plusieurs fois et jamais accompagnée.

– En conséquence de quoi, si la victime entrait et sortait librement de cet hôtel, il n'y a, à proprement parler, ni disparition, ni enlèvement, ni séquestration. Ce n'est donc pas de notre ressort.

Le ton de Sézureck était sec. Néanmoins, Kétab était forcée de reconnaître qu'il n'avait pas tort. Ce n'était pas le bon cadre juridique pour une saisine de la brigade. Elle le savait d'ailleurs depuis le début.

Pourtant, elle s'accrochait. Elle savait que si l'affaire allait à la crim', l'inconnue de l'hôtel Darwin ferait l'objet d'une simple requête d'identification à l'IJ, c'est-à-dire un formulaire qui finirait dans la bannette d'un agent négligeant parce que lui, *il ne l'aura pas vue comme moi je l'ai vue.*

Car le regard noyé de celle qu'elle avait entre-temps surnommée Ophélie ne cessait de la hanter depuis ce matin.

Elle insista.

– C'est de notre ressort si l'on considère que la mort de la victime est en soi une disparition inquiétante avec cause criminelle supposée. De plus, on ignore si sa famille n'est pas à sa recherche.

– Si c'était le cas, elle serait dans le fichier des personnes recherchées.

– Pas forcément. Vous savez que les enquêteurs n'inscrivent un signalé disparu que s'ils estiment que les circonstances entourant la disparition sont suspectes ou qu'il y a une cause criminelle supposée. Or ce n'est que maintenant, avec la découverte du cadavre non identifié, que l'on peut envisager cette possibilité. Et d'ailleurs, qui dit qu'elle n'est pas dans le fichier ?

Sézureck se rejeta dans le fond de son siège et prit une longue inspiration qu'il expira de nouveau par saccades. C'était comme des bulles d'air qui auraient crevé à la surface de l'eau. Il dit, excédé :

– Votre insistance devient irritante à la longue, capitaine.

Son interlocutrice fit mine de ne pas avoir entendu et, plongeant le nez dans ses documents, elle exhuma un paquet de feuilles reliées par une agrafe :

– Tenez, par exemple, j'ai sélectionné dans le listing des fichiers régionaux de la police et de la gendarmerie plusieurs signalements qui pourraient correspondre à notre victime. Malheureusement, ils ne comportent pas tous de photographie…

– Autant chercher une aiguille dans une botte de foin…

– Oui, mais…

– À présent ça suffit, Kétab ! Vous nous faites perdre à tous deux notre temps. Franchement, vous me décevez. J'ai toujours vu en vous une personne rationnelle et perspicace, sachant cerner rapidement les faits et les circonstances. De ce point de vue, vous êtes même mon meilleur élément. Tandis que là, je ne vous reconnais plus. Vous cédez à je ne sais quel enthousiasme, à je ne sais quelle émotion, ce qui, avec la compassion, est la pire des tares pour un enquêteur. Permettez-moi de vous le dire : vous risquez avec cette nouvelle façon de procéder de ne pas évoluer comme vous le souhaiteriez. Et vous plus que quiconque dans la brigade êtes exposée à… Enfin, vous me comprenez.

Elle baissa un front rouge de colère et fit mine de classer ses documents pour laisser passer la douleur de la morsure de l'humiliation. Oui, elle comprenait très bien son supérieur. « Ce que vous voulez dire, monsieur, c'est qu'une femme avec mes origines, à qui on a permis de se hisser au rang tant convoité d'officier d'une brigade spéciale doit précisément ne pas les oublier ; ces mêmes origines peuvent tout aussi bien me précipiter dans le néant social d'où je suis sortie. »

Soudain lui revint en mémoire le souvenir d'une histoire qui courait au 36. Elle réfléchit un instant à la façon de l'utiliser à son avantage, décocher sa flèche sans donner l'impression de vouloir blesser.

Elle leva rapidement sur Sézureck des yeux où étincelaient à la fois le désir de vengeance et la roublardise. Il s'était remis à considérer le ciel gris et à songer à la mer du Nord. C'était le moment de ferrer cet ignoble poisson des vases :

– Entendu. Je vais renvoyer le dossier avec un refus de saisine. Je n'aurai qu'à lire les articles de Roch Domérégo pour connaître les suites de l'affaire.

Elle avait mis juste le ton qu'il fallait, un peu de détachement et beaucoup d'obéissance. Et la flèche toucha sa cible.

Sézureck s'était retourné d'un bloc et à moitié soulevé de son siège, il balbutia de surprise :

– Quoi ?… Comment ça ?… Qu'est-ce qu'il a à voir là-dedans, ce Gitan ?

L'histoire qu'on racontait était donc vraie. C'est ainsi, disait-on, que Sézureck surnommait Domérégo, « le Gitan », en référence aux racines tsiganes espagnoles de ses grands-parents paternels.

– Vous n'êtes pas au courant ? Il est journaliste à présent, et même je crois chroniqueur judiciaire. Je l'ai croisé sur les lieux, toujours le même. Le sujet l'attire, il veut faire une sorte de série pour ses lecteurs qui relatera son enquête. Il trouve l'affaire intéressante…

– Et en quoi son avis nous concerne ? coupa sèchement le commissaire divisionnaire.

– Mais en rien, monsieur, je satisfaisais votre curiosité, c'est tout.

Chacun se mit à réfléchir dans son coin. Kétab se demandant comment continuer la conversation sur ce terrain sans braquer son chef, alors que celui-ci cherchait à la poursuivre sans donner l'air de s'y intéresser.

Alors Sézureck se leva et alla à la fenêtre. Il posa une main sur l'espagnolette, l'autre dans son dos, et regarda un long moment dans la rue. Enfin, il se lança :

– Et quel type d'enquête compte-t-il mener ?

Son interlocutrice se montra délibérément vague :

– J'imagine le même que celui qu'il avait l'habitude de conduire quand il était de la maison.

– Il est toujours aussi présomptueux, à ce que je vois.

– Il pense qu'il a ses chances.

– Ses chances de quoi ?

– De prendre sa revanche pardi !

Sézureck tressaillit légèrement. Ils tressaillaient tous, les hauts fonctionnaires, quand l'honneur de la police était en jeu :

– Mais qu'est-ce qu'il croit ? Qu'il peut encore nous défier ?

– Si je puis me permettre, face au commissaire Sempère, ce n'est pas très difficile de le penser.

– À qui le dites-vous ! Il est de la même promotion que moi, cet imbécile. À Saint-Cyr, il n'a même pas été fichu de sortir dernier. Il était sur la liste complémentaire. Sans la défection d'un lauréat qui a finalement choisi l'aviation civile, cet agité aurait fini gratte-papier dans une sous-préfecture quelconque. Imaginez, il faut à présent que nous, les vrais gradés, nous fassions avec ce genre de crétin !

Tout à coup, Sézureck se redressa et crispa sa main sur la poignée de la fenêtre. Kétab sentit que quelque chose se passait en lui. Son instinct l'avertit qu'elle était en danger.

En effet, le commissaire ouvrit grand la fenêtre et se retourna lentement avec des yeux inquisiteurs :

– Dites-moi, Kétab, ne seriez-vous pas en train de me manœuvrer habilement pour que je consente à ce que vous vous occupiez de l'affaire ?

Le froid qui s'engouffra dans la pièce saisit la jeune femme qui frissonna. C'était apparemment le but recherché, car un sourire de satisfaction vint errer sur les lèvres de Sézureck. « Quel sadique, se dit-elle, ça ne m'étonne pas que Roch n'ait jamais pu le sentir ! »

– Si manœuvrer consiste à vous mettre en garde contre les arrière-pensées d'un ex-flic amer et revanchard alors, oui, telle est mon intention. Car il va de soi que s'il parvient à court-circuiter les enquêteurs du 18e, il s'en donnera à cœur joie pour nous ridiculiser dans son journal. Il sait que la BRAP a été appelée, il m'a vue.

Sézureck se rapprocha lentement, menaçant, et ses yeux scrutateurs fouillèrent ceux de sa subordonnée. Il en serait venu à remuer sa cervelle s'il l'avait pu.

– Auriez-vous la fibre corporatiste, capitaine ?

On dit que les requins ont une mâchoire si puissante que leurs dents vous sectionnent en deux d'un seul coup. Malika recula au fond de sa chaise devant l'avancée de Sézureck :

– Certainement, monsieur. Mais là n'est pas la question. J'ai eu vent des relations que vous entreteniez avec Domérégo, et je me suis dit que vous aimeriez en être informé.

Le demi-sourire s'effaça tout à coup du visage du divisionnaire et l'expression de ses yeux s'adoucit. Il croyait en la sincérité et en la loyauté de sa subordonnée et, pour le lui prouver, il ferma la fenêtre d'un coup sec.

Il retourna s'asseoir et prit une attitude familière, celle d'un simple membre de son groupe :

– Je comprends mieux à présent votre insistance. Cependant, Malika, vous auriez dû me faire part de votre appréhension dès le début. Vous savez combien je suis ouvert aux préoccupations de mes hommes.

– Je voulais rester professionnelle, monsieur.

– En aucun cas Domérégo n'est pour m… nous, une affaire personnelle. Vous avez raison de dire que ses agissements concernent la police tout entière, même si je reste persuadé que ses lecteurs doivent se compter sur les doigts d'une main et qu'il ne fera pas grand bruit. Néanmoins, si un seul citoyen en France pense qu'un type comme lui peut faire mieux que nous, nous échouons dans notre mission de service public.

Elle acquiesçait de la tête comme font les gens qui veulent montrer qu'ils suivent une conversation et approuvent son contenu.

En réalité, elle était lasse de sa journée qui avait commencé à l'aube et qui risquait de se terminer tard dans la nuit, car elle avait encore d'autres recherches à faire, d'autres données à croiser, d'autres informations à recouper, d'autres dossiers à consulter, d'autres...

– Entendez-vous ce que je vous dis ?

Elle sursauta.

– Excusez-moi, monsieur ?

– Je vous demandais si vous teniez une piste sérieuse.

– Oui, monsieur... (Elle fouillait dans ses papiers.) J'ai ici quatre signalements faits par des proches de personnes qui n'ont pas reparu à leur domicile au bout de soixante-douze heures et qui pourraient correspondre à la victime de l'hôtel Darwin... Je vous demande un instant pour les retrouver...

Elle s'emmêla dans sa recherche, des feuilles tombèrent à ses pieds, elle s'excusa, s'embrouilla, ramassa, se trompa de document... Elle était tout à coup troublée parce qu'elle sentait que son supérieur était sur le point de lui donner son accord pour mener l'enquête, ce qui, une minute auparavant, était loin d'être gagné. Il fallait maintenant qu'elle garde son sang-froid et qu'elle ne commette pas de maladresse...

À la vérité, Sézureck ne la regardait même pas. Il avait posé cette question de pure forme un peu au hasard, par routine ou par réflexe, sans espérer de réponse particulière. À présent, les yeux dans le vague, il s'était plongé dans une rêverie qui provoqua à nouveau chez lui cette étrange respiration branchiale.

– Voilà, je l'ai ! dit-elle à moitié courbée vers le sol, j'ai retrouvé mes notes. (Elle lut en diagonale.) Le premier concerne un chirurgien résidant porte de la Muette et qui a signalé hier la disparition de sa femme. Selon lui, elle aurait disparu depuis plus d'une semaine déjà, et la description qu'il en donne correspond assez bien à notre victime. Néanmoins, il précise que c'est dans les habitudes de sa femme de s'évanouir ainsi dans la nature puis de reparaître. Malheureusement, il n'a pas fourni de photographie. C'est à vérifier, mais j'aurais tendance à écarter ce signalement car le profil socioprofessionnel ne correspond pas. Le deuxième profil, qui, je ne vous le cache pas, a ma préférence, est relatif à une disparition signalée par une amie. Cette dernière se serait rendue au domicile de la disparue, cité Chaptal dans le 9e, et s'est étonnée de trouver toutes ses affaires en place et le courrier dans la boîte aux lettres. Or elle précise que son amie lui demandait à chaque absence de relever sa boîte, d'arroser les plantes et de nourrir ses chats. Elle les a retrouvés affamés. Cela ferait une dizaine de jours qu'elle n'aurait pas donné de nouvelles, ni à ses proches ni à son employeur. Ce signalement m'intéresse parce que la cité Chaptal n'est pas très loin du lieu du crime. Pour ma part, je commencerais par là. Qu'est-ce que vous en pensez ?

Comme Kétab n'avait pas levé la tête en posant cette question, elle ne s'était pas rendu compte de l'inattention de Sézureck. Plongée dans ses notes, elle pensait que le silence valait acquiescement. Elle poursuivit donc :

– Ensuite, j'ai là la description d'une femme signalée disparue il y a plusieurs mois par sa famille qui habite en province et qui est toujours sans nouvelles. Ce cas mérite qu'on s'y attarde : ses parents ont précisé qu'ils étaient persuadés que leur fille se prostituait. Vous me direz, la plupart des parents pensent ça dès que leur fille monte à Paris pour chercher du travail… mais bon, faut voir. D'autant que la dernière adresse connue est précisément boulevard de Clichy... Enfin, le dernier signalement est curieux à bien des égards et aurait aussi ma préférence. C'est une esthéticienne en pleine instance de divorce et dont la disparition a été signalée par, tenez-vous bien, son avocate. Cette dernière est inquiète parce que sa cliente ne s'est pas rendue aux différentes convocations du juge aux affaires familiales et ne donne plus signe de vie alors que c'est elle qui demande le divorce aux torts exclusifs de son conjoint. Le signalement correspond assez bien, même si là encore l'on ne dispose pas de photographie. J'ajoute que la disparue réside rue La Fayette dans le 10e, ce qui nous rapproche toujours des lieux du crime... Voilà pour mes premières pistes, monsieur le commissaire.

Elle arrêta de parler, garda la tête baissée, mais à sa façon de parcourir encore ses notes elle paraissait contente d'elle. Elle referma la chemise de son dossier avec un geste de satisfaction. Elle leva alors les yeux sur Sézureck et constata, surprise, qu'il n'avait rien écouté. Il laissait errer son regard vide dans le fond de la pièce et ses paupières clignaient au même rythme que le mouvement de ses lèvres.

Insensiblement, ce mouvement de bouche qui respirait lui rappela un épisode de son enfance. Il y avait dans l'appartement de son beau-père un énorme aquarium posé dans un coin de la salle à manger, près d'un grand radiateur en fonte toujours brûlant. Son beau-père traînait une maladie pulmonaire qui le tuait. La fermentation de l'eau verdâtre de l'aquarium que personne ne songeait à changer dégageait de petites bulles de gaz qui crevaient au ralenti contre des plantes en plastique enfoncées dans des coraux en stuc au fond du récipient. Entre eux nageaient des poissons engourdis à l'œil immobile qui venaient de temps à autre buter contre le verre de l'aquarium avec ce même mouvement lent du museau. Le souvenir de cet immonde objet de son passé fit remonter en elle la sensation de nausée et d'ennui qui avait collé à son adolescence passée à Saint-Dizier, en Haute-Marne.

– Il me semble que j'ai suffisamment abusé de votre temps et de votre patience, monsieur, amorça Kétab sur un ton protocolaire dans l'espoir de voir son chef mettre fin à l'entretien.

Or celui-ci, tout au contraire, poursuivit à haute voix ses pensées :

– Au premier coup d'œil j'ai vu que c'était un perdant.

– Qui ça ? demanda-t-elle interloquée.

– Domérégo, qui d'autre ? Oui, j'ai tout de suite su que c'était un loser, un raté, un flambé. Il pouvait faire illusion auprès de ses amis musiciens, de ses indics, de la petite crapule des rues et même auprès de certains de ses collègues, mais avec moi ça ne prenait pas. Ses airs de grand seigneur manouche et ses méthodes d'investigation humanistes masquaient en réalité un tempérament de ténébreux à qui la vie réserve un destin fatal. Et le temps a fini par me donner raison.

Sézureck leva les bras au ciel comme pour remercier Chronos de son intervention. Sa haine pour Domérégo était restée intacte. Tout comme était restée intacte dans sa mémoire l'image qu'il avait de lui, celle d'un homme indomptable et intouchable, brillant et insolent. Pourtant, il l'avait vu tomber après la bavure. Il avait même assisté à sa mise à mort puisqu'il siégeait au conseil de discipline. Celui-ci avait exclu Roch sans indemnité ni droit à la retraite, sans possibilité de se présenter à aucun autre poste de la fonction publique et avec injonction de rendre toutes les distinctions qu'il avait reçues après des opérations de terrain remarquables. Et tout ça pour le jeter en pâture aux médias, pour que l'accident ne rejaillisse pas sur la police nationale, que la faute soit pour tous celle d'un homme et non de l'institution.

Or, le plus étonnant, c'était que Domérégo avait précisément choisi la presse comme refuge, alors même qu'elle s'était acharnée sur lui, le transformant auprès du public en mercenaire des sales guerres : « Un fonctionnaire de police abat sans sommation un adolescent », « Brutalités policières dans l'est de Paris : un jeune dealer abattu par un policier », « Une simple opération tourne au drame : un adolescent non armé est mort durant son transport à l'hôpital », « Un policier perd son sang-froid. Bilan : un adolescent de 16 ans tué », etc.

Mais il fallait croire que Yann Sézureck, lui, continuait toujours la sienne, de guerre :

– Vous savez, personne ne peut vous parler mieux que moi de l'ex-commandant. Il était sous mes ordres à la criminelle, mais il s'est toujours comporté comme s'il était un loup solitaire refusant l'autorité et la cohésion du groupe. Et avec ça aucune ambition. Il ne traitait les affaires qu'en fonction de la vulnérabilité des victimes, ou des petits voyous pris dans des réseaux mafieux, jusqu'aux dossiers d'homicide qu'il prenait quand personne n'en voulait. C'est sûr, ça a marché pour lui un certain temps, c'est la raison pour laquelle je ne pouvais pas avoir sa peau. Mais quand il s'est mis à boire et à cuver son whisky des nuits entières dans son bureau en jouant de son saxophone, je me suis dit qu'il n'y avait qu'à attendre encore un peu.

– Mais sa femme venait de se suicider…

– Il y avait de quoi, à vivre avec un individu pareil !

Elle le regarda dans les yeux : non, ses paroles n'avaient pas dépassé sa pensée. Elle se rappela alors d'un poisson que son beau-père avait un jour plongé avec délectation dans l'aquarium. C'était un magnifique cyprin, d'une taille peu commune pour son espèce, rigide, dentelé, noir. Il promenait lentement dans le bassin sa forme sombre et inquiétante. Dès qu'un autre poisson était à sa portée, il battait son énorme nageoire dorsale dans le but de créer une turbulence, puis se lançait à sa poursuite en faisant fonctionner ses énormes dents pharyngiennes. « C'est à cette espèce que Sézureck appartient, se dit-elle. Mais suis-je moi-même si différente ? » Car à présent, elle se sentait mal à l'aise, écœurée de ce qu'elle venait de faire. Elle avait utilisé Domérégo qu'elle savait être l'ennemi intime de son supérieur pour arracher un consentement pour une enquête. Elle n'avait pas fait confiance aux indices qu'elle avait, elle avait préféré jouer les personnes. On peut toujours se dire que tous les moyens sont bons quand on vise la fin dans un cas de mort violente ; que son élucidation peut justifier un comportement méprisable. Bien sûr. Mais restait la sensation déplaisante de s'être montrée semblable au cyprin de son enfance.

Par chance le téléphone sonna. Sézureck décrocha et fit un signe à Kétab. Celle-ci se leva et, dans sa hâte de fuir au plus vite, elle fit de nouveau tomber sur le sol les documents de son dossier. Et ce fut à quatre pattes sous le bureau qu'elle entendit son chef lui lancer :

– C'est d'accord, suivez votre piste, Kétab. Je vous donne soixante-douze heures.

6

Hôpital Beaujon
Clichy

Au bout des quais de Seine de Clichy, dans un décor d'usines et d'entrepôts, une masse rouge surgit tout à coup comme un vaisseau échoué : c'est Beaujon.

L'automobiliste égaré qui remonte le boulevard du général Leclerc pense d'abord que cette énorme bâtisse rouille et grise doit être une veille manufacture qui aura survécu à la révolution technologique et à la mutation numérique, échappant par là même aux théories de l'évolution et de la sélection historique, pour témoigner d'un temps déjà fossilisé, celui de la grande industrie de l'entre-deux-guerres. Que, d'ici peu, grues, pelleteuses et dynamite auront raison de son armature de béton et les promoteurs immobiliers de son terrain de six hectares. Puis, parvenu à sa hauteur, il découvre avec stupéfaction qu'il s'agit d'un hôpital.

Et autant dire que le grand parallélépipède à redents qui s'élève sur treize niveaux et accroche l'horizon et le regard n'a rien d'accueillant.

Ce fut d'ailleurs avec une certaine répulsion que Kétab en franchit les grilles. Elle leva une fois encore la tête vers le sommet de l'hôpital gratte-ciel et une fois encore elle s'exclama : « Qu'est-ce que c'est moche ! », avant de pénétrer dans le hall.

Elle demanda à voir le docteur Cassan. Il avait signalé la disparition de sa femme plusieurs jours auparavant. Il était le premier sur sa liste, mais ce n'était pas sa piste privilégiée. Ce devrait être l'affaire de quelques minutes. Le plus important, c'était de ne pas gaspiller les soixante-douze heures que Sézureck lui avait accordées.

L'hôtesse à l'accueil rechigna :

– Vous avez rendez-vous ? Il vous attend ?

– Non, mais comme ma carte vous l'indique, je suis de la police judiciaire de Paris.

– Et alors ? On ne peut pas débarquer ainsi et demander à voir le professeur Cassan sur un claquement de doigts. C'est un hôpital ici, pas un dispensaire de quartier.

– C'est important.

– Mais ce que fait le docteur Cassan est tout aussi important ! Il est chirurgien et chef de service. Je suis désolée, vous devez prendre rendez-vous.

– Mais puisque je vous dis que c'est urgent !

– Parce que vous croyez que pour les patients qui rentrent au bloc, ce n'est pas urgent ?

Kétab était à bout. Pressée, excédée, elle lâcha en dépit de sa déontologie :

– Dites-lui que c'est au sujet de sa femme, et vous verrez s'il ne trouvera pas ça urgent.

La standardiste s'empara aussitôt du téléphone et répondit d'une voix précipitée :

– Je vais voir s'il est là. Installez-vous dans la salle d'attente, on viendra vous chercher. Vous êtes ?

– Capitaine Malika Kétab.

La salle d'attente était pleine à craquer de la misère humaine. Elle préféra rester dans le hall. Pour tromper son impatience, elle se mit à lire sur de grands panneaux blancs l'histoire de l'hôpital :

« L'hôpital Beaujon fut construit en 1935 à Clichy, aux portes de Paris, pour remplacer l'ancien hôpital Nicolas Beaujon situé dans le 8e arrondissement et devenu trop exigu. À la suite d'un concours lancé en 1930, les travaux furent confiés à une équipe d'architectes : Walter, Plousey et Cassan. »

– Tiens, ça doit être drôle pour un toubib de se dire que c'est un de ses ancêtres qui a dessiné son hôpital, se dit-elle. Il opère dans sa demeure familiale, en quelque sorte.

« L'hôpital reçut ses premiers malades (700 lits) le 15 février 1935 et fut réquisitionné par les troupes allemandes. À la Libération, il reprit son activité normale. »

Elle passa au deuxième panneau non sans avoir jeté au préalable un regard vif à l'hôtesse d'accueil :

« L'hôpital Beaujon appartient au groupe hospitalo-universitaire Bichat-Beaujon et assure une fonction d'enseignement et de recherche : il comprend une unité Inserm et un pôle de recherche en biologie de l'évolution dirigé par le professeur Cassien-Jean Cassan. »

– À nouveau sa seigneurie ! s'exclama-t-elle à mi-voix en esquissant une petite révérence.

« L'hôpital développe des techniques chirurgicales de pointe (transplantation d'organes) et des recherches et applications médico-chirurgicales de haute technicité avec à leurs directions les professeurs… », suivait un chapelet de noms dont celui de Cassien-Jean Cassan.

Sur le panneau suivant, elle lut rapidement la biographie de l'homme qu'elle venait auditionner : y figurait la multitude de diplômes, de spécialisations, de titres, de décorations, de prix, de découvertes, d'avancées, de premières européennes et mondiales, etc., obtenus ou réalisés par l'éminent spécialiste en chirurgie des greffes : le professeur Cassien-Jean Cassan.

Kétab fit une nouvelle courbette.

– Je vais me farcir un sacré coco…

– Vous êtes l'officier de police ?

Elle se retourna vivement et tendit la main à l'homme qui se tenait devant elle :

– Monsieur Cassan, je présume ?

La trentaine, mince et brun, il rougit légèrement et répondit d'un air embarrassé :

– Oh non ! Je ne suis que Thomas son assistant. Il m'a prié de venir vous chercher. Si vous voulez bien me suivre…

Elle trotta derrière lui jusqu'aux ascenseurs et, tandis qu'ils s'engouffraient dans l'un d'eux, l'assistant se racla la gorge et suggéra :

– Si je puis me permettre, ne dites pas « monsieur Cassan » mais plutôt « monsieur le professeur », sans cela vous le vexeriez.

Le professeur Cassan était en train d'écrire. Depuis le couloir, Kétab pouvait entendre la plume de son stylo crisser avec rapidité sur le papier. Elle frappa à la porte grande ouverte sur laquelle son nom était inscrit sur une large plaque dorée.

Il leva des yeux bleu gris aigus comme des herses pardessus des lunettes rondes, jaugea sa visiteuse d'un seul mouvement de tête puis l'invita d'une voix impérieuse :

– Entrez, entrez !

Sa main, qu'il avait tendue pour désigner l'unique siège placé devant lui, se referma pour faire basculer la pointe du stylo vers le bas puis il se remit aussitôt à noircir la feuille.

Kétab jeta un rapide coup d'œil à la pièce avant de s'asseoir. C'était un beau bureau de hiérarque, tout en bois laqué, en lithographies figuratives et en tapis d'Orient.

Dans un coin, un salon de cuir vermillon que surplombait une bibliothèque qui s'élevait jusqu'au plafond. À l'opposé, un ensemble mobilier en acier chromé composé d'un bar, d'un petit réfrigérateur et d'une machine à café. Ses yeux s'illuminèrent à sa vue et elle s'imagina déjà accepter la proposition : « Un expresso ? – Volontiers, sans sucre et avec sa mousse. »

Aux murs, côtoyant les gravures, étaient accrochés des diplômes, des articles de presse, des récompenses dans des cadres noirs et, assez curieusement, d'anciens instruments de chirurgie, des scalpels, des tenailles, des fers, qui donnaient à la pièce un petit côté musée des tortures.

Puis elle posa son regard sur le docteur Cassan et toussa légèrement. Ce dernier comprit et dit sans lever la tête et d'un ton qui n'appelait aucune insistance :

– Je suis à vous tout de suite, capitaine, le temps de terminer ce que je suis en train de faire.

Étonnée, elle se dit que l'hôtesse de l'accueil n'avait pas dû préciser le motif de sa visite. Cependant, après avoir signé son papier et vissé le capuchon de son stylo, il se redressa et demanda en plantant droit ses yeux acérés dans ceux de Kétab :

– Vous venez au sujet de ma femme, c'est bien ça ?

– Euh… oui, c'est bien ça.

– Bien, je vous écoute alors.

Son ton était aussi vif que son regard. Or, en amateur de la concision et de la synthèse, si l'homme donnait l'impression d'aimer aller à l'essentiel – ce que, en général, elle appréciait –, elle n'apprécia pas du tout l'attitude supérieure qu'on prenait pour la recevoir. Un chef d'un service hospitalier valait bien un officier de la police judiciaire :

– Mais peut-être préférez-vous finir autre chose avant ? ironisa-t-elle.

– Je vois… Vous vous dites : « Je viens pour son épouse, et lui n'a rien de mieux à faire que de terminer son courrier. » C'est que, voyez-vous, je rédigeais les instructions pour une transplantation d'organe qui doit s'effectuer pendant que je m'entretiens avec vous.

À peine avait-il achevé sa phrase qu'on frappa à sa porte et qu'une femme en blouse blanche, l'expression affolée et le souffle court, demanda :

– Vous venez, professeur Cassan ? Le prélèvement a été fait il y a plus de vingt minutes maintenant…

– Je le sais, Françoise, mais c'est vous qui ferez la transplantation. Voici ma feuille de route.

Il tendit le papier qu'il avait rédigé d'un air impassible et tandis, que sa consœur repartit interloquée, il ajouta d'une voix forte :

– Françoise, fermez la porte derrière vous, voulez-vous ?

Puis gardant toujours ce même visage calme et impénétrable où perçaient deux pupilles étincelantes, il poursuivit :

– Une vie qu'il nous incombe de sauver importe plus que nos misères privées. J'imagine qu'avec le métier que vous exercez, vous êtes mieux que quiconque à même de me comprendre.

– Pour autant que nos misères ne soient pas des vies à sauver.

Elle avait répondu de manière sibylline car elle ne savait pas comment aborder de face l'objet de sa visite, le bonhomme lui apparaissant tout à coup sous un jour plus favorable.

Il avait légèrement pâli :

– Que voulez-vous dire ?

– Depuis quand n'avez-vous pas eu de nouvelles de votre femme ?

– Six jours dans quelques heures.

– Comment ça ?

– Elle est partie en début de soirée, quittant une réception que nous donnions.

– Pour quel motif ?

– Il n'y en avait pas.

Kétab fronça les sourcils. Mais il répéta en appuyant ses mots :

– Je vous dis qu'il n'y en avait pas. Ça lui arrive souvent de partir ainsi brusquement, sans raison ni explication. Elle a, comment dirais-je, les nerfs un peu fragiles et l'humeur imprévisible.

– Vous voulez dire qu'elle est dépressive ?

– Neurasthénique, pour être précis. Elle est d'une grande fragilité. Elle est sujette à des crises de mélancolie et à des insomnies, mais ce n'est jamais durable. Du reste, elle ne suit aucun traitement. Elle va en général se reposer dans notre résidence secondaire sur la côte atlantique ou alors elle va séjourner quelque temps dans une station des Alpes.

– Pourquoi n'avoir signalé sa disparition qu'il y a trois jours ?

– J'aurais pu tout aussi bien ne pas le faire. Car, voyez-vous, ma femme a l'habitude de disparaître sans donner de nouvelles pendant des jours. Elle ne dit pas où elle est, ce qu'elle fait, ni quand elle reviendra. Elle appelle cela « se mettre entre parenthèses » comme on dirait « se mettre en quarantaine ». Puis elle reparaît comme elle est partie, sans crier gare, sans prévenir, comme ça, subitement, pareille à une chatte à moitié sauvage que la nuit, les maquis et les gouttières auraient lassée.

Au fur et à mesure qu'il parlait, son visage, énergique et impérial, se creusait. À présent il apparaissait las et vieilli.

Chose singulière néanmoins, ses yeux avaient gardé cet éclat tranchant, acéré comme la pointe d'une flèche.

– Alors pourquoi avoir cette fois-ci signalé sa disparition ? demanda-t-elle après un silence de circonstance.

On frappa. Cassan se leva immédiatement. « Excusez-moi », comme s'il saisissait l'occasion de cette interruption pour reprendre ses esprits. Il chuchota d'abord dans l'entrebâillement de la porte, puis sortit dans le couloir et la referma derrière lui.

Elle en profita pour s'attacher aux objets personnels, intimes du professeur.

Hormis la collection d'instruments de chirurgie, il n'y avait pas grand-chose de significatif : statuettes figurant des gargouilles, l'une d'un dragon l'autre d'un démon, des coquillages servant de vasque à des trombones, des élastiques, des capuchons de stylo, une magnifique rose des sables posée sur la tablette de la bibliothèque, des squelettes de coraux roses et rouges, un bonsaï d'érable remarquablement ligaturé et atrophié... un univers essentiellement minéral, presque inorganique.

Lorsque le docteur Cassan revint dans la pièce et qu'il reprit place dans son large fauteuil en cuir, Kétab tenta de faire coïncider cet univers fossilisé avec l'activité de cet homme, qui se situait pour le moins à l'opposé, du côté du vivant et de la matière animée.

– J'ai remarqué que vous n'aviez aucune photographie de famille. Vous en auriez une de votre femme ?

– Vous voulez-vous dire ici ? Sur moi ? Non, capitaine, je déteste les photographies, encore plus l'exhibition de ma vie privée. Mais pourquoi me demandez-vous cela ?

– Parce que vous n'en avez pas fourni aux services de police, de sorte que nous n'avons qu'un descriptif, précis certes, mais insuffisant pour une enquête.

Il fit une moue de réticence, presque de refus.

– Je n'en avais pas sur moi lorsque je me suis rendu au commissariat. Pas plus qu'aujourd'hui. On me l'a demandé en effet. Mais je vous avoue que je répugne à voir le visage de mon épouse placé dans un fichier accessible à n'importe qui.

– Il ne l'est qu'aux services enquêteurs.

– Vous n'en restez pas moins des étrangers. Je doute qu'elle approuverait.

– Ne voulez-vous pas tout mettre en œuvre pour qu'on la retrouve ?

En posant cette question rhétorique, elle espérait vaincre sa réserve en le troublant. Tactique classique pour venir à bout de la réticence des proches d'une victime à fournir des affaires personnelles. Elle fut étonnée par sa réponse :

– À dire vrai, non. Non, je ne le souhaite pas.

– Pardon ? Qu'est-ce que vous voulez dire ? Votre couple connaît des problèmes ?

Il prit entre ses doigts son stylo à plume et se rejeta contre le dossier de son siège. Son visage se ferma, mais un rictus sarcastique accompagna sa réponse :

– J'ignorais que la police d'aujourd'hui était encore assez naïve pour penser qu'un homme qui a des difficultés conjugales les résout en espérant ne plus revoir sa femme. Il y a le divorce pour ça. Je le dis d'autant plus facilement que nous n'avons pas d'enfant. Si je ne souhaite pas que vous retrouviez ma femme, c'est que je sais qu'elle reviendra d'elle-même. Elle revient toujours. Et c'est, quoi qu'on en dise, mieux qu'entre deux gendarmes.

– Vous n'avez pas répondu à ma question.

– Bien sûr que mon couple rencontre des difficultés. Tous les couples en connaissent. Si j'en juge par votre insistance, vous ne devez pas être mariée. Et d'abord, pourquoi me demandez-vous cela ? Est-ce nécessaire lorsqu'on signale la disparition de son conjoint ?

– Oui, si la disparition est susceptible d'être volontaire. Un majeur marié disparaît de son propre chef soit parce qu'il ne parvient pas à faire face à des ennuis financiers, soit parce qu'il est confronté à des dilemmes d'ordre privé.

– Des dilemmes d'ordre privé ? Comme ?

– Choisir entre son mari et son amant. Est-ce que votre femme a un amant ?

Le rictus railleur s'évanouit. Mais le chirurgien garda son calme. Ce n'était d'ailleurs par le genre d'homme à perdre facilement son sang-froid. Ça se voyait. Il baissa un instant les yeux sur le stylo qu'il était en train de triturer et, quand il les releva, leurs iris étaient si effilés qu'on aurait dit les tranchants de deux lames de rasoir.

– J'ai peur de ne pas saisir le sens de votre visite, capitaine. J'imagine que vous n'êtes pas venue jusqu'ici pour chercher une photographie de ma femme.

– En effet, mais si vous nous l'aviez fournie, je ne serais probablement pas venue. Nous avons découvert le corps d'une inconnue dans un hôtel du 18e arrondissement et dans le cadre de l'enquête je suis venue vérifier… enfin, éliminer l'éventualité qu'il s'agisse de votre épouse.

Le stylo à plume manqua de s'échapper de ses mains tout à coup secouées par de légers tremblements.

– Dans un hôtel… du 18e arrondissement… Vous comprenez que ce ne peut être qu'une autre personne, bredouilla-t-il.

– Je n'en doute pas, professeur, néanmoins…

– Elle serait incapable de vous situer cet arrondissement sur un plan. Alors vous pensez, se retrouver en plus dans un de ses hôtels…

– Je comprends. Cependant, je vous demanderai de bien vouloir confirmer sur ce cliché que la personne retrouvée n'est pas…

La plume du stylo se cassa nette sous le capuchon tandis qu'elle tirait de sa poche un cliché pris à la morgue. Il regarda, hébété, perler de ses doigts les gouttes d'encre comme s'il s'agissait de son sang.

Devant son trouble, Kétab se crut obligée de prononcer ces mots de pure forme :

– Cela ne prendra que quelques secondes, tout se passera bien…

Ces mots, il les prononçait lui-même en tant que praticien dans des conditions plus tendues encore que celles-ci, de sorte qu'il en connaissait la vacuité. Une exaspération blanche, froide, le fit alors se lever et, tenant sa main souillée comme un membre blessé, il se dirigea vivement vers un cabinet de toilette attenant à son bureau dans lequel il s'enferma.

Durant son absence, elle disposa deux photographies de la victime sur le sous-main, face au fauteuil de Cassan, et attendit. Elle essaya de fixer son regard ailleurs dans la pièce, mais malgré elle celui-ci revenait se poser sur le visage d'« Ophélie ».

Depuis qu'elle s'était jetée à corps perdu dans l'enquête, pressée par le compte à rebours imposé par son supérieur, elle avait fait en sorte de ne pas penser à elle, l'inconnue, de chasser toute vision de son esprit pour ne pas être déconcentrée ni troublée.

Il était impératif, si elle voulait obtenir des résultats propres à convaincre Sézureck, de ne pas se laisser aller à une quelconque rêverie magnétique, à la fascination qu'entraînait la beauté fantastique de l'inconnue de l'hôtel Darwin.

Elle entendait l'eau couler dans le lavabo depuis le cabinet de toilette. Alors, par un étrange effet d'optique, elle eut l'impression que les longs cheveux épars des portraits du légiste ondulaient sous la gélatine et débordaient de leur cadre.

Cassan réapparut une serviette blanche entre les mains. Il essuya méticuleusement chacun de ses doigts, puis entre chacune des phalanges, enfin les paumes et les dos de ses mains. Il avait remarqué la présence des photographies sur son bureau. Il était nerveux. Voyant sa lenteur à coopérer, elle le pressa :

– Je vous demanderai de bien vouloir regarder ces photos prises par le service médico-légal et de me dire si vous reconnaissez votre épouse.

Il blêmit, réajusta ses lunettes qui s'embuaient légèrement, et se résolut à faire un pas en avant :

– Ce n'est pas elle.

Il jeta sa serviette sur les épreuves.

– Vous en êtes sûr ? Peut-être que vous n'avez pas bien regardé.

En disant cela, elle s'était levée pour enlever le linge. Il lâcha dans un cri étouffé :

– Je vous dis que ce n'est pas elle !

Leurs yeux se croisèrent, et c'est alors qu'elle comprit : cet homme avait peur de la mort. Aussi incroyable, aussi insensé, aussi fou que cela puisse paraître, le grand chirurgien Cassien-Jean Cassan, qui comptait de nombreuses années de pratique et de commerce avec la Faucheuse, avait tout banalement, tout naturellement peur de regarder la mort en face.

Les yeux du professeur, qui, il y a un instant encore, brillaient de l'éclat dur et froid de l'acier, étaient à présent désemparés et au bord des larmes. Mais elle se devait d'insister :

– Vous êtes certain de n'avoir pas reconnu votre femme ?

Il secoua négativement la tête et murmura :

– Non…

Puis il se précipita vers le bar où il se servit un grand verre d'eau qu'il but d'une traite.

– Veuillez excuser mon impolitesse, dit-il le dos tourné, je vous sers quelque chose ?

Kétab contempla pitoyablement la machine à expressos et répondit après un soupir plein de regrets :

– Non, merci, je dois m'en aller.

Elle se leva, récupéra les clichés qu'elle glissa dans leur enveloppe tout en jetant une dernière fois un coup d'œil à l'ample collection de diplômes et de titres accrochée aux murs et exhibée dans le but de provoquer l'admiration de ceux qui pénétraient dans ce bureau.

« Ainsi c'est un leurre, se dit-elle. Qui soupçonnerait que le grand docteur est terrorisé par la simple vue de la photo d'une morte. Après tout, son job, c'est de sauver des vies. Il est comme une sage-femme, avec ses greffes et ses transplantations : à l'origine de la vie. Contrairement à nous, les flics, qui arrivons quand tout est fini. Nous, nous sommes des croque-morts, nous intervenons pour emporter les corps. »

Elle haussa les épaules comme pour dire : « Il faut bien que quelqu'un fasse le sale boulot », et se dirigea vers la porte.

Soudain, elle s'arrêta et se retourna pour faire face à Cassan qui la suivait :

– Au fait, vous n'avez pas répondu à ma question.

– Laquelle ?

– Pourquoi cette fois-ci avoir signalé la disparition de votre femme si vous n'êtes pas vraiment inquiet ?

– Parce que ma belle-sœur a insisté. Elle m'a téléphoné il y a de cela trois jours, elle était affolée parce qu'elle n'arrivait pas à joindre mon épouse. Pour la rassurer, je lui ai promis de tout mettre en œuvre pour la retrouver.

– Votre belle-sœur pensait à la police ?

– Je ne sais pas. Pourquoi cette question ?

Elle ne répondit pas pour ne pas le heurter. Mais elle se dit que la belle-sœur pourrait, le cas échéant, procéder à une identification à la morgue.

– Comment s'appelle votre belle-sœur ?

– Diane Jenken. Elle habite le 2e arrondissement, vous trouverez son numéro dans l'annuaire.

Il tendit la main, moins pour saluer son interlocutrice que pour mettre fin à l'entrevue. Ses yeux avaient repris leur expression aiguë et froide.

– Et votre femme, comment s'appelle-t-elle ?

– Daphné.

7

Square Carpeaux
18e arrondissement

Malgré le ruban de sécurité de la police qui tenait lieu de scellés, la porte n'était pas fermée à clé. Domérégo entra doucement dans la chambre, en courbant l'échine et avec la précaution d'un félin en chasse qui pénétrerait en territoire inconnu.

La pièce était en désordre mais pas bouleversée. Il faut dire que les enquêteurs n'ont pas eu beaucoup à fouiller : il n'y a pas grand-chose pour un meublé, constata le journaliste.

Le coin cuisine se réduisait à une plaque de cuisson, placée dans une encoignure à côté d'un égouttoir crasseux dans lequel gisait de la vaisselle défraîchie. Pour le reste, il y avait une petite table de chevet souillée dont le tiroir vide était tiré, collée à un lit sur lequel on avait jeté un dessus à ramages verdâtres usé par endroits, et une penderie dont les portes grandes ouvertes laissaient voir des cintres tordus et un miroir fendu.

Il poussa la porte de la salle de bains. Le néon de l'armoire de toilette, vide elle aussi, clignotait et vrombissait comme une mouche affolée. Sa lumière ne parvenait pas à éclairer la totalité des murs moisis et cloqués qui encadraient un sabot de douche répugnant et une cuvette de WC encrassée. Il n'y avait pas de poubelle, mais il découvrit, derrière le pied du lavabo, coincé dans l'interstice de la faïence, une boîte de médicaments à moitié déchirée et sans notice à l'intérieur. Il la mit dans la poche de son caban.

Il continua son inspection, mais il n'y avait pas grand-chose à inspecter, comme si l'endroit n'avait pas servi depuis longtemps ou comme si son locataire n'avait pas eu l'intention d'y rester.

Il retourna dans la chambre, regarda d'abord sous le lit, souleva le sommier puis se mit à fouiller dans tous les coins, s'attardant au passage sur les taches de sang qu'il découvrit sur le sol. La moisson était mince – une épingle à cheveux, un morceau de papier froissé avec un nom et une adresse griffonnés « Perrier. Place de la République », un faux ongle cassé, un emballage de préservatif déchiré, une petite sangle en caoutchouc servant généralement aux toxicos pour faire leurs shoots, un bouton de chemise… Il mit le tout dans une feuille de papier journal qu'il trouva dans la kitchenette et fourra sa récolte dans sa poche.

Ensuite, il alla à la fenêtre pour jeter un coup d'œil dans la rue. L'immeuble en vis-à-vis de l'hôtel était assez proche pour que quelqu'un d'en face ait pu voir quelque chose. Faudrait faire du porte-à-porte tout à l'heure, même si Kétab et son équipe ont déjà dû…

Tout à coup, il tressaillit et tourna les yeux sur sa gauche. Assise sur une chaise dans un coin de la chambre, une femme le contemplait. Elle tenait serré contre elle un pull en cachemire rose pâle. Il ne l'avait pas vue en entrant car une des portes ouvertes de l'armoire la cachait.

Ils furent un long moment à se dévisager, lui surpris de la découvrir ici, elle attendant sa réaction. Enfin, il repoussa le battant de la fenêtre et dit d'une voix basse, comme s'il craignait de réveiller trop brusquement une personne endormie :

– Je m'appelle Roch Domérégo, je suis journaliste.

Elle ne bougeait pas et continuait de le fixer de ses yeux inquiets et à presser contre son ventre le pull-over. Il saisit le prétexte de cet objet pour la mettre en confiance :

– Ce pull est à vous ?

Elle secoua la tête et répondit d'une voix étranglée :

– Non, c'est à Daphné.

– Qui est Daphné ?

– C'est… C'était ma sœur…

– Et vous, qui êtes-vous ?

– Diane…

– Diane, que faites-vous là ?

– Je suis venue reprendre son pull-over… Elle l'a oublié au fond de l'armoire.

La jeune femme n'eut pas la force de continuer. Elle fut secouée par un violent frisson ; elle porta la main à son front et vacilla sur sa chaise. Domérégo se précipita pour la rattraper : elle tomba évanouie dans ses bras.

Lorsqu'elle ouvrit les yeux, elle avait un goût d'alcool sucré dans la bouche et une masse énorme écrasait sa poitrine. L'homme qui avait dit s'appeler… comment déjà ?… se tenait à ses côtés, au bord du lit, une flasque dans une main et un morceau de sucre dans l'autre. Il lui souriait. Elle tentait de repousser la chose qui lui pesait, mais il faisait : « Tut ! Tut ! Tut ! », et rabattait sur les épaules son manteau à elle sur lequel il avait mis son caban à lui.

– Tut ! Tut ! Tut ! Il faut d'abord que le sucre fasse complètement effet et que vous vous réchauffiez un peu. Tenez, ouvrez la bouche…

Il approcha de ses lèvres le morceau de sucre, mais la forte odeur du whisky lui fit détourner la tête.

– Allons, lorsque vous étiez inconsciente vous ne refusiez pas mon petit canard. Je vous accorde que le sucre ne doit pas être tout frais mais je vous assure que c'est ce que j'ai trouvé de plus comestible dans les pots de la cuisine. En revanche, le whisky est offert par votre serviteur. Je vous garantis qu'il est de premier choix. Allons, soyez raisonnable !

Elle ferma les yeux comme un petit enfant à qui on présenterait un sirop contre la toux et entrouvrit ses lèvres. Il plaça très vite le morceau de sucre dans le creux de sa langue. Elle le croqua.

– C'est très bien, Diane.

– Comment connaissez-vous mon prénom ?

– Mais nous nous sommes présentés, vous ne vous en souvenez pas ?

Elle plissa le front et laissa errer un instant ses yeux au plafond à la recherche des souvenirs d'avant sa perte de connaissance.

Soudain, son visage prit une expression horrifiée, elle se jeta hors du lit en poussant un cri d'épouvante. Dómérégo n'eut même pas le temps de lever le bras pour la retenir :

– Que se passe-t-il ?

Mais la jeune femme recula en fixant de ses yeux exorbités par l'effroi le grand lit froissé :

– C'est là ! C'est là qu'elle… J'ai vu les photographies… la police m'a montré où on l'avait retrouvée… C'est là qu'elle a été étranglée !

Elle tremblait de tout son corps et agitait devant elle ses mains comme pour repousser une vision d'horreur.

Roch ramassa son manteau, le lui posa doucement sur les épaules, un peu ébranlé lui aussi. Mais il ne trouva rien à dire.

Ils restèrent ainsi debout l'un près de l'autre, étrangers l'un à l'autre, enfermés dans leurs pensées, regardant pour la millième fois se refléter dans le miroir de leur mémoire le visage de leur cher disparu. Rien n'est plus faux que de croire que la peine rapproche, qu'elle peut établir entre les êtres une sympathie, une communion qui les ferait se comprendre. Au contraire, elle installe en nous une solitude, radicale et inhumaine, elle nous rend hermétique à toute affinité avec le monde. Elle nous emmure.

Il finit par rompre le silence :

– Vous ne devriez pas rester là, allez, partez.

Il les prononça mais ce n'étaient pas ses mots, c'était l'écho lointain de ce que lui avait dit un pompier alors qu'il restait prostré devant le corps de Cécile, sa femme.

Elle était morte sans qu'on ait pu déterminer si c'était un suicide ou un accident. Roch l'avait retrouvée gisant nue dans sa baignoire, les robinets ouverts et une boîte d'anxiolytiques dont des cachets étaient répandus sur le carrelage inondé.

Elle en avait avalé une grande quantité mélangée à de l'alcool. Cependant, l'autopsie révéla qu'elle était morte suite à un choc violent au niveau du temporal gauche : sa tête avait heurté le rebord de la baignoire, elle avait perdu connaissance et s'était enfoncée dans l'eau où elle s'était noyée. Quelle avait été son intention ? Mettre fin à ses jours ? S'accrocher à la vie en apaisant ses démons à coups de cachets ? Avait-elle manqué de chance ce soir-là ? Ou l'avait-elle congédiée ? Quelle était la vérité sur Cécile ?

Elle n'avait laissé aucune explication derrière elle, ne s'était confiée à personne, et Roch n'avait décelé aucun signe avant-coureur. Il la savait vulnérable, c'est vrai, fragile comme du verre, mais d'un autre côté il était rarement auprès d'elle. Certains du métier diront : « C'est la faute au boulot de flic. C'est mauvais pour les couples. » Les choses que nous nous dissimulons à nous-mêmes nous gouvernent si bien à notre insu que ce sont elles qui agissent pour nous.

– Je regrette, je n'arrive pas à me rappeler votre nom.

– Domérégo. Roch Domérégo.

Elle murmura : « Roche », pour elle-même, surprise de cette voyelle muette étirant le prénom comme un léger souffle d'air.

– C'était le prénom de mon grand-père et celui de mon arrière-grand-père. On le prononçait ainsi dans ma famille.

– Moi aussi je porte le prénom de ma grand-mère.

Ils échangèrent un sourire timide, presque embarrassé. Puis ils quittèrent la chambre d'hôtel.

Sur le trottoir, elle avait l'air de nouveau perdue avec son pull-over en boule entre ses bras. Il proposa :

– Vous voulez que je vous accompagne à un taxi ?

Elle accepta vivement et tous deux redescendirent la rue en direction de la station Guy-Môquet. Ils marchèrent côte à côte, silencieux, mais Domérégo de temps à autre l'observait du coin de l'œil. Finalement, il se décida :

– Excusez-moi de vous poser cette question, mais qu'est-ce que votre sœur faisait dans ce quartier, et surtout dans cette chambre crasseuse ?

– Pourquoi êtes-vous surpris ?

– Eh bien, lorsqu'on vous voit, vous paraissez n'avoir rien à faire dans ce quartier.

– Pourquoi est-ce qu'il en serait de même pour Daphné ?

– À cause du pull. J'ai remarqué qu'il porte la griffe d'un grand couturier.

Ils parvenaient au croisement de la rue Joseph-de-Maistre, elle héla avec précipitation un taxi. Il fila en klaxonnant.

– L'imbécile !...

– J'ai dit quelque chose de mal ?

– Je parlais du chauffeur de taxi !

– Je le sais. Mais vous semblez tout à coup contrariée et prête à me planter sur le trottoir.

Elle lui fit face brusquement avec une expression de colère véhémente :

– J'ignore ce que vous êtes en train de penser de ma sœur, mais vous avez tort. Ce n'est pas ce que vous croyez, ni ce que croient tous ces policiers qui m'ont interrogée. J'ignore ce que Daphné faisait ici, dans cet hôtel répugnant, mais ce dont je suis sûre, c'est qu'on l'y a amenée de force !

– Mais elle s'est elle-même enregistrée à la réception...

– Alors c'est qu'on l'y a contrainte ! Si vous aviez connu Daphné, jamais vous ne soupçonneriez... des choses... ces choses d'elle. On l'y a obligée, vous entendez ? On l'a obligée, il n'y a pas d'autre explication ! Et probablement par un abominable chantage elle aussi !...

– Un témoin résidant à l'hôtel affirme l'avoir aperçue plusieurs fois, toujours seule.

Diane éclata dans une sorte de triomphe rageur :

– Vous voyez bien ! Si elle n'était jamais accompagnée, c'est qu'elle n'était pas... c'est qu'elle ne se prostituait pas... Ou je ne sais quoi de ce genre !

– Alors pourquoi a-t-elle loué ce meublé miteux ? Avait-elle un amant ?

– Pourquoi me posez-vous toutes ces questions ? Vous êtes journaliste, c'est bien ça ? Vous cherchez des ragots à mettre dans votre article ?

– Je vois que vous vous souvenez de ma profession.

– Je me souviens surtout que vous furetiez partout dans la chambre. Que cherchiez-vous ?

– Un décor à planter et une atmosphère à distiller. Les lecteurs de faits divers aiment bien commencer par ce genre de préambule.

Elle resta bouche bée, choquée devant une telle absence de retenue, une telle brutalité.

– Et, à présent, que cherchez-vous ? Un personnage à camper ?

– Non, une réponse à une question : pourquoi votre sœur est-elle venue se faire tuer ici ? Je veux dire : intentionnellement.

Diane tituba. Il y eut d'abord l'air qui se comprima violemment et qui fit bourdonner ses oreilles, puis des cris d'oiseaux ou d'enfants dans un square tout proche qui déchirèrent ses tympans, enfin la sensation que le sol se dérobait sous ses pieds.

– Je suis désolé de me montrer si direct, dit-il sincère, je sais combien vous êtes bouleversée. Mais la station de taxis est toute proche et je sais que lorsque vous monterez dans l'un d'eux vous n'aurez plus envie de me revoir.

Elle balbutia :

– Allons nous asseoir.

– Il y a une brasserie juste à l'angle…

– Non, j'ai besoin d'air. Par là, je vois des bancs.

Diane désigna de la main le jardin public qui se trouvait derrière eux : le petit square Carpeaux. Il était vide, il n'y avait pas d'enfants, c'étaient bien des corbeaux qui volaient de branche en branche en criant dans l'humidité glaciale.

Domérégo tira de sa poche un mouchoir en papier pour essuyer le premier banc qu'ils rencontrèrent après les grilles de l'entrée. Elle s'assit à l'emplacement épongé en le remerciant d'un pâle sourire puis questionna sans attendre :

– Qu'est-ce qui vous fait penser que Daphné est venue volontairement dans cet hôtel pour y être… étranglée ?

– La chambre. La chambre elle-même.

Elle le regarda avec cet air incrédule que prennent les personnes qui s'engagent dans une conversation mais qui pensent : « Cet individu est fou ! »

Le journaliste reprit avec conviction :

– Oui, la chambre en elle-même. La pièce est nue, vide, délaissée, comme si on n'y habitait pas ou qu'on y était de passage. Pourtant, à cet étage de l'hôtel, on ne loue que des chambres meublées. Or il n'y a pas de linge, pas de nécessaire de toilette, pas d'ustensiles… Rien. La salle de bains n'a pas été utilisée depuis longtemps, et je suis persuadé que la chasse d'eau ne fonctionne plus. La poubelle de la cuisine ne contient rien qui indique qu'on y cuisinait ou qu'on y mangeait. Ce n'est pas l'homme de ménage qui a tout nettoyé puisque, j'ai vérifié, il ne fait les meublés qu'après le départ définitif de leurs occupants. Or comme personne ne venait rendre visite à votre sœur et comme elle n'y a emmené aucune affaire personnelle qui laisserait penser qu'elle y faisait… (Il toussa) une retraite spirituelle, j'en conclus qu'elle venait à l'hôtel Darwin pour attendre.

À chacune des phrases de Domérégo, Diane creusait le sable du square du bout de ses pieds. Elle recevait chaque argument de sa démonstration comme un terrible coup de griffe qui mettait son cœur en pièces.

– Forcément pour attendre quelqu'un, poursuivit-il après une pause. Quelqu'un qu'elle connaissait. Car votre sœur ne s'est pas débattue durant la strangulation. Celle-ci a été opérée de face, manuellement, tandis que, je cite le rapport de police, la victime avait les yeux ouverts. J'en conclus qu'elle s'est laissée tuer.

Un long, un violent frisson parcourut le corps de la jeune femme. Elle noua le pull-over de sa sœur sur ses épaules.

– J'ajouterai qu'il n'y a aucune trace de lutte dans la chambre. Votre sœur n'a même pas perdu ses chaussures. Toutefois, ce que ne dit pas le rapport de police, c'est si votre sœur se droguait, ce qui expliquerait certaines choses.

Diane eut un sursaut d'indignation, mais Domérégo sortit de sa poche les objets recueillis ici et là dans la chambre et enveloppés dans le papier journal :

– Voyez-vous, j'ai trouvé une de ces sangles qu'utilisent les toxicomanes lors de leur injection et une boîte de médicaments vide… (Il lut l'emballage) « Sandimmun », vous connaissez ?

Elle ne répondit pas, garda la tête baissée et les yeux fixés sur la pointe de ses pieds qui avaient à présent creusé un petit trou dans le sol.

Il plaça le carton pratiquement sous ses yeux :

– Vous ne connaissez pas ce médicament ou vous ne voulez pas répondre ?

– Les deux.

– Vous vous méfiez, c'est ça ? Ça ne fait rien, j'ai l'habitude.

La déception de cet homme fut si poignante qu'elle crut devoir expliquer :

– J'ai peur de ce que je pourrais vous dire, c'est vrai. J'ai peur de vous, de la police. J'ai peur de tout. J'avais peur bien avant que la femme policier ne m'annonce qu'on avait retrouvé Daphné, qu'elle était à la morgue et qu'on m'attendait pour une déposition. J'ai peur… une peur atroce… d'apprendre que je suis responsable de sa mort.

C'est quelque chose qu'elle aurait aimé confier à cette femme, capitaine de police. « Je suis Malika Kétab. J'ai une triste nouvelle à vous annoncer. Croyez-moi, je suis navrée. » Sa voix était grave, chaude, un peu cassée, elle doit fumer, s'était dit Diane en acceptant le gobelet de café qu'elle lui tendait. Tout autour d'elles, des gens allaient et venaient les bras chargés de dossiers, des téléphones sonnaient, des touches de clavier étaient frappées. C'était un univers de bruissement confus et de frémissement continu, dans lequel Diane s'était obstinée à installer une conversation banale, celle qu'on a lorsqu'on fait une pause, juste pour reculer le moment effrayant, terrifiant qui relatera les circonstances de la mort de Daphné. On allait lui dire : « Vous avez engagé un détective pour suivre votre sœur. Il l'a assassinée. » Et cette policière était entrée dans son jeu, par tact, par délicatesse probablement, et elles avaient parlé du confinement des bureaux sur un lieu de travail, du mauvais café des distributeurs automatiques, du bel été indien qu'on avait connu à Paris, de toutes ces saisons qui ne reviendront plus.

Puis, habilement, elle lui avait fait parler de Daphné, mais au présent et pour raconter des souvenirs innocents, des choses de rien du tout, ce qu'elle aimait faire, les gens qu'elle aimait voir, les lieux qu'elle aimait fréquenter…

On aurait dit que Daphné allait arriver d'un instant à l'autre. Soudain, l'officier lui avait demandé avec un regard profond :

– Est-ce qu'il y a quelque chose que vous aimeriez me dire, mademoiselle Jenken ?

Alors Diane avait reculé sa chaise et bredouillé :

– Non… Non, je ne vois pas…

Un long silence s'était ensuivi, puis le capitaine Kétab s'était levée et lui avait dit gentiment, sans brusquerie ni soupçon :

– Bien, restez là, on va venir prendre votre déposition. Si vous souhaitez me parler, voici ma carte.

Les deux policiers qui avaient pris la relève avaient eu une tout autre attitude. Ils s'étaient montrés grossiers et brutaux.

– Savez-vous ce que votre sœur faisait dans ce quartier louche ? Avait-elle l'habitude de se trimbaler en prostituée ? Lui connaissiez-vous des fréquentations limites ? Est-ce qu'elle se droguait ? Avait-elle des pratiques SM ? Est-ce qu'elle faisait cocu son mari ? Qui a le plus de thunes dans le couple ? Est-ce que dans son mariage, y avait de l'eau dans le gaz ? Est-ce que votre sœur était instable ? Avait-elle des problèmes psychologiques ? Pourquoi n'a-t-elle pas eu d'enfant ? A-t-elle déjà reçu des menaces ? Vous a-t-elle déjà dit qu'il lui était arrivé quelque chose d'inhabituel ces temps-ci ? Par exemple, si elle était suivie ?...

Elle avait fait non et non de la tête, et bousculée, exaspérée, elle avait fini par demander pourquoi ils se mettaient à deux pour l'interroger.

– Pardi ! C'est que l'affaire est importante. Vot' sœur était la femme d'un grand chirurgien !

– Il est naturel que vous éprouviez cette peur, dit Domérégo en contemplant devant lui un grand arbre noir dépouillé de ses feuilles. Vous avez le sentiment que c'est une disparition injuste, incompréhensible. Elle vous est si inexplicable que vous vous dites que, d'une façon ou d'une autre, vous devez y être pour quelque chose puisque vous n'avez pas pu l'empêcher.

– Vous ne comprenez pas, ce n'est pas seulement un sentiment, c'est... c'est une réalité !

– Je ne peux pas vous aider, si vous ne me dites pas la vérité.

– Qu'allez-vous en faire si je vous la dis ?

– Cela dépend jusqu'à quel point elle vous implique. Si vous vous êtes rendue complice de la mort de votre sœur, je l'emploierai à vous convaincre de vous rendre à la police. Si c'est une vue de l'esprit, je la combattrai en vous proposant mon aide.

Elle le dévisagea longuement pour la première fois. Il avait les traits fatigués, la barbe naissante sur des joues un peu creuses et le cheveu peigné à la diable. Mais l'expression du regard était franche, sans équivoque. Cependant, soit qu'elle se méfiait de ce qu'il pouvait faire des informations qu'elle lui livrerait, soit qu'elle se sentait gênée d'accepter une assistance sans rémunération si contraire à ses habitudes, elle proposa :

– Si… si j'acceptais votre aide, consentiriez-vous à ce que je vous rétribue ?

Il éclata d'un rire sonore qui fit s'envoler les oiseaux du square.

– Me payer ! Vous êtes sérieuse ? Mais je ne suis pas un détective privé.

Le mot fit l'effet d'une commotion chez Diane. Elle demeura interdite.

Elle avait quitté l'immeuble du détective privé en fin de matinée sans que personne soit venu relever la boîte aux lettres. Elle s'inquiétait pour sa mère qui l'avait appelée plusieurs fois :

– Je deviens folle, Diane. Cassan n'a pas non plus de nouvelles. Il va aller voir la police. Je lui ai demandé de le faire, je lui ai dit que nous étions très inquiètes. Non, toi écoute-moi ! Ta sœur a disparu, et je suis sûre que cette fois elle est en danger. J'ai aussi appelé Berger, il est l'avocat de la famille, il saura quoi faire… Non, je n'ai pas parlé des photographies… Non, à personne, je te le jure. Pas même à Cassan.

– Voilà ce que je vous propose, mademoiselle Jenken, dit Domérégo en habitué de ce genre de marchandage, vous me dites ce que vous savez et moi je mène ma petite enquête de mon côté. Et je ne publierai aucune info qui serait confidentielle ou qui pourrait vous nuire.

– Ce n'est pas à moi que je pense, mais à ma sœur, à ma mère, à… enfin, à mes proches.

Il leva la main comme pour dire : « Vous avez ma parole d'honneur » et, comme il vit qu'elle hésitait toujours, il ajouta avec un sourire désarmant :

– Vous voulez que je le signe de mon sang comme dans les romans de chevalerie ?

Alors elle raconta tout, depuis le début. Elle avait voulu faire une surprise à sa sœur pour son anniversaire, elle avait engagé un détective pour qu'il prenne des photos, il lui en avait livré quelques-unes, puis avait fini par la faire chanter avec d'abominables clichés. Elle s'était rendue à l'adresse qui figurait sur la carte de visite de son agence…

– Où était-ce ? coupa Domérégo.

– Place de la République.

– Il ne s'appellerait pas Perrier, votre lascar ?

Elle tomba des nues.

– J'ai trouvé ce morceau de papier dans la chambre d'hôtel. (Il le lui tendit.) Votre sœur le connaissait donc ?

– Je l'ignore ! On m'a dit qu'une jeune femme était passée à cette adresse récemment et avait demandé après cet homme. Il se pourrait que ce soit elle… Mais comment est-ce possible ? Je n'ai parlé de ce détective à personne !

– Il est probable qu'il la faisait chanter elle aussi. Du coup, il se serait manifesté à elle sans attendre que vous les présentiez l'un à l'autre. Mais continuez votre histoire.

Il n'y avait plus grand-chose à raconter. Elle s'était rendue place de la République avec l'argent.

– Combien ?

– 10 000 euros.

– Ce n'était qu'un début, il vous aurait monnayé les photos une à une, à moins que ce ne soit un amateur. Poursuivez.

L'agence existait bien, mais il n'y avait personne, et personne dans l'immeuble ne semblait connaître le détective. Elle avait sonné, elle avait appelé, elle avait attendu.

– Comment savez-vous que c'est une véritable agence ?

– Il y a le nom sur la boîte aux lettres et le facteur m'a déclaré distribuer des factures de téléphone à ce nom…

– Ça ne veut rien dire. C'est peut-être une fausse domiciliation, un appât pour piéger les gogos. Ensuite ?

Ensuite, elle était rentrée chez elle.

– Pourquoi chez vous ?

Elle n'osa pas lui dire que sa mère l'y attendait et qu'elle était elle aussi impliquée.

– Pourquoi pas ?

– Pourquoi pas à la police ? Les photos sont choquantes, et alors ? Quand bien même elles seraient compromettantes et montreraient votre sœur dans une situation dégradante, il n'y a pas mort d'homme.

Elle ne parvenait pas à lui parler du dernier jeu de clichés qu'elle avait reçu, celui où, justement, on voyait sa sœur poignarder un homme. Il ne s'agissait pourtant plus de la protéger, mais de retrouver son assassin. Cependant, même à la police elle n'en avait pas parlé ; elle n'avait parlé d'aucune des photographies d'ailleurs, ni même du détective privé, alors pourquoi ferait-elle davantage confiance à cet inconnu ? Parce qu'elle n'avait pas le choix ! Seule, elle n'était pas parvenue à retrouver Perrier. Et ce journaliste en faisant le tour de la chambre d'hôtel avait réussi à mettre la main sur son nom. Non, elle n'avait pas d'autre solution, il était celui qu'il lui fallait… Néanmoins cette révélation risquait d'avoir des conséquences affreuses pour sa mère car fort heureusement celle-ci avait reçu toutes les photographies sauf celles qui montraient sa fille commettant un meurtre. Or Diane voulait protéger sa mère de cette nouvelle. D'un autre côté, la solution qui consistait à garder le secret et à le porter toute seule ne lui avait guère réussi jusqu'ici. Que faire ?... Elle détourna la tête pour cacher qu'elle était à la torture, mais Domérégo, de son index, ramena son visage vers lui et demanda inquiet :

– Il n'y a pas mort d'homme, n'est-ce pas ?

Elle ne put soutenir son regard et bredouilla :

– Je souhaiterais avant de vous en dire plus... mener l'enquête avec vous !

Il fronça les sourcils :

– Que voulez-vous dire par « mener l'enquête avec vous » ?

– Être votre associée... votre partenaire en quelque sorte.

– Je travaille seul.

– Il s'agit de ma sœur.

– Et là il s'agit d'un crime !... Enfin jusqu'ici. Pas d'un rallye mondain.

– Alors dans ce cas...

Elle écarta son menton.

– C'est un chantage puéril et irresponsable.

– Et comment vous qualifieriez celui que je subis ? Celui qu'a subi ma sœur ? Je souhaite participer aux recherches parce que je ne veux pas rester passive et parce que je veux expier ma faute, parce que c'est moi, vous entendez ? c'est moi qui suis à l'origine de ce malheur !... C'est moi qui l'ai tuée !

Elle avait des larmes dans les yeux, mais sa voix exprimait une détermination forcenée.

– Vous n'êtes pour rien dans la mort de votre sœur. Vous n'êtes pas responsable de la cupidité d'un homme.

– Alors laissez-moi m'en convaincre en collaborant avec vous. Je vous en prie ! Je ne vous gênerai pas, je vous serai utile, vous verrez, vous n'aurez pas à le regretter. Grâce à moi vous en saurez plus que la police, vous aurez une longueur d'avance sur elle pour écrire vos articles, n'est-ce pas ce que vous voulez ?

– Je ne ferai pas cette enquête seulement pour ça.

– Pour quelle autre raison alors ?

Il regarda de nouveau le grand arbre noir et nu qui s'élevait tristement vers le ciel. « Un peintre les peignait comme ça, Pissarro je crois. » Et il se dit que même au printemps, lorsque ses branches s'alourdissent de feuilles vivaces, il devait garder cette même silhouette désolée au bout du petit square.

– Peut-être que, moi aussi, j'ai des comptes à régler avec la mort.

Il eut un sourire aussi énigmatique que ses paroles, puis ajouta en la regardant bien en face :

– Puisque nous avons la même quête, c'est entendu, j'accepte que vous participiez mais seulement à mes recherches. De toute façon, si je n'accepte pas, vous vous entêterez de votre côté au risque de vous faire tuer. Ç'aurait pu être le cas aujourd'hui en venant seule sur les lieux du crime. Vous ne savez pas que l'assassin revient toujours sur les lieux de son crime ? Et je ne veux pas avoir votre mort sur la conscience. Vous ferez strictement ce que je vous dis. Aucune initiative personnelle, OK ? Promis ?

– Vous voulez que je le signe de mon sang comme dans les romans de chevalerie ? rétorqua-t-elle, malicieuse.

Et elle rit de bon cœur. Domérégo remarqua alors son petit rire perlé qui faisait légèrement tressaillir sa gorge blanche.

Soudain elle réalisa qu'il y avait des jours, une éternité qu'elle n'avait pas ri, eu un petit moment de bonheur simple. Elle était sur le point de remercier le journaliste quand celui-ci demanda :

– Est-ce qu'il y a autre chose que vous me cachez ?

Et alors d'un coup, tout s'évanouit. Toute la tristesse du monde se concentra à nouveau sur ce petit banc public, square Carpeaux.

– Sur certaines photographies, on voit Daphné frapper un homme avec un couteau.

Délibérément, elle avait fermé les yeux pour dire ça. Elle ne vit pas l'air abasourdi, ahuri de Domérégo. Il bégaya, effaré :

– Comment ?... Votre sœur... Tuer un homme ? Comment ?

Et, les yeux toujours clos, Diane goûta alors une sensation nouvelle, celle d'avoir partagé son atroce fardeau, et un sentiment tout aussi nouveau : celui de ne plus être seule, enfin.

8

Hôpital Beaujon
Unité des greffes
Clichy

– Avez-vous une idée de qui aurait pu faire ça ?

Cassan haussa les épaules et leva les sourcils.

– Comment voulez-vous que je le sache ! Ne pensez-vous pas que si tel était le cas je vous l'aurais déjà dit ? lâcha-t-il, cinglant.

Puis il tourna le dos à Kétab et continua d'errer au milieu du désastre.

Toute la pharmacie de l'unité des prélèvements et greffes d'organes avait été saccagée. Les tiroirs avaient été forcés et vidés, et leur contenu était répandu sur le sol ; les emballages des médicaments étaient éventrés, les boîtes crevées, les plaquettes écrasées. Il en était de même pour les armoires à pharmacie vitrées, les placards métalliques des réserves ; ils avaient été forcés et mis à sac : les fioles, les flacons, les petites et les grandes bouteilles avaient été ratissés des étagères et les liquides charriant les morceaux de verre s'étaient mêlés aux poudres, gélules, comprimés et autres granules. On s'était surtout acharné après un placard sur lequel était inscrit : « Antirejet ».

– Qu'est-ce que c'est ? demanda Kétab en l'inspectant de plus près.

Cassan l'ignora, tandis que l'infirmière-chef et son assistante, littéralement plaquées contre le mur, médusées et effarées tout à la fois, n'osaient pas lui répondre. Elles jetaient des regards en coin, furtifs et apeurés, en direction de leur patron.

Alors Kétab ramassa quelques boîtes et lut au dos leurs notices : ces médicaments, des immunosuppresseurs pour la plupart, avaient pour fonction de prévenir les rejets qui peuvent suivre une greffe d'organe. Ils sont administrés aux patients opérés qui présentent une incompatibilité immunitaire suite à une transplantation de greffon.

Elle réfléchit un instant puis interrogea, le nez dans l'armoire :

– Est-ce qu'il y aurait une raison pour que l'on se soit intéressé à ces médicaments plutôt qu'à d'autres ?

Les deux femmes, toujours tremblantes d'effroi, restèrent muettes.

– Aucune, rétorqua le professeur. Vous en avez encore beaucoup, des questions de ce genre ?

– C'est-à-dire ?

– Des questions surréalistes ! Il est clair que c'est un acte de pur vandalisme commis par un voyou ou un déséquilibré. Nous sommes dans un hôpital, des choses singulières arrivent tous les jours.

– Certes, mais pourquoi la pharmacie de cette unité en particulier ?

– Qu'est-ce que j'en sais, moi ! C'est agaçant à la fin ! C'est vous la police ! Peut-être… Tenez ! Peut-être que le cambrioleur s'est trompé d'étage, qu'un toxicomane a cru pouvoir trouver des drogues… Je ne sais pas moi ! On peut tout envisager.

Il était pâle de colère malgré son visage tuméfié. Mais Kétab insista :

– Et vous, pourquoi est-ce qu'on vous a agressé dans votre bureau ?

Cette fois Cassan serra les poings et avança droit sur elle. Les deux infirmières firent entendre un gémissement étouffé. Malika, nullement impressionnée, coupa court à l'élan de fureur du chirurgien en ajoutant :

– Et ne me dites pas que c'est une question surréaliste ! Quelqu'un vous a attaqué, vous a presque laissé pour mort sans rien vous dire, sans rien vous voler, et sans rien vous demander, comme ça, sans raison. Il a forcé la porte du laboratoire et puis pouf ! il s'est envolé. J'ai beau être étonnée quotidiennement dans mon travail, j'avoue que là, je reste baba.

– Mon étonnement dépasse le vôtre, capitaine. Je vous l'ai dit, je travaillais à mon bureau, la porte ouverte. Un homme que je n'ai pas pu voir m'est soudain tombé dessus et m'a frappé à mains nues. Cela a duré quelques minutes puis il s'est enfui.

– Vous êtes sûr de ne pas l'avoir reconnu ? De ne l'avoir jamais vu ? Qui sait, un patient mécontent, un parent vindicatif, un automobiliste à qui vous auriez fait une queue de poisson ?…

– Ça suffit, capitaine ! Je vous répète que je ne l'ai pas vu. On m'assommait.

– Avez-vous relevé un détail ? Quelque chose qui pourrait nous aider ?

– Oui. Il sentait mauvais, une odeur répugnante de crasse. Vous savez, comme ces SDF qui ne se lavent ni ne se changent jamais. On en voit quelquefois arriver chez nous, aux urgences.

Cassan regarda les deux vestales, qui s'empressèrent d'acquiescer d'un signe de tête.

– Écoutez, je comprends que votre métier consiste à chercher des raisons aux causes. Cependant, mon agression et l'effraction du laboratoire sont certainement l'œuvre d'un déséquilibré. La preuve, c'est qu'il n'y a pas de lien logique entre ce saccage et l'attaque dont j'ai fait l'objet.

– Peut-être parce qu'il faudrait les rapprocher d'une autre affaire.

Cassan comprit à quoi elle faisait allusion. Décontenancé, il répliqua :

– De quelle autre affaire ? Non, je ne vois pas… Je veux dire : je ne vois pas le lien. Quel serait-il ?

Par discrétion et aussi par délicatesse pour cet homme à qui on avait annoncé depuis peu le meurtre de sa femme, Kétab fit signe aux infirmières de sortir. Mais elles ne bougèrent pas, le regard attaché à leur patron, attendant ses ordres à lui.

– Il est préférable que ça soit nous qui sortions, intervint Cassan, elles ont besoin de faire l'inventaire de ce qui a été détruit. Allons parler dans mon bureau.

Le bureau de Cassan avait gardé la trace de la lutte qui avait eu lieu quelques heures auparavant. Son fauteuil était à terre, couché sur le côté, les objets de son bureau jonchaient le sol, d'autres étaient brisés, la lampe et le téléphone arrachés.

Dès le seuil, Kétab avait en effet été saisie par une odeur forte, nauséabonde, mais qui n'était pas celle des personnes qui vivent dans la rue. C'était plutôt une sorte de miasme putride, l'exhalaison d'une matière organique en décomposition. La différence était si nette pour elle qu'elle fut surprise que cet homme, qui était médecin, ne l'ait pas faite. Toutefois, dans la confusion d'une bagarre, on pense avant tout à défendre sa peau plutôt qu'à distinguer les différents effluves du corps de son agresseur.

Cassan voulut redresser son siège, mais elle l'arrêta :

– Il est préférable d'attendre que les enquêteurs et l'équipe technique passent l'endroit au peigne fin. Ne touchez à rien.

C'est alors qu'elle remarqua sur une arête du bureau des traces de sang, puis des gouttes sur la moquette qui menaient au cabinet de toilette.

– Lorsque vous vous êtes relevé, après la fuite de votre agresseur, qu'est-ce que vous avez fait ?

– Je saignais abondamment de l'arcade sourcilière et du nez, je suis donc allé dans la salle de bains nettoyer mes blessures et stopper le saignement en attendant qu'on me fasse des points de suture.

En effet, son nez était extraordinairement gonflé et l'entaille au sourcil faite par le coin de la table paraissait profonde sous le sparadrap.

– Lorsque vous êtes sorti de la pièce, est-ce que vous saigniez d'une autre blessure ?

Il hésita, semblant comprendre l'importance de sa réponse.

– Euh… je ne sais pas, je saigne facilement. Mais j'ai essentiellement des ecchymoses. Pourquoi cette question ?

Parce qu'elle avait remarqué d'autres taches de sang qui partaient en sens inverse, c'est-à-dire en direction de la porte. On était sorti en saignant. Ça ne pouvait être le sang de Cassan puisqu'il affirmait avoir cautérisé ses blessures dans la pièce à côté. Par conséquent, si c'était celui de l'agresseur et qu'il se trouvait être identique à celui recueilli dans la chambre 13 de l'hôtel Darwin, c'était le jackpot !

– Est-ce que vous verriez un inconvénient à ce qu'un agent de la scientifique prenne un échantillon de votre sang ?

– Inutile, je peux vous le fournir moi-même. Nous sommes dans un hôpital et je suis médecin. C'est pour une analyse comparative d'ADN ?

– Et de groupes sanguins. Nous disposons d'un prélèvement fait sur la scène de crime où votre femme a été… Nous ignorons si c'est celui de l'agresseur ou d'une personne étrangère à l'homicide. C'est une chambre d'hôtel, il y a beaucoup de passage, et par conséquent beaucoup de traces de corps humains différents. Quoi qu'il en soit, si ce n'est pas celui de votre femme, ça peut être celui d'une personne qui pourrait nous intéresser. On pourrait ouvrir une piste.

– Serais-je suspect, par hasard ?

– Non. Toutefois si vous avez des aveux à faire, c'est le moment.

Mais Cassan ne plaisantait pas, lui. Ses prunelles claires et aiguës avaient une intensité que son visage tuméfié rendait presque violente.

– C'est seulement pour distinguer le vôtre de celui de votre assaillant. Autant le reconnaître, docteur, nous n'avons pas de suspect pour le moment. C'est une enquête difficile parce qu'aveugle. Nous n'avons pas le moindre petit indice susceptible de nous mettre sur une voie. Pas de témoin nouveau non plus, et ceux que nous avons et que nous réinterrogeons inlassablement, à savoir les deux sans-papiers de l'hôtel et le proprio, commencent à tout mélanger. Pareil pour l'autopsie, qui n'a hélas rien donné de concluant. Nous piétinons. C'est la raison pour laquelle je voudrais être certaine que votre agression après… celle de votre femme n'ont aucun lien entre elles afin de fermer les bonnes portes.

– Daphné.

– Pardon ?

– Ma femme, appelez-la Daphné, c'était son nom.

Diane Jenken aussi lui avait fait cette remarque.

– Dites Daphné, reprit le professeur. Vous me la rendez lointaine en ne l'appelant pas par son prénom.

En effet, durant l'audition dans les locaux de la BRAP, elle n'avait jamais prononcé ce prénom, disant toujours : « Votre sœur », ou « la victime », ou « elle » ou encore « Mlle Jenken ».

Car elle en avait un autre sur le bout des lèvres et avait peur de le laisser s'échapper comme un aveu troublant : Ophélie.

Sur l'onde calme et noire où dorment les étoiles
La blanche Ophélia flotte comme un grand un lys
Flotte très lentement couchée en ses longs voiles…
On entend dans les bois lointains des hallalis.

Voici plus de mille ans que la triste Ophélie
Passe, fantôme blanc, sur le long fleuve noir,
Voici plus de mille ans que sa douce folie
Murmure sa romance à la brise du soir.

– À ce propos, pourquoi votre femme… excusez-moi, pourquoi Daphné n'utilisait pas son nom de femme mariée ? Elle se présentait…

– Sous le nom de Daphné Jenken, je sais. Elle était attachée au nom de son père, aux origines hollandaises de sa famille, à la sorte de roman familial que cristallise ce nom. Je vous sers quelque chose ? Un café ?

Il mit deux capsules dans la machine à expressos et fit signe de la main à Kétab de prendre place dans le petit salon. Elle s'installa dans l'un des deux fauteuils qui faisaient face au canapé.

Cassan la rejoignit l'instant d'après, portant deux tasses de porcelaine fine avec une dextérité remarquable et prit place vis-à-vis d'elle : « C'est étonnant, se dit-elle en écartant le sachet de sucre qui accompagnait son café, ce type vient de se faire casser la figure et de se faire recoudre et il ne tremble pas, il tourne calmement sa cuillère dans sa tasse ! Respect, docteur ! Si je dois un jour passer sur le billard (elle toucha discrètement le bois de la table basse), je demanderai à ce que ce soit vous qui m'opériez. »

Elle but son expresso par petites gorgées en prenant soin de dilater ses narines afin de humer l'arôme pénétrant et de laisser se déposer sur ses lèvres la légère écume qui se trouve toujours à la surface des expressos bien filtrés. Puis elle passa lentement le bout de sa langue sur la mousse, suprême nectar qu'elle plaça dans le fond de sa gorge, et exprima un petit soupir de félicité.

– Parlez-moi, professeur, de ce « roman familial » des Jenken.

Cassan croisa les jambes et tint sa tasse en équilibre sur le sommet de son genou.

– Les Jenken, commença-t-il, sont issus d'une riche famille de joailliers hollandais qui remontent aux Habsbourg. Ils ne faisaient pas commerce de joyaux, ils les travaillaient. Leur habileté et leur savoir-faire étaient grands et reconnus dans toute la Hollande et la Flandre, mais ils ne parvenaient pas à obtenir le privilège royal qui aurait fait d'eux les joailliers des princes. Au cours des décennies, ils développèrent une technique particulière et secrète d'ouvrer la matière précieuse, notamment dans le polissage et le sertissage des pierres, qui suscitait l'admiration de leurs pairs et amenaient dans leur atelier les plus riches bourgeois d'Europe, mais pas les têtes couronnées. Or les Jenken voulaient plus que tout que le poinçon marque leurs initiales sur l'or des rois.

L'occasion s'offrit à eux durant la guerre de Trente Ans. Les bijoux de la famille du stathouder Maurice de Nassau furent volés. Sans qu'on sache très bien comment, les Jenken réussirent à les racheter et à les faire porter à leurs légitimes propriétaires le jour même de la signature du traité de Munster. L'année 1648 ne s'était pas écoulée qu'ils obtinrent le privilège royal attaché à leur art et à leur nom. Ils furent à partir de ce moment-là les orfèvres attitrés de la famille d'Orange-Nassau. Quand Napoléon donna le royaume des Pays-Bas à son frère Louis, ils choisirent de travailler pour l'empereur et sa famille. On raconte même que plusieurs joyaux offerts par Napoléon à l'impératrice Marie-Louise le jour de leur mariage portent le monogramme des Jenken, et qu'ils seraient aujourd'hui encore en circulation et fort recherchés. Toujours est-il qu'après la défaite et l'exil de Napoléon, les Jenken durent émigrer et vinrent s'établir à Paris. Ils délaissèrent le travail de l'or et des pierres précieuses pour en faire le commerce. Ils devinrent courtiers-joailliers. Ils acquirent très vite une très grande réputation sur la place Vendôme. Cette espèce de don de la pierre précieuse s'était depuis toujours transmis aux hommes de la famille Jenken. Mais le père de Daphné, Maurice Jenken, n'en a pas hérité. À vrai dire, il n'a hérité de rien, si ce n'est de la fortune familiale qu'il s'empressa de dilapider. En revanche, Diane, la sœur de... oui, c'est vrai vous la connaissez ; Diane, donc, l'a reçu en partage et c'est elle la nouvelle alchimiste qui perpétue le nom des Jenken auprès des plus grands orfèvres du monde.

Il décroisa les jambes et posa sa tasse de café sur la table. Kétab, elle, le regardait, interloquée. Elle avait très vite perdu pied dans cette histoire pleine de noms, de dates, de lieux, de choses qu'elle ne connaissait pas. Elle ne pouvait même pas dire si celle-ci était vraie ou si elle avait été inventée, si Cassan y croyait lui-même ou s'il se contentait de rapporter ce qu'on lui avait raconté tant il avait débité son récit sur un ton neutre, monocorde, détaché. Elle se demandait même s'il ne s'était pas moqué d'elle en lui balançant une fable pareille. Pour l'impressionner, pour l'écraser sous le poids de la culture et du prestige de sa famille, pour l'embrouiller aussi. Elle opta pour un : « Je vois », neutre, vague, suffisamment inconsistant pour vouloir tout dire et rien dire à la fois et montrer qu'il ne pouvait avoir barre sur elle. Décidément ce type était singulier, on croyait le saisir et puis hop ! il vous échappait sans qu'on comprenne comment.

Après que Sézureck eut appris l'identité de Daphné Jenken, il avait convoqué Kétab dans son bureau :

– Je vous félicite, capitaine, vous avez du flair. Je vous laisse l'enquête pour le moment. Cependant, je compte sur vous pour la mener avec doigté. Le professeur Cassan n'est pas n'importe qui. C'est un éminent chirurgien décoré de l'Ordre national du mérite. Vous comprenez ce que cela veut dire ? Si vous êtes amenée à l'interroger, ne le faites pas comme avec nos clients habituels. Il appartient à un monde dans lequel nous avons rarement l'occasion de pénétrer dans notre travail. C'est une chance extraordinaire pour vous. Il se peut que Cassan vous apparaisse étrange alors qu'il n'est qu'étranger à vous. Vous comprenez ce que cela veut dire ?

– Que je fasse preuve de doigté, monsieur le commissaire divisionnaire.

– Et de discrétion aussi, surtout de discrétion. Ainsi, ne vous montrez pas inconvenante si quelque chose chez lui venait à vous surprendre, ou à vous dérouter. Rien de plus normal, il vous manque le chiffre pour le décoder.

– Et où est-ce que je pourrais trouver ce chiffre ?

– Mais… nulle part ! Il faudrait pour cela que vous évoluiez dans son milieu, Malika.

Il avait dit « Malika » avec condescendance et à présent il gardait la bouche ouverte comme une carpe hors de l'eau. Apparemment, Sézureck n'était pas homme à comprendre l'ironie des gens ordinaires.

– Pourquoi avoir menti en affirmant que vous ne reconnaissiez pas votre femme sur les photographies que je vous ai présentées ?

Il s'attendait à cette question. Il ne marqua aucune surprise :

– En effet, j'ai reconnu Daphné. Mais j'ai pensé à Aïda, ma belle-mère, et à Diane.

– Je ne comprends pas.

– Je voulais être le premier à le leur apprendre.

– Vous avez délibérément menti à un officier de police judiciaire qui vous interrogeait dans le cadre d'une enquête ?

– Je voulais protéger ma famille. Les deux femmes étaient mortes d'inquiétude depuis plusieurs jours.

– Mais votre femme, elle, est morte tout court.

– Ne pensez-vous pas que les mots d'esprit sont hors de propos en la circonstance ?

Elle ne savait pas qu'elle avait fait un « mot d'esprit ». Elle renchérit :

– Qu'est-ce que vous m'avez caché d'autre ?

– Que vos insinuations me déplaisent fortement, capitaine.

– Ne serait-ce pas plutôt moi ?

– Ce n'est pas moi qui l'ai dit.

Tout à coup, elle se rappela Sézureck et sa précision appuyée :

« Je vous laisse l'enquête *pour le moment.* » S'il venait à apprendre qu'elle bousculait le grand professeur Cassien-Jean Cassan comme un vulgaire gardé à vue, il lui retirerait l'affaire sur-le-champ.

– Il faut me comprendre, docteur, reprit-elle sur un ton radouci. Comme je vous l'ai dit, nous ne disposons de presque rien pour lancer les investigations. Dans ce cas, nous avons pour méthode de pénétrer dans l'univers de la victime, nous essayons de découvrir sa vie, d'établir son profil et, avant tout, de la connaître par le biais de ses proches. Vous êtes notre principal auxiliaire, professeur, puisque vous étiez son mari, c'est la raison pour laquelle je me permets d'insister.

– Que voulez-vous savoir ?

À ce moment-là son biper sonna dans la poche de sa blouse. Il le consulta et ajouta :

– Je vous demanderai de faire vite.

– Bien. Était-elle fidèle ?

Elle avait pris soin de détourner le regard pour ne pas le mettre mal à l'aise. C'était inutile, il répondit sans hésiter :

– Cette question aurait un sens pour une tout autre femme que Daphné. Je n'étais ni complaisant, ni trompé, ni respecté, ce sont des termes qui renvoient à des critères, à des valeurs faits pour le commun. Or Daphné était un être hors du commun. Tant et si bien que je ne l'ai jamais considérée comme *ma* femme, *mon* épouse, *ma* compagne, mais bien plutôt moi comme *son* mari, *son* homme, *son* compagnon dévoué. (Il sourit tristement.) Si vous l'aviez connue, vous comprendriez qu'on ne peut... qu'on ne pouvait être que son serviteur. Et à quoi rêve un esclave amoureux de sa maîtresse ? De pouvoir la servir jusqu'à ce que la mort les sépare.

Il sourit de nouveau tristement et Kétab crut voir derrière le verre de ses lunettes ses yeux s'embuer de larmes.

– Vous voulez savoir qui était Daphné ? Alors autant vouloir découvrir ce qui a présidé aux origines de l'homme. Elle était elle aussi un mythe mystérieux, une énigme de la création. Tout ce qui concerne l'être humain en général, les questions que l'on se pose à son sujet, mange-t-il ? boit-il ? est-il fidèle ? trompeur et menteur ?

est-il un bon conjoint ? une personne loyale ? Que sais-je encore ! Aucun de ces critères n'était applicable à Daphné. Je pourrais vous en parler pendant des heures que vous n'apprendriez rien de plus.

– Laissez-moi en juger.

– Vous ne comprenez pas : il n'y a pas de vérité sur Daphné.

– Et sur vous ?

– Comment ça : sur moi ?

– Oui, je veux bien admettre que de savoir si votre femme avait des relations extraconjugales vous importait peu. Cependant vous n'avez jamais manifesté la moindre émotion ni le moindre étonnement en apprenant qu'on l'avait découverte dans un hôtel de troisième zone au fin fond d'un arrondissement de Paris connu pour être malfamé.

– Je vous l'ai déjà dit, Daphné était une sorte d'animal sauvage que la nuit… métamorphosait. Elle devenait audacieuse. Si vous l'aviez connue, vous n'auriez pas été surprise de la retrouver dans cet hôtel.

– Et même de l'y retrouver morte ?

Le visage violenté du professeur prit alors une expression bouleversée.

– Je refuse d'y penser, d'y songer. L'imaginer, c'est…, non, c'est impossible ! balbutia-t-il. Pour moi Daphné n'est pas *partie*. Elle s'est seulement absentée un peu plus longtemps que d'habitude.

Cassan refusait d'envisager la disparition de sa femme. Normal, il l'aimait ; son chagrin repoussait la réalité.

Cependant, cela n'expliquait pas la terreur qui se peignait sur son visage chaque fois qu'on évoquait la mort. Cassan avait peur d'elle, une peur primitive, originelle et instinctive. Et, sans comprendre elle-même par quel enchaînement d'idées elle parvenait à cette interrogation, elle se demanda soudain si cet homme était capable de tuer.

Apparemment non. Il était chirurgien, de surcroît dans la discipline particulière qu'est la greffe d'organes. Il prolongeait la vie, la maintenait, la redonnait même. Il pouvait ressusciter les morts. Il était plus fort que la nature car, avec des parties d'un corps humain qu'il replaçait et agençait dans un autre corps, il avait le pouvoir de faire de nouveau jaillir l'étincelle de la vie.

Mais cela ne signifiait pas pour autant qu'il luttait *contre* la mort. On pouvait même penser qu'il avait besoin d'elle pour son activité. Car il fallait qu'un individu soit condamné pour qu'il prélève ses organes. C'était sous cette condition fatale qu'il était autorisé à les réimplanter dans le corps d'un autre sur le point de mourir.

Toutefois ce n'était pas la mort elle-même, absolue et définitive. C'était son ombre portée, l'agonie, un état qui n'était ni la vie ni la mort. C'était un passage, une sorte de Styx au milieu duquel Cassan se serait tenu avec ses instruments de chirurgie dans les mains, nouveau Charron vêtu d'une blouse blanche, prêt à sectionner, extraire, transplanter et recoudre.

De sorte qu'il vivait en permanence dans une espèce de commerce avec les vivants et les morts, où la mort était absente et la vie presque éteinte.

– Pourquoi me fixez-vous ainsi ? demanda-t-il, intrigué par le profond regard de son interlocutrice.

– Je me demandais si vous étiez heureux avec votre femme.

– Autant qu'un mari amoureux peut l'être.

– Et elle, vous aimait-elle ?

– Au risque de vous surprendre une nouvelle fois, c'est une question que je ne me posais pas non plus. Vivre aux côtés de Daphné commandait de ne pas être égoïste, de laisser son amour-propre de côté ou plutôt son orgueil et de la servir.

– Et c'était de l'amour ça ?

– C'était le mien… C'était le nôtre.

Son biper vibra de nouveau dans sa poche. Il le consulta et se leva :

– Maintenant, si vous voulez bien m'excuser…

– Vous avez pensé à ce que je vous ai demandé ? dit-elle en se levant à son tour.

Il répondit sans hésiter, mais passablement agacé :

– Oui et je ne l'ai pas fait. Je ne peux pas vous établir une liste de personnes de notre entourage qui auraient pu avoir un motif de tuer ma femme. Puisque je n'en connais pas. J'ajouterai que le procédé me paraît spécieux. En avons-nous fini cette fois ?

– Vous êtes catégorique ? Vous ne voyez pas qui aurait pu commettre le crime ?

– Pas plus que je ne puis vous dire qui m'a agressé aujourd'hui !

– Alors vous aussi vous pensez qu'il peut y avoir un lien ?

– Non, capitaine, j'essaie seulement de vous dire que je suis médecin, que l'enquêteur, ce n'est pas moi !

Soudain on frappa à la porte. Il cria :

– Entrez !

Il mit dans ce cri toute la rage, toute la colère qu'il avait contenue depuis le début de leur conversation. Ses yeux étincelants s'écarquillèrent sous la secousse de cet éclat de voix. Et c'est alors qu'au fond de leurs prunelles, Kétab lut, dans un éclair, la réponse à sa question : Cet homme aurait-il pu tuer ? Oui, il aurait pu.

9

Le laboratoire

Oui, Cassan aurait pu tuer. Encore aurait-il fallu qu'il ait le mobile et l'opportunité. Or il vénérait sa femme et n'était pas jaloux. De plus, selon le médecin légiste, la mort se situerait entre 18 heures et 19 h 30 environ. À l'heure du meurtre, Cassan donnait un cours devant quarante élèves internes qui se spécialisent dans la chirurgie des greffes et qui peuvent confirmer sa présence. Enfin, il est difficile d'imaginer cet homme allant étrangler sa femme dans un quartier sordide de la capitale, alors que d'autres endroits plus simples pour lui ne manquaient pas. Leur maison isolée sur la côte atlantique par exemple, où un assassinat pouvait être aisément maquillé en crime de cambrioleur…

Cassan hurla une nouvelle fois :

– Entrez !

Kétab, plongée dans ses réflexions, ne regarda pas qui franchissait le seuil du bureau. C'était Sézureck en personne, précédant des collègues de la brigade criminelle en charge d'enquêter sur l'agression du professeur et sur l'effraction du laboratoire. L'hôpital ne faisait normalement pas partie de son secteur, mais le docteur Cassien-Jean Cassan n'était pas n'importe qui et le commissaire divisionnaire le lui fit savoir dès la poignée de main qu'ils échangèrent.

– J'ai appris, monsieur le professeur, la scandaleuse tentative criminelle dont vous avez fait l'objet et j'ai tenu à venir vous assurer personnellement que je... que nous retrouverons au plus vite son auteur et qu'il sera déféré au parquet avec autour du cou les charges les plus lourdes. Le seul regret que j'ai (il jeta un regard noir à sa subordonnée), c'est qu'on n'ait pas jugé bon de m'en avertir plus tôt, sans cela j'aurais été le premier, croyez-le bien, sur les lieux...

– Pour ? coupa ironiquement le chirurgien.

– Eh bien... vous témoigner ma sympathie et saisir l'occasion pour vous présenter, au nom de la police nationale, nos sincères condoléances.

– C'est fort délicat de votre part, bien que je ne saisisse pas leur caractère imminent. Il y a déjà bien trop de monde dans mon bureau, cela aurait pu attendre.

Sézureck, interdit, s'entêta pourtant à vouloir créer une sorte d'intimité entre gens supérieurs devant ses subordonnés. Il dévisagea un instant Cassan et lâcha :

– Dites donc, on vous a bien arrangé !

Devant la familiarité du propos, Cassan eut un mouvement d'indignation qui fit rougir jusqu'aux oreilles le commissaire divisionnaire et manqua de faire pouffer de rire Kétab : apparemment, Sézureck non plus n'avait pas la formule secrète pour accéder à l'élite de ce monde.

– Et où en est-on dans l'enquête ? demanda-t-il confusément sans que l'on sache très bien à qui il s'adressait.

– On désire mon sang pour le moment, répondit sèchement le professeur qui faisait de plus en plus impression sur les gars de la crim'.

– Comment ? s'écria Sézureck qui avait battu en retraite devant l'hostilité qu'on lui manifestait. Comment ?

répéta-t-il en s'avançant sur Kétab, on se permet de malmener un proche de la victime ? Votre sang ? Mais dans quel but ?

– Celui, je crois, de mener à bien une enquête.

La cinglante réplique de Cassan cloua sur place Sézureck qui manqua de s'étrangler d'humiliation. Mais ce fut Kétab qu'il foudroya du regard.

Or, bien qu'elle ait apprécié le secours du professeur, elle se mordit la lèvre de dépit : ce dernier venait en une seconde de réduire à néant tout l'effort de séduction qu'elle avait entrepris auprès de Sézureck sur ce dossier. À présent, elle allait être exposée aux humeurs de son supérieur et voir la liberté de ses investigations compromise.

– Je pensais comparer les taches de sang présentes ici avec celle prélevées sur la scène de crime afin de vérifier s'il n'y a pas de lien entre l'agression et l'homicide, expliqua-t-elle.

– Faites comme vous l'entendez, capitaine, vous me ferez votre rapport plus tard, interrompit le commissaire divisionnaire qui, pour reprendre contenance, donna des ordres aux enquêteurs et notamment celui de procéder aux transferts des gouttes de sang visibles un peu partout. Ce que les hommes étaient en train de faire.

Pour ne pas exciter le courroux de Sézureck, elle décida de quitter la pièce.

– Où allez-vous ?

Elle était sur le seuil et à cette question elle se retourna vivement, choquée. Ce n'était pas son chef qui l'interpellait de façon si impérieuse, mais Cassan. Elle le fixa, et l'idée qu'il n'était pas venu à son secours par hasard ni par pure bonté lui traversa soudain l'esprit. « Il a une idée derrière la tête, se dit-elle, mais il ne pourra pas se maîtriser indéfiniment. Il finira bien par craquer. »

– Je vous laisse entre les mains de mes collègues, répondit-elle. L'enquête concernant votre agression n'est pas de ma compétence, docteur, sauf si un élément venait à la rattacher à l'homicide de votre épouse. Mais ce ne sera pas le cas, n'est-ce pas ?

Il eut un vague hochement de tête. Il paraissait nerveux.

– Si vous avez l'intention d'errer dans mon service, je vous demanderai de ne pas le perturber. Vous êtes dans une unité de techniques chirurgicales de pointe, pas dans un centre commercial.

– Soyez rassuré, je ne vais qu'inspecter l'extérieur.

En réalité, à peine dans le couloir, elle se précipita dans le laboratoire pharmaceutique pour interroger les deux infirmières. Elle les retrouva encore serrées l'une contre l'autre, occupées devant une grande paillasse à empiler les boîtes, les trier et les compter.

– Eh bien, mesdames, vous avez avancé dans votre inventaire ?

L'air engageant de Kétab ne les rassura pas. Elles regardèrent inquiètes par-dessus sa tête, en direction de la porte.

– Le professeur Cassan est resté dans son bureau. Il fait sa déposition. Je suis venue prendre les vôtres.

Elles sursautèrent, échangèrent un regard craintif, mais persistèrent à rester murées dans leur silence.

– Vous n'avez rien à craindre, c'est juste la procédure. Le docteur est au courant, vous pouvez parler librement.

– Mais… pour dire quoi ? se risqua la plus âgée des deux qui était l'infirmière en chef.

– D'abord, ce que vous avez déjà constaté en triant les boîtes de médicaments.

– Il manque certaines préparations.

– Lesquelles ?

– Vous êtes sûre que le professeur vous a autorisée à nous interroger ? insista, tremblante, la plus jeune.

– Soyez sans crainte, sans cela comment est-ce que je serais ici sans lui ?

Kétab avait déjà remarqué que des phrases absurdes énoncées avec conviction installaient un sentiment de confiance chez des témoins effrayés.

– À ce compte-là, reprit l'infirmière en chef, nous pouvons vous montrer ce qui a disparu. Ce sont essentiellement des médicaments de cette pile-là.

– Qu'est-ce que c'est ? demanda Kétab en s'approchant de ce qu'on lui désignait.

– Des médicaments qu'on administre contre les réactions de rejet d'un greffon.

– Vous pouvez préciser ?

– Après l'implantation d'un organe sur un sujet, on lui prescrit un traitement, essentiellement à base de d'immunosuppresseurs, contre les manifestations d'intolérance de l'organisme, aussi bien dans les cas d'autogreffe, d'allogreffe, de transplantation ou encore de kératoplastie…

– Mais aussi d'isogreffe, puisqu'ils agissent sur les antigènes d'histocompatibilité, renchérit la jeune infirmière, et de parabiose aussi.

– Non, Sandrine, pas dans le cas de parabiose, puisque la soudure des organismes permet les échanges physiologiques entre eux, par conséquent, dans ce cas, on délivre du…

– Attendez, attendez, coupa Kétab, on aurait forcé ce laboratoire pour voler des médicaments servant à des personnes à qui on a greffé des organes et risquent d'être malades parce que l'implantation n'aurait pas marché, c'est ça ?

L'infirmière-chef dodelina de la tête, plus ou moins satisfaite du résumé de la néophyte.

– Ouais, c'est à peu près ça.

– Mais pourquoi a-t-on dérobé ces médicaments en particulier ?

– Aucune idée, mais ce sont les plus spécifiques à notre service médico-chirurgical.

Kétab réfléchit un instant en se mordillant l'intérieur de la joue. Puis soudain une idée lui vint.

– Est-ce que les médicaments dérobés coûtent cher ?

– Que voulez-vous dire ? demanda étonnée Sandrine.

– Elle veut savoir si ça peut se revendre sur le marché noir, répondit sa chef. C'est bien ça ?

– Absolument, madame. Qu'en pensez-vous ?

– Qu'on n'en a pas volé assez si c'était le cas. Tout au plus une dizaine de boîtes et toutes de la même marque.

– Laquelle ?

– Du Sandimmun 100 mg. Pourquoi ne pas prendre toutes les posologies si c'est pour les vendre au marché noir ? Ça n'a pas de sens. Et puis il y a d'autres pharmacothérapies de la même classe et qui coûtent encore plus cher. Tenez, par exemple, cette pile-là, et comme vous le voyez elle est intacte.

– Ainsi, l'agresseur est venu dans l'intention de voler un traitement en particulier. Il savait donc en venant ici qu'il le trouverait ?

– C'est possible. Mais alors tout ce vandalisme pour ça ! C'est à vous écœurer !

– Et tu oublies l'agression du professeur ! s'indigna Sandrine.

En effet, l'attaque physique de Cassan avait été plutôt violente pour quelques boîtes de remèdes.

– Cassan affirme qu'on ne lui a pas pris sa clé du laboratoire, réfléchit à haute voix Kétab, et la porte a été forcée.

– Oui, et ce qu'il y a de curieux…

L'infirmière-chef donna un coup de coude à sa jeune collègue pour l'interrompre.

– Qu'est-ce qu'il y a de curieux ? Vous en avez trop dit à présent et ça m'ennuierait de vous convoquer au poste pour…

– Eh bien, le plus curieux, poursuivit Sandrine enhardie par la menace, c'est que la serrure a été cassée, mais que le voleur devait avoir un badge, puisqu'on n'a pas entendu se déclencher l'alarme.

– Comment ça ?

– Pour ouvrir la porte du laboratoire, il faut une clé. Mais on ne peut l'introduire que si auparavant on a passé son badge dans le boîtier magnétique qui se trouve à côté. Venez, je vais vous montrer.

Alors l'infirmière entraîna Kétab devant la porte. Dans le couloir, elle lui désigna un petit boîtier placé contre le chambranle et dans lequel elle introduisit sa propre carte. Elle continua ses explications :

– Si vous tentez de forcer la serrure sans avoir glissé votre badge, une alarme très stridente se déclenche automatiquement et donne l'alerte aussi bien à ceux qui sont à l'étage qu'à la sécurité dans le hall. Or l'alarme ne s'est pas déclenchée. Bizarre non ?

– Il y a peut-être eu une panne, intervint l'infirmière-chef qui les avait rejointes. De toute façon, il y a un moyen de savoir.

– Je vous écoute.

– La piste magnétique enregistre le nom de la personne et l'heure à laquelle elle a accédé au local. Ils apparaissent dans la base de données informatiques de la sécurité, il suffit…

L'infirmière-chef s'arrêta soudain de parler et Kétab qui lui faisait face vit ses yeux s'écarquiller comme ceux des chats quand ils sont surpris la nuit par la lumière des phares d'une voiture.

Elle se retourna et, du bout du couloir, vit s'avancer le professeur, les poings dans les poches de sa blouse et les lèvres serrées.

Les deux infirmières se tordirent les mains, affolées, puis soufflèrent l'une après l'autre à Kétab :

– On ne vous a rien dit !

– Oui, je vous en prie, on ne vous a pas parlé ! avant de se précipiter à l'intérieur du laboratoire.

– Visiblement, capitaine, vous n'avez pas réussi à trouver la sortie.

– En réalité, professeur, c'est à une entrée que je m'intéressais. Êtes-vous toujours en possession de votre badge d'accès au laboratoire ?

– Je vous demande pardon ?

– Durant l'agression, on ne vous l'aurait pas volé, par hasard ?

Il sortit sans hésiter une main de sa blouse et brandit une carte magnétique qu'il manipula entre ses doigts comme une carte à jouer.

– Autre chose ?

– M'autorisez-vous à consulter le fichier d'accès à votre laboratoire auprès des services de sécurité ?

– J'ai bien peur que non. Tous nos fichiers sont protégés par la confidentialité et le respect de la vie privée du personnel soignant prévus par la charte que nous avons signée avec la CNIL.

– Cependant, comme vous allez porter plainte cette protection sautera, alors…

– Je ne porterai plainte que pour mon agression Pour l'effraction et le vol, c'est le conseil d'administration de l'hôpital qui décidera.

– Et ça prendra du temps, j'imagine ?

– Je le crains.

– De quoi avez-vous peur pour me compliquer ainsi la tâche ?

– De la mauvaise publicité que cette histoire pourrait causer à mon service. J'ai consacré toute ma vie, j'ai engagé tous mes efforts et toute ma carrière pour faire de ce pôle médico-chirurgical le meilleur de France et même d'Europe dans sa discipline. Je l'ai hissé à un niveau inégalé jusqu'ici ! On vient du monde entier pour s'y faire transplanter un organe, pour recevoir un enseignement ou pour participer à mes recherches qui bouleverseront d'ici peu la connaissance du corps humain. Et vous voudriez que, pour une serrure cassée et quelques boîtes de médicaments éventrées, j'aille donner de mon hôpital l'image d'un misérable dispensaire de quartier ouvert à tous les vents ? Vous n'y pensez pas !

– Il y a eu plus que ça : vous avez été brutalisé.

– C'est secondaire. Il arrive que notre métier nous expose à la violence des hommes.

– Certes, mais peut-être pas à ce point et si gratuitement !

– Quoi qu'il en soit, comme vous l'avez vous-même indiqué, cette enquête ne vous concerne pas. Par conséquent je vous demande instamment de quitter mon hôpital. Je vais moi-même vous raccompagner à l'ascenseur.

Il eut un geste ample du bras qui n'appelait aucune discussion : il fallait le suivre.

– Peut-être pourrais-je attendre mon chef ?...

– C'est inutile. Je viens lui aussi de le mettre dans l'ascenseur.

Sézureck chassé comme un malpropre, elle aurait bien voulu voir ça ! Et elle lui emboîta le pas, moitié estomaquée, moitié admirative.

Dans l'ascenseur qui descendait, Kétab cogita : Cassan ne l'aimait pas, elle le sentait et pourtant, en prenant sa défense face à son boss, il avait voulu afficher sa volonté de la voir en charge de l'enquête sur l'homicide de sa femme. C'était clair. À moins que ce ne soit une diversion, une manœuvre habile pour créer, en s'interposant, une tension entre elle et son supérieur. C'était retors… Et dans quel but ?

Les portes de l'ascenseur s'ouvrirent et elle se retrouva face à face avec l'assistant de Cassan qui l'avait accueillie la première fois qu'elle était venue à l'hôpital.

– Vous me reconnaissez ?

Il avait le regard fuyant et le front luisant de sueur.

– Vous êtes l'officier de police qui enquête sur le meurtre de la femme du professeur.

Des préliminaires n'auraient pas été inutiles pour mettre en confiance le témoin, mais le temps pressait, il fallait saisir cette courte occasion pour l'interroger :

– Dites-moi, vous la connaissiez bien, elle ?

– Qui ? Mlle Daphné ?

– Vous l'appeliez par son prénom ?

– Oh oui ! Et moi elle m'appelait Tom ou Petit Tom. Mon nom, c'est Thomas.

Il parlait d'elle avec vénération. Il l'avait aimée d'un amour silencieux et transi, c'était gros comme le nez au milieu de la figure.

– Elle venait souvent ici ?

– Au début de son mariage, il y a trois ans, oui, presque toutes les semaines. Elle arrangeait le bureau du professeur, mettait des fleurs partout, des fleurs jaunes, rouges et blanches ; elle a même changé le tissu des coussins, modifié la disposition des tapis, elle cachait de petites coupes pleines de poudre de cannelle, de pétales de jasmin ou de fleurs de lavande, et ça sentait bon !… Ça sentait comme elle. Pendant qu'elle faisait ça, elle fredonnait des petits airs d'opéra et dansait ce qu'elle chantait. J'essayais de me cacher pour la regarder, mais elle me découvrait toujours et riait en ébouriffant mes cheveux : « Tom, je vous ai vu ! » Et puis, au bout d'un an, elle a commencé à venir de moins en moins souvent, ses visites se faisaient plus rares, peut-être une fois par mois. Et les bouquets de fleurs qu'elle apportait étaient de plus en plus ternes, de plus en plus fades. Et puis, elle n'a plus apporté que des bouquets de fleurs séchées. Elle ne chantait plus, ne dansait plus, elle ne voulait plus me découvrir caché. Elle buvait un thé avec le professeur, puis s'en allait, sans laisser de parfum derrière elle. Ensuite, elle a cessé de venir.

– Depuis quand, exactement ?

– Depuis un an.

Il avait répondu comme s'il avait compté chaque jour de l'année écoulée.

– Vous savez ce qui s'est passé ?

– Non. Vous savez, Mlle Daphné était une fée, et les fées ça ne reste jamais bien longtemps. Surtout dans un hôpital.

Il était un peu ridicule avec son amour pesant sur son gros cœur, mais en même temps il était touchant.

– Elle s'entendait bien avec le docteur Cassan ?

Soudain il se ferma, et ses yeux fuyants prirent la même expression apeurée que celle des deux infirmières.

– Je ne sais pas si je peux vous répondre… ni même si je peux vous parler…

– Et moi je suis persuadée que cela lui aurait fait plaisir à Mlle Daphné d'entendre parler d'elle comme vous le faites.

– Vous croyez ?… Je l'aimais bien, vous savez !

– Et elle, elle aimait son mari ?

Il baissa la tête et se mit à examiner le bout de ses pieds. Elle remarqua qu'il ne restait plus qu'un étage avant que les portes ne s'ouvrent sur le hall.

– Vous savez, je pense que vous êtes la seule personne qui la connaissait vraiment, ajouta-t-elle doucement. Je vous promets que tout ce que vous me direz restera entre nous.

– Est-ce que… est-ce qu'elle a souffert ?

C'était une chose à laquelle elle-même s'était refusée jusqu'ici de penser. Chaque fois que cette idée s'était présentée à elle, elle se répétait les lignes qu'elle avait lues dans le rapport du médecin légiste : « Elle n'a subi aucune violence sexuelle. Elle ne s'est pas débattue. Elle n'a pas été frappée. Vu la constitution délicate de la victime, la mort par asphyxie a dû être rapide… »

Mais à présent, devant la douleur pitoyable de ce malheureux jeune homme, la pensée qu'Ophélie avait pu malgré tout souffrir lui noua l'estomac.

– C'est difficile à dire. Elle a été étranglée. Je crois que vous êtes mieux placé que moi pour savoir… Je veux dire parce que vous êtes médecin.

Tout à coup, l'ascenseur fit un petit saut et les portent s'ouvrirent brusquement. Le bruit du hall d'accueil de l'hôpital, plein de monde, envahit violemment le petit espace confiné où ils se trouvaient.

Or, contre toute attente, le jeune homme leva le bras en direction des boutons, referma les portes puis les bloqua.

Il dit d'une voix émue :

– Non, elle ne l'aimait pas. Lui oui, à en être fou. Je veux dire : vraiment fou. Mais ce n'était pas réciproque. Au début de leur mariage, on aurait dit qu'elle jouait à être la femme du professeur. C'était comme une petite fille qui voulait faire plaisir à son papa. Mais, parfois, lorsqu'elle chantait certaines mélodies, elle devenait pâle et triste, avec des sanglots dans la voix. Elle ressemblait aux fleurs qu'elle apportait, elles étaient belles, éclatantes, odorantes mais déjà sur le point de se faner et de mourir…

Sa voix s'étrangla, il se tut et boutonna sa blouse blanche comme s'il avait froid.

– Au bout d'un an environ, elle s'est soudain métamorphosée, elle est devenue… une femme, reprit-il avec la même émotion. Elle était épanouie, elle avait enfin l'air d'être heureuse, plus du tout mélancolique. J'ai pensé qu'elle était enceinte. Lorsque je lui ai posé la question, elle a éclaté de rire en me hérissant les cheveux comme autrefois puis m'a répondu : « Non, bêta, je suis amoureuse ! »

Malika eut un frisson désagréable, une sorte de pincement au cœur pénible.

– Vous savez de qui elle était amoureuse ?

Il eut un petit sourire piteux :

– Non, et je n'aurais pas aimé le savoir.

– Et son mari, comment était-il pendant ce temps ?

– Comme d'habitude. À mon avis, il n'avait rien remarqué. Il n'a probablement pas vu combien elle s'était métamorphosée.

– Ensuite ?

– Elle est restée un long moment sans revenir ici. Ça a duré des mois. Il n'y avait plus de fleurs dans le bureau du professeur, plus de parfums, plus de chants. Et puis, il y a quelques jours, je l'ai aperçue sur le parking de l'hôpital. Elle avait changé. Elle était pâle, nerveuse, comme en proie à un grand tourment. Elle m'a à peine reconnu, m'a appelé « monsieur », et m'a dit qu'elle attendait le professeur. Et, en effet, il est arrivé tout de suite après. Il m'a dit : « Vous n'avez rien de mieux à faire ? », alors je suis parti. Mais, arrivé au bout du parking, je me suis retourné. Je ne voulais pas les observer, je voulais juste la voir encore une fois, et c'est là que je l'ai vue frapper Cassan. Elle avait les poings serrés et elle tapait sur la poitrine du professeur tout en criant, tout en pleurant, tout en tremblant.

– Qu'a-t-il fait ?

– Il l'a laissée faire un moment, comme s'il attendait qu'elle épuise ses forces, puis il l'a saisie par les poignets et l'a fait remonter dans sa voiture à elle. C'est la dernière fois que j'ai vu Mlle Daphné.

Il était rouge d'émotion, des gouttes de sueur perlaient sur ses tempes. Il finit par déboutonner sa blouse.

– Vous n'appréciez pas beaucoup Cassan, n'est-ce pas ?

– Non, mais je l'admire. C'est le meilleur chirurgien des greffes que je connaisse. C'est un démiurge, il est capable de vous ressusciter un mort. Il l'a déjà fait avec des comateux qu'on pensait devoir débrancher. Vous n'avez pas idée de ce qu'il est capable de faire ! C'est un génie !

– Cependant vous ne l'aimez pas. Pourquoi ?

Son regard fuyant se posa plusieurs fois sur elle : elle sentit qu'il était sur le point d'avouer une chose qu'il n'avait jamais dite auparavant – à personne.

Mais il appuya sur le bouton d'ouverture des portes et se rua hors de l'ascenseur. Elle répéta d'une voix forte :

– Pourquoi ? en le rattrapant par le bras.

Il tourna alors vers elle un regard singulier, où se mêlaient la fascination et la peur :

– Pour la même raison que je l'admire. Parce qu'il est un démiurge et qu'on ne sait pas de quoi il est capable.

Au pied du grand escalier extérieur de l'hôpital, Kétab retrouva Sézureck qui parlait avec les collègues de la criminelle. Le nez en l'air, elle prit un air pressé. Son modeste stratagème échoua, et il la héla en faisant de grands moulinets avec ses bras :

– Approchez, capitaine ! Approchez ! Nous nous demandions s'il fallait laisser quelqu'un pour récupérer l'échantillon de sang du professeur ou attendre qu'il nous le fasse parvenir.

– Je préfère qu'il le donne en la présence d'un de nos agents.

Sézureck eut un petit sourire entendu :

– Vous vous méfiez de lui, je me trompe ?

– Non, mais ça évitera des contestations de procédure.

– Pourquoi ? Vous pensez demander son placement en garde à vue ?

– Ça me serait difficile, il a un solide alibi.

– Et des relations, croyez-moi. C'est à peine si vous réussirez à le faire venir au poste. (Il se tourna vers une jeune lieutenant.) Allez-y vous, vous êtes une femme, il se montrera moins hostile à votre présence durant la prise de sang. Veillez à mettre la fiole sous scellés devant lui et à montrer toutes les marques de déférence. La lieutenante ne comprit pas.

– Je dois lui montrer quelque chose ?

– Non, je veux dire, soyez respectueuse avec lui, très polie, faites-lui savoir qu'il nous rend un grand service.

La jeune femme retourna dans le ventre de l'hôpital, la main sur le ceinturon, l'air contrarié. « À tous les coups, elle doit tourner de l'œil devant une aiguille, se dit Kétab. Encore une que Cassan va terroriser. »

Puis le commissaire divisionnaire s'adressa un moment aux autres policiers qui finirent par le saluer et se retirer.

– Accompagnez-moi à ma voiture, capitaine, j'ai à m'entretenir d'une petite affaire avec vous. Le bruit court que vous auriez conclu un petit arrangement avec Roch Domérégo concernant l'affaire Cassan. Rassurez-moi, vous ne pactisez pas avec le diable derrière mon dos ?

De profil, la bouche de Sézureck paraissait fendue en arc au-dessus du menton, comme la gueule d'un requin en chasse dans les profondeurs.

– Certainement pas. Je l'ai seulement mis en demeure de me dire ce qu'il savait.

Elle était sûre qu'il ne tenait pas l'information de Roch lui-même. C'était un gars loyal. Elle réfléchit et songea alors à Sempère, le petit commissaire agité. Elle poursuivit :

– Ce qu'il n'a bien sûr pas fait. D'ailleurs, puisque vous abordez le sujet, j'ai l'impression qu'il a ses entrées au poste du 18e.

– Vous pensez que ce peut être Sempère en personne ? demanda Sézureck l'air de rien.

– C'est possible, répliqua sa subordonnée avec le même air dégagé.

Ils parvinrent à la berline du commissaire.

– Autant vous le préciser, je n'ai pas prêté foi à ces ragots. Je vous sais trop intelligente pour risquer votre place au sein de ma brigade pour ce Gitan.

– Puisque j'ai votre confiance, monsieur, je souhaiterais que vous m'autorisiez à me rendre au domicile de la victime.

– C'est aussi celui du professeur Cassan, c'est délicat.

– Je n'ai pas l'intention de procéder à une perquisition. Je veux seulement connaître l'environnement de la victime, me faire d'elle une idée plus précise. Il faut découvrir comment une femme de son milieu a pu se retrouver dans un bouge du quartier Marcadet. Selon moi elle est là, la clé de cette affaire.

– Je doute que le grand manitou du bistouri apprécie qu'on fasse irruption dans sa vie privée.

D'expérience, Kétab savait que lorsque son supérieur utilisait des expressions dédaigneuses pour parler de quelqu'un, c'était qu'il avait un compte à régler avec lui. En l'occurrence, Sézureck avait dû se sentir humilié d'avoir été flanqué dehors par Cassan devant ses hommes.

– Ce n'est pas une intrusion dans la vie privée du professeur que de dresser le profil de sa femme. Et puis, si je puis me permettre, c'est vous et vous seul qui êtes à même d'apprécier les actions qui doivent être conduites pour la bonne marche de l'enquête criminelle.

Il eut une petite moue gracieuse qui indiquait que les mots de Kétab étalaient un peu de baume sur son ego blessé.

– C'est juste. Nous n'allons pas nous laisser impressionner par une blouse blanche, quand bien même celle-ci serait décorée de la Légion d'honneur. Cependant, je vous demanderai d'effectuer cette visite avec la plus grande discrétion. Contentez-vous de prendre des renseignements sur la victime, rien de plus. Aucune perquisition, aucune mise sous scellés, aucune audition, et vous vous faites ouvrir par les employés de maison, pas par le concierge. Pour tout le reste, sachez que votre visite sera officieuse. Je ne suis au courant de rien.

– C'est bien ainsi que je l'entendais, monsieur le divisionnaire.

10

Agence P. P. Perrier & Associés
Place de la République
11e arrondissement

– Pascal Perrier existe.

Diane pensa défaillir de joie. Elle dissimula sous la table ses mains qui se mirent à trembler et les coinça entre ses genoux, qui tremblaient eux aussi. Domérégo poursuivit en consultant ses notes sur un carnet à spirale.

– Il a déposé une demande de licence de détective privé à la préfecture de Paris en début d'année. Elle lui a été refusée. Il n'en était pas à sa première demande : c'est donc un détective privé sauvage comme il en existe tant à Paris. Mais son agence « P. P. & Associés » est enregistrée au registre du commerce et des sociétés. J'ignore comment il a fait. Grâce à un faux document, probablement. L'agence est bien domiciliée à l'adresse que vous m'avez indiquée.

La petite table placée entre eux se mit à vibrer légèrement, communiquant ses secousses au service à thé disposé sur son plateau de marbre.

– Excusez-moi, bafouilla Diane en écartant son siège, je suis un peu nerveuse.

– C'est normal. Vous devriez boire votre thé pendant qu'il est chaud, ça vous fera du bien.

Elle s'empara aussitôt de sa tasse et but plusieurs gorgées de suite en souriant des yeux, souhaitant par sa docilité faire plaisir à cet homme qui apportait des réponses à ses questions. Il perçut cet emballement.

– Ne vous excitez pas trop, mademoiselle Jenken, je n'ai pas glané grand-chose pour le moment.

Une serveuse avec un tablier en dentelle noué autour de la taille passa avec un plateau chargé de tasses, de théières et de petits-fours.

– Monsieur, vous êtes sûr que vous ne voulez rien ?

– Si vous n'avez toujours pas de bière alors non, merci.

– Vous êtes dans un salon de thé, nous ne servons pas d'alcool.

Il jeta un regard défiant, hostile, autour de lui, un regard d'écumeur de bars peu à sa place dans ce décor à tentures liberty et bergères tendues de soie, où tous les clients semblaient acquis à la cause de la sobriété publique avec leurs porcelaines de Sèvres entre les doigts.

– Ça ira, dit-il entre ses dents, de toute façon je ne comptais pas rester.

La serveuse haussa les épaules et s'éloigna vers une autre table :

– Voici votre chongquing tuo avec une rondelle de citron et pour madame un earl grey, accompagnés de cakes à l'orange amère.

– Je suis désolée, dit Diane, c'est un endroit où je viens souvent parce que je travaille à côté, place Vendôme. Je n'ai pas pensé qu'un salon de thé pour vous… Si vous voulez, nous pouvons aller ailleurs, au bar du Ritz par exemple.

Il secoua la tête :

– Même au Ritz, avec un demi à la main, on me regarderait comme un voleur de poules.

Elle éclata d'un rire franc et Domérégo remarqua de nouveau son rire perlé qui gonflait sa gorge blanche. Puis soudain elle redevint grave, comme si elle se souvenait pourquoi ils s'étaient donné rendez-vous :

– Avez-vous pu parler à ce détective ?

– C'est justement là le hic. Je n'ai pas réussi à dégoter son adresse personnelle. J'ai essayé au centre des impôts, mais il n'a fait aucune déclaration fiscale ; à la Sécurité sociale aussi, mais il a donné l'adresse de la place de la République. J'ai essayé les administrations, la mairie, les compagnies de téléphone… ça n'a rien donné. De deux choses l'une : soit il crèche à son agence et, comme c'est illégal, il ne veut pas qu'on le sache, soit il dort sous les ponts.

La déception de Diane fut telle qu'elle repoussa devant elle sa tasse de thé.

– Allons, allons, la rassura Domérégo en avançant la main, tout n'est pas perdu. Ce n'est pas parce que votre maître chanteur se cache qu'il est introuvable. D'ailleurs, j'ai un plan.

Elle rapprocha vivement sa chaise de la table à laquelle elle communiqua une nouvelle fois les tremblements de son corps.

– Lequel ? Je vous en prie, dites-le-moi ! Je suis votre partenaire, vous vous rappelez ?

– J'attends la nuit et je vais aller jeter un coup d'œil à son agence.

– Vous allez pénétrer dans son appartement ? Ce soir ? Je viens avec vous !

Elle s'était penchée vers lui comme une conspiratrice qui attendrait des instructions, et Roch pouvait sentir son haleine parfumée tout contre son visage. Alors son esprit se troubla et, dans un éclair, il revit le visage de Cécile, grave et suppliant au-dessus du sien : « Je veux un enfant de toi, Roch. – C'est impossible ! »

Il y eut tout à coup un terrible silence, pas seulement entre eux, mais aussi autour d'eux : il réalisa alors qu'il avait crié et qu'on les regardait.

– C'est impossible, reprit-il plus bas, c'est dangereux. Vous n'y pensez pas !

– Vous oubliez que j'y suis déjà allée toute seule !

– Mais vous êtes restée à l'extérieur de l'appartement. Dedans, dans le noir et à tâtons, les choses pourraient mal tourner. Il y aura peut-être quelqu'un d'armé…

– Vous le serez vous aussi !

Il avait crié ce jour-là : « Fais pas le con ! Montre tes mains ! Allez, montre tes mains, petit ! » Le garçon affolé, coincé entre deux conteneurs à ordures, gesticulait et jetait tout autour de lui des regards apeurés. Il était pareil à un gibier que des chiens auraient obligé à se retrancher dans son terrier. « Allez, mon gars, tu vois bien que c'est fini, y a des flics à chaque bout de la rue. Lève les bras bien haut et ça se passera bien. » Mais l'adolescent tournait éperdu dans le cul-de-sac, surexcité par les sirènes de police, les appels radio, les cris des curieux aux fenêtres, les hurlements de Domérégo.

Ils avaient couru tous deux, l'un après l'autre, haletants, dans le dédale de la Goutte d'Or jusqu'à se rattraper rue l'Ermite. Là, le petit dealer s'était vu pris en tenailles et après avoir tenté en vain d'ouvrir une porte d'immeuble, il s'était emparé de deux poubelles qu'il avait tirées à lui pour s'en faire un bouclier dérisoire. Et c'est alors que le commandant Domérégo s'était placé en face de lui, derrière une voiture en stationnement, et l'avait mis en joue. « Fais pas le con, petit ! Montre tes mains ! » Car dans ses gesticulations frénétiques, le garçon esquissait parfois le geste de mettre la main à sa ceinture, sous son blouson. « Comment tu t'appelles ? Regarde-moi, petit ! Regarde-moi ! Comment tu t'appelles ? Omar, c'est ça ? Tu t'appelles Omar ! Regarde-moi Omar, et tout se passera bien. Du calme, petit. » Mais l'adolescent le regardait avec des yeux fous, des yeux de bête désespérée qui ne veut pas mourir.

Il le tenait au bout du canon de son pistolet, il tentait de le calmer, de le raisonner, de procéder à son arrestation en douceur. Ce n'était pas la première fois qu'il menait ce genre d'opération. Ça avait toujours marché jusque-là, il avait toujours trouvé le truc. Mais là, cet après-midi-là, dans cette rue-là, il manquait quelque chose, il n'arrivait pas à se contrôler. Il était aussi nerveux que le gamin. Pire ! Ses hurlements, sa façon d'être augmentaient son excitation. Il aurait dû être lucide, mais il n'y arrivait pas. Ses yeux le brûlaient, sa tête cognait, sa gorge était sèche, les muscles de ses bras craquaient. Tout son corps, de l'intérieur, craquait. Il avait couru après lui, longtemps il se souvient, il avait glissé, il était tombé sur un genou, ça lui avait fait très mal et tandis qu'il lui pointait son arme et qu'il lui parlait, il se répétait sans cesse : « T'aurais pas dû te relever après cette chute, t'aurais dû te coucher sur le trottoir et dormir. Dormir ! »

Soudain quelqu'un depuis une fenêtre a crié : « Attention ! » À qui ce cri était-il adressé ? Au petit dealer qui ne voyait pas arriver sur sa gauche deux policiers accroupis qui rasaient le mur ? À lui qui, bien que fixant sa cible, ne réalisait pas qu'elle s'avançait vers lui, une main à l'intérieur du blouson ? À quelqu'un d'autre ? À personne ?

Alors le coup de feu partit. L'adolescent trébucha comme s'il se tordait la cheville. Et il s'est abattu sur le côté, semblant lui aussi vouloir dormir.

– Non je ne suis pas armé. Je ne suis qu'un journaliste, pas l'inspecteur Harry.

– Mais vous étiez policier avant, vous avez bien dû garder une arme !

– Je n'ai qu'une lime à ongles pour forcer les serrures.

Toute expression de jubilation disparut instantanément du visage de la jeune femme. Il pensa : « Elle aurait aimé que j'abatte comme un chien celui qu'elle tient pour être l'assassin de sa sœur », et dit :

– Je suis désolé de vous décevoir.

Elle souleva une lourde mèche de ses cheveux qu'elle coinça derrière l'oreille :

– Qu'importe, on n'est pas obligés d'être tous armés.

En prononçant ces mots, elle jeta un regard profond à son sac à main.

Une pluie fine, froide, serrée avait rendu déserte la place de la République. Soudain, d'une voiture stationnée tous phares éteints sortirent un homme et une femme qui pénétrèrent rapidement dans un hall d'immeuble.

Une forte odeur de rance et de renfermé les arrêta d'abord, puis, reprenant leur respiration, ils gravirent furtivement les marches menant au premier étage.

L'homme colla une oreille à la porte palière de droite et écouta un long moment. Ensuite il alluma une petite lampe de poche et, éclairant son visage, il fit une mimique qui signifiait à sa compagne qu'il n'entendait aucun bruit à l'intérieur. Elle le regarda émerveillée : ainsi éclairée par la source de lumière venant de dessous, le visage qui lui apparut ressemblait à un beau masque inca. Il disparut brusquement. Le foyer de lumière se trouvait à présent dirigé vers la serrure de la porte. L'homme y introduisit une petite lime, longue et étroite, et la fit doucement jouer. Le déclic qui s'ensuivit fut presque imperceptible. L'homme et la femme échangèrent un sourire complice, mais celui de la jeune femme était un peu craintif.

– Vous pouvez encore changer d'avis et rester là, chuchota Domérégo à son oreille.

Elle tourna alors son visage vers lui et, mêlant son souffle au sien, elle l'embrassa. Leurs lèvres tremblèrent en échangeant le baiser.

– Non, je viens avec vous, murmura-t-elle contre sa joue.

À l'intérieur de l'appartement, l'obscurité n'était pas complète. Les lampadaires de la place diffusaient une mince clarté à travers les voilages des fenêtres aux volets ouverts.

Domérégo éteignit sa petite lampe et fit signe à Diane de rester en arrière. Très vite, il fit le tour des deux grandes pièces, dont l'une était aménagée en bureau et l'autre en chambre à coucher, et constata qu'il n'y avait personne. Il poussa un soupir de soulagement et retourna vers la jeune femme. Il demeura interdit en la découvrant. Diane se tenait très droite, très raide sous son manteau ouvert avec au poing un Browning argenté de calibre 22.

– Vous êtes folle, ma parole ! Où est-ce que vous avez dégoté ça ?

– C'était à mon père. Il le tenait de son père qui s'est suicidé avec.

– Justement, donnez-le-moi.

Elle hésita, regardant par-dessus l'épaule de Domérégo.

– Il n'y a personne à tuer, dit-il en avançant sur elle, donnez-moi cette arme.

Mais elle lui échappa et se mit à parcourir l'appartement en braquant son pistolet devant elle. Elle força jusqu'à la porte des toilettes.

– Vous voyez bien, Perrier n'est pas là. Allez, donnez-moi ça.

Il lui retira doucement le pistolet de la main. Il vérifia : il était bien chargé.

Diane alla à la fenêtre, tout à coup indifférente à ce qui l'entourait. Elle contempla la rue qu'elle avait arpentée il y a peu le cœur serré de désespoir, le banc sur lequel elle s'était échouée et avait attendu. Attendu avec l'espoir de retrouver Daphné, de la ramener auprès de leur mère. Elle était alors, malgré ses craintes et son chagrin, plus heureuse que maintenant. Elle ne savait pas encore que sa sœur était morte, perdue à jamais pour les êtres qui l'aimaient tant. À présent, pour combler ce vide immense, cette perte irréparable, elle avait envie de tuer, de faire souffrir d'autres êtres, de les priver d'une personne qu'ils chérissent, de faire en sorte qu'eux aussi l'imaginent froide, inanimée, en décomposition.

Derrière elle Domérégo s'affairait. Il fouillait les tiroirs, les placards, des chemises de dossiers et même l'intérieur des livres. Il soulevait en même temps des nuages de poussière qui le faisaient parfois éternuer. De le voir ainsi s'agiter, s'activer, se démener, mû par des raisons qui dépassaient la simple volonté d'écrire un bon article de fait divers, elle se sentit honteuse, confuse. Elle le rejoignit et demanda timidement :

– Dis-moi ce que je peux faire pour t'aider, Roch.

Il leva la tête à la fois troublé et déconcerté par le tutoiement caressant, la prononciation douce de son prénom qui s'éparpilla dans la pièce comme un soupir : *Roch*.

– Eh bien… cherchez dans cette pièce s'il y a un dossier au nom de votre sœur, ou au vôtre. S'il y a des agendas, des papiers personnels qui nous permettraient d'en savoir un peu plus sur ce détective, sur ses activités. Voyez s'il y a des négatifs… Enfin, tout ce qui pourrait nous être profitable.

Elle acquiesça et prit la place de Domérégo devant un grand bureau en acier de l'entre-deux-guerres.

– Moi, poursuivit-il, je vais à côté voir si je peux trouver quelque chose d'intéressant, d'accord ?

Elle consentit de nouveau d'un signe de la tête, mais cette fois son visage affichait un sourire de reconnaissance. Elle avait compris qu'il s'était réservé de fouiller la partie intime du détective, par délicatesse, dans le cas où des choses choquantes pourraient s'y trouver.

Elle retira son manteau et, en cherchant à l'accrocher quelque part, elle examina la pièce.

C'était un vieux bureau, figé dans un mobilier années 1940. Outre le secrétaire imposant, les placards à dossiers suspendus et les meubles étaient en acier gris-bleu. À en croire les vieux cadres, les anciens objets, les sièges fatigués et les fauteuils en cuir croûté et râpé, cette pièce n'avait jamais dû changer depuis l'origine. Le détective privé avait dû louer l'appartement tel quel. La poussière elle-même paraissait s'être déposée, couche après couche, depuis plus d'un demi-siècle sans avoir jamais été retirée, emprisonnant dans la matière des choses une senteur subtile de vieux papiers, de cigares, d'encaustique et de brillantine.

Elle jeta son manteau sur le dossier d'un fauteuil et ouvrit les lourds tiroirs du bureau dans lesquels elle plongea les mains. Les dossiers qu'elle en extirpa n'étaient ni ordonnés ni classés. On y retrouvait pêle-mêle des comptes rendus d'anciennes filatures, des publicités jaunies, de vieux tickets de pressing, des mémos délavés, des croquis tremblés, des notes de frais en francs, des indications météo, des suites d'annotations incompréhensibles, des personnages et des animaux découpés dans des magazines et collés sur des feuilles de papier cadeau… Le tout portait des dates différentes, à des années de distance parfois. Ainsi, dans une même chemise, elle trouva une publicité pour un dentifrice qui n'existait plus depuis des décennies et un mémo qui datait de quelques mois à peine. Ce fatras aurait dû la faire sourire mais il s'en dégageait une telle impression de confusion mentale, une sensation étrange d'être en présence d'un déséquilibre de l'âme que son estomac se noua.

Ce malaise augmenta lorsqu'elle trouva au fond des compartiments de petits morceaux de papier pliés en quatre et sur lesquels étaient tracées des initiales accompagnées de signes cabalistiques. Elle les déplia un à un. Son cœur bondit dans sa poitrine lorsqu'elle reconnut les initiales de sa sœur :

DJC – oẽ nɔmfam + oẽ gRãtɔmfu

Il était clair que les trois lettres désignaient Daphné Jenken Cassan. Mais que voulait dire la suite ?

La respiration haletante et les joues en feu, elle se mit à fouiller avec frénésie les autres meubles de la pièce, sans retenue et sans discrétion, jetant à terre tout ce qu'elle saisissait, éparpillant autour d'elle des liasses de papiers, éventrant des boîtes en carton, déchirant le contenu des classeurs, amoncelant à ses pieds tout un tas d'objets…

– Qu'est-ce qui vous prend ? Vous voulez ameuter tout l'immeuble ?

Domérégo la saisit par les épaules et tenta de l'immobiliser :

– Qu'avez-vous trouvé ? Qu'est-ce qui vous met dans cet état ?

Mais Diane se débattit, hors d'haleine :

– Cet homme est fou, Roch ! Vous entendez ? C'est un fou !… J'ai engagé un déséquilibré ! Un malade !… C'est un détraqué !

– Comment l'avez-vous découvert ?

Ce n'était pas une question, plutôt une confirmation, une certitude qu'il corroborait.

Elle le regarda dans le fond des yeux, brusquement refroidie :

– Vous le saviez avant de venir ici, n'est-ce pas ?

– En effet. En consultant son dossier de Sécurité sociale, j'ai appris qu'il faisait des séjours réguliers en hôpital psychiatrique.

– Et quand comptiez-vous me le dire ?

– Comprenez-moi, Diane, si je ne vous ai rien dit, c'est parce que je ne voulais pas vous faire peur.

– Lâchez-moi, vous me faites mal.

Domérégo desserra, confus, l'étreinte de ses doigts.

– Vous vous méprenez si vous pensez que j'ai voulu vous cacher quelque chose. Je ne la joue pas perso, j'ai seulement voulu vous épargner. Vous semblez si malheureuse que je ne sais pas comment faire pour soulager votre peine.

– En m'aidant à retrouver cet homme. En me rendant mon pistolet !

– Pour le premier point, j'ai ma petite idée. Pour le second, il n'en est pas question. Vous risqueriez de faire une bêtise que vous regretteriez le restant de votre vie. Et je sais de quoi je parle.

Diane agrippa son bras :

– Alors vous savez où il est ?

Il extirpa d'une poche de son caban une liasse de papiers reliés par un élastique :

– J'ai trouvé ceci parmi ses médicaments et ses ordonnances. Ce sont des fiches d'admission volontaire dans différents hôpitaux psychiatriques. Il est possible qu'il soit dans l'un d'eux en ce moment même. Le problème, c'est qu'il y en a au moins une dizaine. Il n'est suivi dans aucun hôpital en particulier, il se fait admettre au gré de ses crises.

Si vous voulez mon avis, je pense que dès qu'il sent que son mal l'envahit – soit que ses pilules ne peuvent plus rien pour lui, soit qu'il en manque –, il se fait admettre en urgence pour se prémunir de lui-même et de ce qu'il pourrait faire. Du coup, il se précipite dans le premier HP qui peut le prendre. Quand il ressort de ses séjours, il reprend une vie normale. Enfin, plus ou moins normale : à en croire l'état de son agence, on se demande de quoi il peut bien vivre.

– De ce que peuvent lui donner des imbéciles comme moi !

– Vous n'avez pas été imbécile, seulement un peu naïve.

– Et c'est ma naïveté qui a conduit Daphné à la mort.

– Nous n'en savons rien pour l'instant. C'est un malade, pas forcément un meurtrier. Et de votre côté, qu'est-ce que vous avez trouvé ?

Elle s'approcha du bureau pour prendre le morceau de papier plié en quatre sur lequel étaient tracés les signes bizarres précédés des initiales de sa sœur.

– C'est étrange, en effet, concéda-t-il, après l'avoir parcouru plusieurs fois. Mettons-le de côté avec ce que nous trouverons, nous réfléchirons plus tard.

– Et maintenant ?

– Maintenant, il faut mettre la main sur les négatifs. Je suis certain qu'il ne vous a pas envoyé toutes les photos qu'il a prises. Il avait l'intention de faire chanter votre mère, votre sœur et vous. Il a donc forcément gardé les plus compromettantes.

– Quelles photos peuvent être plus compromettantes que celles où l'on voit ma sœur poignarder un homme ?

– Ce n'est pas votre sœur qui m'intéresse sur ces négatifs, mais l'homme qu'elle poignarde. Il ne vous est pas venu à l'esprit qu'elle ne l'a peut-être pas tué ce mystérieux type, qu'elle se défendait, qu'il s'agissait de légitime défense ? Qu'on a, qui sait, mal interprété les épreuves ? Après tout, c'est peut-être lui l'assassin.

Ce fut comme une danse. Diane, les yeux agrandis par l'étonnement, fit un pas en avant, puis un pas en arrière, puis de nouveau un pas en avant. Elle s'exclama :

– L'homme sur la photo serait l'assassin !

Elle aurait voulu qu'il en dise plus, poser mille questions, retourner cette possibilité en tous sens : « L'homme sur la photo serait le meurtrier ! », répéter indéfiniment cette évidence : « Elle se défendait peut-être ! », mais son émotion fut telle qu'elle ne put parler, que son corps seul parvint à s'exprimer par cette espèce de chaconne incontrôlée.

Tout à coup, la sonnerie du téléphone de l'agence retentit. Diane et Roch sursautèrent puis se regardèrent comme deux malfaiteurs sur le point d'être pris en flagrant délit.

La bande vocale que connaissait si bien Diane se déroula. Cette voix du propriétaire des lieux qui s'élevait ainsi au-dessus d'eux semblait presque irréelle, fantastique.

Il y eut le bip du répondeur, puis un silence, puis un bruit sourd, celui d'un combiné qu'on raccrochait.

Ils se dévisagèrent encore, pétrifiés par cette irruption soudaine et si tardive d'un correspondant qui restait anonyme.

– Qui ça peut bien être ? souffla Diane très bas.

– Je l'ignore, mais il faut faire vite ! On nous aura peut-être entendus…

Et tous deux se remirent à fouiller fébrilement la pièce, mais de façon étouffée, en prenant soin de ne rien heurter.

– J'ai quelque chose ! s'écria brusquement Domérégo. Venez m'aider !

Elle se précipita et l'aida à tirer une armoire poussée contre le mur. Lorsqu'ils parvinrent à obtenir un espace suffisant, Domérégo glissa sa main et décolla une enveloppe de moyen format scotchée sur le dos de l'armoire. Il examina rapidement l'intérieur de l'enveloppe en l'éclairant de sa lampe de poche tenue entre ses dents.

– Alors ? demanda Diane en se hissant sur la pointe des pieds.

Mais il glissa aussitôt sa trouvaille sous son caban.

– Ce sont bien les négatifs. Il y a même un agenda. Mais il faut partir tout de suite. C'est trop risqué de rester là. Allons-y !...

Il la saisit par l'avant-bras et l'entraîna vers la porte. Mais au moment de l'ouvrir, Diane se dégagea et courut vers le bureau.

– Que faites-vous ? Revenez, on va se faire pincer !

Avant même qu'il ait eu le temps de la rattraper, elle avait réenclenché le répondeur de l'agence. Et il la retrouva les deux mains à plat sur le bureau, le buste penché au-dessus du téléphone, le regard fixe.

– Merde à la fin ! Que faites-vous ? Venez !

Elle mit un doigt sur sa bouche et fit : « Chuuut ! » tout en réécoutant la bande.

– Qu'est-ce qu'il y a ? demanda-t-il avec impatience tout en surveillant la porte d'entrée du coin de l'œil.

– Ce bruit... Vous entendez ?... Là !.... Je le connais... Je ne sais pas où, mais je l'ai déjà entendu.

– C'est qu'un bruit, putain de merde ! Dépêchez-vous ! J'entends quelqu'un.

En effet, des pas résonnaient dans l'escalier. Les pas de plusieurs personnes. Qui montaient vers eux.

11

Appartement de Diane
Boulevard des Capucines
2e arrondissement

Ses yeux souriaient au-dessus du bol de café qu'elle tenait à deux mains, les coudes sur la table :

– Vous savez que vous êtes grossier quand vous êtes nerveux ?

– Et vous, vous savez que vous êtes têtue comme une mule ?

Elle rit, et le son de son rire lui rappela une poignée de riz qu'on verserait dans un tamis.

– Allons, il n'y avait pas grand danger, c'était seulement des gens qui rentraient chez eux. Vous auriez dû voir votre tête quand on est sortis de l'immeuble ! On aurait dit une souris qui aurait échappé au clapet d'un piège.

– Vous plaisantez, mademoiselle Jenken, mais ç'aurait pu être le concierge, ou la police ou pire encore : un voisin un peu trop curieux. Les choses auraient pu mal tourner, j'avais une tête de circonstance !

Elle rit cette fois en découvrant ses dents, humides et luisantes, qui mordaient le bord du bol.

Cette gaieté ne surprit pas Domérégo, elle suivait toujours les moments de grande tension chez les personnes émotives qui n'avaient pas l'habitude des nuits blanches. Cependant, bien que l'excitation de la jeune femme l'amuse, elle ne parvenait pas à dissiper chez lui une impression de gêne, un invincible embarras à être là, buvant le café matinal et beurrant du pain grillé, en face d'elle – chez elle. D'ailleurs, elle avait dû remarquer son malaise dès la porte d'entrée, car elle avait aussitôt proposé de s'installer dans la cuisine : « On sera mieux, j'ai remarqué que vous n'aimiez pas trop les chichis… » Elle l'avait précédé et s'était occupée le plus naturellement du monde de la préparation du petit déjeuner, le laissant s'installer, seul, sans cérémonie, comme si ce n'était pas la première fois qu'il venait. Elle s'était ensuite assise en face de lui et depuis, elle buvait son café, les yeux rieurs.

Tout à coup, son visage prit une expression sérieuse :

– Jamais vous n'enlevez votre caban ?

– J'imagine que c'est l'enveloppe qui est dessous que vous voulez voir, pas la chemise que je porte, répondit-il sur un ton moqueur.

Elle reprit du café, le sucra, le goûta, le sucra de nouveau puis, plongeant ses yeux dans les siens :

– D'abord, vous ne portez pas de chemise, mais un chandail ; ensuite, je vous ai vu glisser l'enveloppe sous la housse de votre siège de voiture.

Il souleva les sourcils, impressionné :

– Vous êtes très observatrice.

– Je vous remercie de me reconnaître au moins cette qualité.

– Je pense sincèrement que vous en avez d'autres…

– Vraiment ? coupa-t-elle. Moi je pense plutôt que vous me prenez pour une petite-bourgeoise écervelée.

– Tiens donc !

– Oui, je le sens à votre façon de me regarder chaque fois que je suis dans mon environnement. Par exemple en ce moment, vous me dévisagez comme vous le faisiez au salon de thé. Vous vous dites que cette cuisine a la taille de votre appartement et que la place Vendôme n'est pas un endroit approprié pour boire un verre et discuter d'un crime. Mais qu'après tout cela ne vous étonne pas venant d'une femme qui vient rendre visite à son maître chanteur avec 10 000 euros en liquide dans son sac à main et le pistolet de son grand-père dans sa poche, qui engage un journaliste au lieu de s'en remettre à la police, et qui, au moment critique, au lieu de déguerpir comme on le lui demande, se met en tête d'appuyer et de réappuyer sur la touche d'un répondeur sur lequel on n'a laissé aucun message. Mais la place Vendôme, mon appartement luxueux et même la cuillère en argent avec laquelle vous remuez votre café importé du Kenya et torréfié à Vienne composent mon monde. C'est le mien, je n'en ai pas d'autre. De même que mes maladresses, ma naïveté et mes erreurs font partie de moi, elles constituent aussi ma personnalité, elles ne sont pas seulement le fruit de ma classe sociale. Alors je vous défends, sur les seuls jugements que vous portez sur moi, de me retirer votre confiance.

– Ce n'est pas le cas, marmonna Domérégo en examinant le poinçon de sa petite cuillère, j'ai confiance en vous.

– Ça ne vous a pas empêché de me dissimuler les négatifs.

– Je ne les ai pas dissimulés, je vous ai gardée de la tentation d'essayer d'identifier les silhouettes. C'est une tentation cruelle, on ne voit rien avant de les développer. Et l'on commet des erreurs, justifia son invité, le nez toujours collé sur sa pièce de vaisselle.

– Toutefois, vous marquez une distance avec moi. Oui, parfaitement, une distance d'ethnologue perplexe et ironique. Je vous assure que j'ai eu l'impression de reconnaître ce bruit sur le répondeur du détective, j'étais sincère.

– Je vous crois. Et maintenant ?

– Maintenant quoi ?

– Vous vous êtes souvenue où vous avez entendu ce bruit ?

Elle secoua doucement la tête et le chignon qu'elle avait noué à la hâte dans la voiture, se défit et s'écroula sur ses épaules :

– Non, malheureusement... Il faudrait pour cela que je le réentende.

Mais il ne l'écoutait plus, son esprit d'insomniaque, habitué à errer au gré des pensées fugitives et à associer sans logique des images du passé à celles du présent, lui restitua comme un coup au cœur une scène oubliée, dissimulée dans un pli de sa mémoire par le chagrin, les brumes de l'alcool et les nuits blanches.

Cécile était assise en amazone sur le rebord de la baignoire, nue et les cheveux relevés. Elle avait plongé une main dans l'eau qui montait et ses doigts remuaient le torrent d'eau chaude et d'eau froide qui s'écoulait à gros bouillons des robinets. Depuis le lit où il était resté allongé et dans lequel ils venaient de faire l'amour, il contemplait la baigneuse à son insu. L'oreiller qu'il serrait sous sa joue avait l'odeur et la moiteur de leurs ébats. Une douce langueur étirait ses sens, troublée quelquefois par les frissons du désir encore irrité.

Tout à coup, à cause d'un geste qu'elle fit, l'amas de ses mèches liées sur sa nuque se défit et ses cheveux tombèrent épars sur sa nuque. Ce fut un saisissement, une apparition fulgurante, poignante de la beauté d'une femme qu'il n'avait cru jusqu'ici que désirer. C'est à ce moment précis qu'il réalisa qu'il était amoureux. Il sortit du lit comme dans un rêve, alla l'enlacer et tous deux glissèrent dans l'eau et…

– Vous m'écoutez ?

Domérégo sursauta et se frotta les yeux :

– Non… Excusez-moi, je suis un peu fatigué. Vous disiez ?

– Qu'il faudrait que je réécoute la bande du répondeur pour réussir à identifier ce que j'ai entendu.

– La voici.

Il plongea la main dans une poche de son caban et en sortit une petite cassette audio grise qu'il posa sur la table sans retirer sa main.

Diane, stupéfaite, regarda tour à tour le petit boîtier et le visage très las, creusé, de Domérégo. Elle dit d'une voix un peu émue :

– Alors… alors, vous me croyez ?

Et la main hésitante de Diane, au lieu de s'emparer de l'objet, entrelaça les doigts de Roch, qui répondit par une pression.

– Nous avons l'air de deux naufragés qui tentent désespérément de se raccrocher l'un à l'autre, dit-il en retirant sa main.

C'était terminé. Le moment d'intimité qui venait de surgir entre eux s'évanouit brusquement. Elle le sentit à nouveau sur la réserve, fermé, lointain.

Elle repoussa son bol de café et demanda d'une voix faussement enjouée :

– Quel est le programme pour demain ?

– Vous voulez dire : « Tout à l'heure. »

Elle jeta un rapide coup d'œil à son bracelet-montre :

– En effet, il est 4 heures. Vous avez la précision des noctambules. Alors, que faisons-nous *tout à l'heure* ?

– Je vais faire la tournée des hôpitaux psychiatriques dans lesquels Perrier s'est fait admettre grâce aux fiches que j'ai trouvées. Qui sait ? Avec un peu de chance, je tomberai peut-être sur lui dès aujourd'hui.

– Et moi ?

– Eh bien… Vous, vous faites ce que vous avez à faire. Je vous contacterai en fin de journée pour vous faire mon rapport.

– Vous me tenez une nouvelle fois à l'écart.

– Diane, c'est pour votre sécurité. Je ne souhaite pas que ce malade puisse vous identifier dans le cas où l'on tomberait sur lui. On ignore de quoi ce type est capable quand on lui retire sa camisole.

– Il a déjà mon adresse, vous savez.

– C'est différent. Vous ouvrez votre porte à qui vous voulez. Quoi qu'il en soit, je ne citerai pas votre nom, ni celui de votre sœur. Je l'interrogerai finement.

– Vous passez votre temps à avoir peur pour moi, à vouloir me protéger. Je ne disparaîtrai pas comme votre femme, si c'est ça qui vous inquiète.

Le visage de Domérégo se figea comme un masque derrière lequel deux taches noires auraient lancé des éclairs de colère :

– Qui vous a parlé de ma femme ? demanda-t-il d'une voix blanche.

– J'ai… demandé à mon avocat de se renseigner sur vous.

– Charmant ! Et c'est vous qui parlez de confiance !

Il se leva brutalement, rejetant derrière lui le tabouret sur lequel il était assis.

Elle se dressa elle aussi, affolée :

– Attendez ! Mettez-vous à ma place !... Je ne vous connaissais pas ! Je vous ai rencontré dans la chambre d'hôtel où ma sœur a été assassinée ! Vous vous disiez journaliste ! J'avais besoin d'aide mais en même temps je venais d'accorder ma confiance à un homme qui a fini par me faire chanter... Je vous en prie, essayez de me comprendre... J'ai tout de suite eu confiance en vous. Ne partez pas !

Mais Domérégo était déjà devant la porte qu'il ouvrit en dégageant d'un geste sec le bras que Diane, éperdue, agrippait.

– Je t'en supplie, Roch, reste ! Reste !

Il s'immobilisa dans l'embrasure de la porte, tout à coup submergé par un nouveau souvenir qu'avait fait ressurgir la supplique douloureuse de Diane.

C'était la veille du jour de la mort de Cécile. La lumière du soleil avait inondé leur chambre toute la journée, il avait fait chaud. Pourtant ils tremblaient tous les deux, lui assis au bord du lit, elle loin derrière. À propos de quoi s'étaient-ils encore disputés cette nuit-là ? De l'enfant qu'elle ne parvenait pas à porter ? « Je n'ai que des fœtus morts, Roch, ça ne vient pas uniquement de moi, mais de toi aussi. Ils sentent que tu ne veux pas d'eux. » De ses absences à lui toujours plus longues, encore plus fréquentes ? « J'aimerais parfois être ton arme de service, Roch. Je serais alors comme elle, continuellement contre ton corps. » De sa solitude à elle, malgré son travail, ses amis, ses sorties ? « Je ne suis pas vraiment malheureuse, Roch. Mais j'ai l'impression de sentir tout le temps une place vide à côté de moi. »

Ils avaient lutté toute la nuit, avec les mots et avec les mains : il parlait, elle tentait alors de le griffer, de le frapper, il la repoussait en prenant soin de ne pas lui faire mal.

Elle parlait, il plaquait sa main sur sa bouche pour la faire taire. Ils disaient des choses affreuses avec des gestes amoureux, des choses que se dit un couple qui s'aime et se déchire. Le lit en désordre avait été le lieu de ses luttes sourdes et entrecoupées sur lequel, de temps à autre, ils s'allongeaient l'un près de l'autre, épuisés, amers, blessés. Il avait bu, beaucoup ; elle avait pris des cachets, des tas. À un moment donné, elle s'était redressée sur un coude, s'était mise à lui caresser doucement les cheveux et avait dit : « Nous avons l'air de deux naufragés. Nous tentons désespérément de nous raccrocher l'un à l'autre. » Il avait à ce moment-là fermé les yeux et s'était imaginé une immense étendue d'eau houleuse, la mer ou l'océan, avec elle et lui perdus au milieu, ballottés, soulevés, secoués, tendant les bras l'un vers l'autre pour se saisir. Il avait alors posé sa main sur la main qui le caressait doucement et avait entrelacé ses doigts aux siens. Mais la vision de leur naufrage sous ses paupières closes ne disparaissait pas. Sûrement qu'ensuite l'un ou l'autre avait ajouté quelque chose, fait un reproche, rappelé une promesse qui les avait fait une fois encore se redresser et reprendre leur lutte ardente et ténébreuse. Elle désirant le meurtrir, lui voulant la faire taire. Dans ce lit défait, saccagé ils avaient fait l'amour une fois, vite et violemment, sans que cela apaise leur détresse.

Plus tard, une lumière sanguine s'était mise à envahir la chambre par la fenêtre entrouverte, à ramper sur le sol jusqu'à toucher le pied du lit. Alors il s'était redressé, avait ramassé ses affaires jetées tout autour de la couche et s'était habillé. Puis il s'était assis sur le bord du matelas, les coudes sur les cuisses et le visage tourné vers la fenêtre.

Cécile aussi s'était soulevée se mettant également de profil pour attendre le jour. Ils étaient silencieux et tremblants, épuisés.

Quand il s'était levé pour partir, le soleil baignait la chambre de sa clarté. Mais pour la première fois, contre toute attente, elle bondit sur lui et, s'accrochant des deux bras à son cou, elle s'écria : « Reste, Roch ! » Il n'y avait rien dans sa voix que ce cri unique, qu'il ne comprit pas, qu'il attribua à l'extrême fatigue nerveuse de la nuit qu'ils venaient de passer à se déchirer.

Mais aujourd'hui dans l'entrebâillement de la porte, il ne se dégagea pas du corps qui pesait contre lui. Au contraire, il se retourna pour le prendre dans ses bras.

Elle s'était endormie sur son épaule, doucement, sa respiration devenant de plus en plus profonde et les battements de ses paupières de plus en plus lourds.

Il lui avait murmuré à plusieurs reprises :

– Endors-toi, Diane…

Mais chaque fois elle effleurait de ses lèvres son cou, déposant de légers baisers frôlés.

Elle dormait à présent, mais les paupières mi-closes et un bras barrant la poitrine de son amant comme si elle craignait que durant son sommeil il ne fuie de nouveau.

Domérégo en revanche veilla. Il fixait le rai de lumière pâle qui s'était glissé sous les épais rideaux de la porte-fenêtre. Et, pour la première fois depuis longtemps, il accueillit le jour sans terreur, sans avoir le cœur serré par l'angoisse.

Il guetta les sentiments nouveaux, ou plutôt retrouvés, qui naissaient en lui dans une confusion douce, presque enivrante et qui étaient autant de promesses, sinon d'une paix, du moins d'une trêve avec lui-même. Depuis la mort de Cécile, une culpabilité dévorante, insurmontable, inflexible avait chassé de son cœur toute émotion agréable, toute sensation de plaisir pour installer un ressentiment amer envers la vie et une haine de soi aride qui l'avait desséché depuis quatre ans comme une végétation continuellement balayée par un vent brûlant. Pourtant, rien n'avait jamais permis de déterminer si la mort de Cécile avait été un suicide ou un accident.

Les pompiers qu'il avait appelés dans le fol espoir qu'ils pourraient encore la réanimer ne parvenaient pas à avoir de certitude. Les collègues du commissariat du 14e arrondissement venus, comme la procédure le veut, faire un rapport préliminaire d'enquête penchaient pour la noyade accidentelle ; l'autopsie sur ce point n'avait pas été formelle. Cette même nuit, alors qu'on emportait Cécile à la morgue, il était allé, anéanti, frapper aux portes des amis, des collègues du lycée où elle enseignait, des anciens petits copains avec lesquels elle avait gardé des contacts pour les interroger, les malmener, les bousculer comme s'il s'était agi d'arrestations :

« Elle t'a dit si elle broyait du noir ? Si elle était dépressive ? Si elle avait des envies suicidaires ? Réfléchis, merde ! », « Vous êtes partis en vacances avec elle cet été, est-ce qu'elle a parlé de mettre fin à ses jours ? Est-ce qu'elle a laissé entendre quelque chose de ce genre ?... Cherche, bordel de merde ! », « Est-ce qu'à toi, Sabine, elle t'a parue plus triste, plus déprimée, plus cafardeuse que d'habitude ? Alors comme ça, t'as rien remarqué de spécial, toi qui étais sa meilleure amie ? Tu te fous de moi !... », « Si ! C'est à toi que je le demande, connard ! Je suis peut-être son mari, mais toi t'as vécu cinq ans avec elle. Par conséquent tu la connaissais bien. Elle t'appelait toutes les semaines, pour te dire quoi, connard ? Qu'elle voulait en finir en se bourrant de cachetons ? Tu vas répondre, dis !... »

Et il devenait menaçant, inquiétant, faisant les cent pas dans les vestibules, gesticulant et vociférant, indifférent à l'heure et aux réponses, insensible à leur stupeur et à leur peine, devenant au fur et à mesure qu'il frappait aux portes, incohérent et fou, insultant le voisinage que son tapage réveillait, cognant dans les portes qui résistaient et les objets qui l'entravaient, se montrant si grossier et si brutal qu'après l'enterrement de Cécile, jamais plus ces personnes ne souhaitèrent le revoir, pas même Sabine.

Il se retrouva seul avec ses questions, ce soir-là comme après, le doute le tenaillant et le travaillant comme une maladie, l'obsédant jour et nuit, sans répit, si bien qu'il avait fini par ne plus voir le monde qu'à travers lui. C'est ainsi qu'un après-midi, dans une rue étroite, il avait tiré sur un adolescent – aveuglé par le doute.

Soudain il serra contre lui, dans un élan de joie presque juvénile, la jeune femme assoupie à ses côtés, et celle-ci dans son sommeil répondit par une pression de la cuisse sur la sienne.

Il ne connaissait presque rien d'elle et cependant, elle avait permis par une étreinte amoureuse que quelque chose en lui se détache, comme un morceau de glace d'un iceberg, et tombe dans l'océan de l'existence. Peut-être que jamais il ne saurait la vérité sur la mort de Cécile, mais à présent, il ne souhaitait plus la chercher. Il murmura : « Adieu, mon amour », alors que le rai de clarté sous les rideaux était devenu une grande flaque de lumière laiteuse. Et il comprit que ce quelque chose qui s'était défait de lui, c'était le désespoir.

Et tournant son visage vers celui de sa compagne, il ferma les yeux et s'endormit enfin.

12

La Muette
Rive droite

En empruntant les boulevards qui longeaient le bois de Boulogne en direction de la porte de la Muette, Kétab passa une nouvelle fois en revue dans sa tête les affaires dont elle s'était occupée depuis les deux ans qu'elle était à la BRAP : non, décidément, elle ne se rappelait pas avoir eu à enquêter sur un cas de disparition côté rive droite.

– À croire, ajouta-t-elle à voix haute en s'arrêtant à un feu, que ces gens ne perdent jamais un des leurs.

Ce qu'elle appelait *ces gens,* c'étaient les Parisiens qui habitaient entre ponts et portes : pont Mirabeau/porte d'Auteuil, pont de Grenelle/porte de Passy, pont de Bir-Hakeim/porte de la Muette, etc.

Avant les ponts, vivait la classe moyenne du 15e arrondissement, après les portes travaillaient les prostituées du bois de Boulogne ; entre les deux prospéraient les privilégiés des rives de la Seine. Au-delà, de l'autre côté des périphériques, s'étendaient à perte de vue comme des champs de betteraves les banlieues des relégués. C'était là-bas qu'elle habitait, à Aubervilliers.

Avec son salaire de capitaine et les primes spéciales de la BRAP, elle aurait pu déménager depuis longtemps, quitter son HLM et s'installer dans un arrondissement de la rive gauche. Elle y avait songé, elle y songeait toujours, mais il y avait chez elle une paresse profonde, une inertie assumée pour tout ce qui concernait les choses de la vie quotidienne.

– De toute façon, je n'aime pas les changements, dit-elle en caressant le tableau de bord de sa vieille guimbarde, se donnant à elle-même un autre exemple de son indolence.

Elle réalisa subitement qu'elle avait descendu trop bas le boulevard Suchet : elle était au niveau de la porte de Passy et il allait falloir remonter en sens inverse. Elle mit son clignotant et tourna à gauche, rue Raffet.

Le quartier qu'elle traversa la laissa ébahie. Les grands immeubles haussmanniens fraîchement ravalés et les belles résidences à terrasses garnies de stores comme dans une station balnéaire s'élevaient en retrait des chaussées ombragées.

Cela ne ressemblait en rien au 13e arrondissement où elle travaillait et encore moins à la commune plébéienne où elle habitait. C'était tout bonnement un autre pays.

– C'est sûr, siffla-t-elle en descendant la vitre de sa portière pour mieux admirer les riches façades qu'un léger rayon de soleil perçant les nuages rendait encore plus cossues, si on me proposait une crèche ici, je ne mettrais pas longtemps à pendre la crémaillère.

Son émerveillement tourna au ravissement lorsqu'elle découvrit le quartier du Ranelagh et de la Chaussée de la Muette, où résidait le professeur Cassan. Elle en serait venue à se frotter les yeux tant il lui apparaissait incroyable que tant de luxe, d'espace, de verdure et de propreté pouvait appartenir à des personnes réelles, vivant dans des immeubles pour de vrai.

– C'est un décor de film, ma parole ! s'exclama-t-elle en se garant à cheval sur le trottoir. On se croirait dans les studios de Boulogne-Billancourt !

Elle garda longtemps le loquet de sa portière de voiture dans la main, tournant la tête à droite, à gauche, en haut, en bas, debout dans le caniveau, nouvelle Alice ayant traversé le miroir, admirant les magnifiques arbres du jardin du Ranelagh, une belle fontaine Wallace au bout d'un petit mail, une colonne Morris recouverte d'affiches de spectacles aux titres sérieux qui n'étaient ni déchirées ni taguées, des grilles d'immeubles munies de herses aux pointes dorées. « C'est peut-être des feuilles d'or », se dit-elle, comme sur le dôme des Invalides…

Elle s'étonna et s'extasia, mais sans ressentir le moindre mouvement d'indignation, de révolte sociale si caractéristique, dit-on, des banlieusards. De toute façon, elle n'avait aucune idéologie politique, aucun esprit de parti. Elle était comme tous les gens modestes que la télévision avait habitués à voir et à admirer la richesse des autres, convaincue que celle-ci était le fruit d'un destin merveilleux, une sorte de don des dieux et non le produit d'un système économique séculaire.

Aucun nom ne figurait sur l'interphone de l'immeuble des Cassan. Il y avait à la place des numéros qui correspondaient aux appartements. Une caméra était nichée derrière une vitre, au-dessus des touches. Kétab sonna au hasard en montrant à l'œil électronique sa carte de police.

– Oui ? cria une voix nasillarde.

– Police judiciaire de Paris, madame. Je souhaite parler à M. ou Mme Cassan.

– Vous avez fait erreur.

Et on raccrocha l'interphone sans plus d'explication.

L'index en l'air, elle réfléchit un moment puis finit par se dire qu'un type comme Cassan devait forcément habiter au dernier étage, plus haut que les autres avec son ego démesuré. Elle appuya sur la touche « A 10 ».

– Qui c'est ? demanda-t-on avec un fort accent.

– Police, madame. Voici ma carte, vous la voyez ? Je viens de la part du professeur.

« Bien joué ! », se félicita Kétab. On lui ouvrit immédiatement la porte du hall, puis celle d'accès aux autres étages. Elle les franchit sous l'œil d'une autre caméra qui la suivit jusqu'à l'ascenseur.

La porte de l'appartement du dernier étage était entrouverte mais retenue par une chaîne de sécurité. Une petite femme aux cheveux grisonnants, vêtue d'une robe noire avec, par-dessus, un petit tablier de coton noir lui aussi, se tenait dans l'entrebâillement, apeurée.

– Vous venez de la part du professeur, c'est ça ? Vous êtes la police ?

Kétab se rappela aussitôt la frayeur des deux infirmières travaillant au service du chirurgien. Celle de cette femme était similaire. Par conséquent, il fallait la rassurer tout de suite :

– Oui madame, je suis Malika Kétab, officier de police. M. Cassan est au courant de ma visite. Est-ce que je peux entrer une minute et vous parler ?

Cependant l'employée de maison n'était toujours pas tranquillisée. Elle frotta l'un contre l'autre le bout de ses escarpins vernis :

– Vous jurez, monsieur le professeur a dit vous pouvez entrer chez lui ?

– Si vous voulez vous en assurer, vous pouvez lui téléphoner et vous verrez que…

– Oh non !… Non ! Lui veut pas qu'on dérange à l'hôpital…

Sa petite main rouge et gercée battit frénétiquement l'air pour rejeter cette proposition. Puis elle fit signe à Kétab d'approcher plus près :

– C'est à cause de… la mort de Mlle Jenken ? chuchota-t-elle, bouleversée.

– En effet, c'est moi qui suis chargée de l'enquête.

L'employée de maison fit un signe de croix selon le rite orthodoxe, marmonna une rapide prière dans une langue que Kétab ne reconnut pas, puis s'effaça derrière la porte.

À peine entrée, Kétab fut saisie à la gorge par un parfum puissant et violent qui la suffoqua.

– C'est fleurs envoyées par gens pour enterrement, dit l'employée en désignant les nombreux bouquets et couronnes mortuaires qu'on avait entassés dans le grand vestibule.

C'était un véritable mausolée végétal qui libérait un arôme entêtant de pétales défraîchis, d'eau croupissante et de tiges en décomposition.

Devant le regard stupéfait de Kétab, l'employée ajouta :

– Ce sont les fleurs de la mort. On n'a pas dit à moi ce que je devais faire d'eux. Alors je les ai pas touchées.

– Ça n'incommode pas le professeur ?

– Depuis enterrement lui est pas revenu ici. Lui envoie quelqu'un toujours pour prendre affaires.

– Où est-ce qu'il dort, alors ?

L'employée prit un air outré : on la prenait pour qui ? Pour une de ces employées de maison qui épient leur patron et se mêlent de leur vie privée ? Malika obtint un pincement de lèvres pour toute réponse.

– Je ne vous ai pas demandé votre nom, madame… ?

– Ianina Sokirka. Je suis née à Lviv en Ukraine, récita l'autre d'une voix mal assurée.

– Depuis combien de temps êtes-vous au service des Cassan ?

– Depuis qu'eux s'installer ici, juste après mariage. Avant je travaillais pour Madame Aïda Jenken. Grande dame, Madame Aïda, vous savez ! À Auteuil, tout le monde respecte elle malgré ce qui est arrivé à elle.

– Et qu'est-ce qui lui est arrivé ?

De nouveau Mme Sokirka pinça les lèvres et offrit son profil : elle en avait déjà trop dit.

– On dirait que vous regrettez votre ancienne place, pourquoi vous avez accepté de venir ici alors ?

– Parce Madame Aïda a demandé à moi. Elle voulait que moi continue à m'occuper de la petite.

– C'est de Daphné Jenken dont vous parlez ?

Elle fit oui de la tête, tout à coup submergée par une violente émotion, puis enfouit son visage dans son tablier pour étouffer des sanglots.

Kétab décida aussitôt de profiter de la situation, se disant qu'il valait mieux prendre cette femme simple et fidèle à ses maîtres par les sentiments plutôt que par la contrainte. Elle passa un bras autour de ses épaules, et l'attira à elle :

– Allons, madame Sokirka, allons, vous avez beaucoup de peine, c'est normal, laissez-vous aller, ça soulage…

Alors la veille servante que l'on consolait enfin leva vers le ciel un visage tragique, où éclatèrent enfin sa douleur et sa colère :

– C'était un ange ! Qui a fait chose pareille ? Un monstre, n'est-ce pas ?… C'est pas être humain celui qui a tué Daphné.

De grosses larmes coulèrent sur ses joues et se rejoignirent sous son menton tremblant. Elle chercha un mouchoir dans son tablier et poursuivit :

– Quand son papa a amené elle la première fois à la villa d'Auteuil, on aurait dit un tout petit oiseau tombé du nid.

Elle se moucha et, malgré l'effort, son visage raviné resta livide :

– Vous ne voulez pas vous asseoir ? invita Kétab. Tenez, là, vous serez bien.

Elle entraîna l'employée vers un des sièges du vaste séjour envahi lui aussi par des couronnes et des fleurs aux parfums violents. Elle regretta son choix, mais il était trop tard, il allait falloir faire avec ce mal de tête qu'elle sentait venir et un début de nausée. Elle s'assit à côté de la gouvernante et lui prit la main. Ce geste suffit pour que celle-ci s'épanche :

– Un jour, Monsieur Jenken est venu à la villa avec une petite fille. Il a dit à Madame Aïda comme ça : « Je te présente Daphné, c'est ma fille. » Après, dans la nuit, il est parti. Avec qui ? Personne sait. Avec maîtresse, c'est sûr. Lui plus jamais donné nouvelles. C'est ça qui est arrivé à Madame Aïda, elle a été une femme trompée, abandonnée. Et son mari a laissé un enfant de lui à elle… Eh bien, Mademoiselle Diane et Madame Aïda, elles ont tout de suite aimé cette enfant, et moi aussi.

– Et la véritable mère n'est jamais venue réclamer l'enfant ?

Mme Sokirka secoua la tête et fit cette réflexion après un soupir :

– Même les animaux n'abandonnent pas leurs petits. Mais c'était pas sa maman qui a manqué à Daphné. C'était son papa, Maurice Jenken.

Puis après un long silence :

– Vous savez, cette petite était pas heureuse avec son mari. Avant, à la villa, elle toujours gaie, elle riait et toujours chantait. Un vrai… (elle chercha le mot en français, le dit en ukrainien et finit pas mimer un oiseau. « Un pinson », pensa Kétab.) Mais après son mariage, elle devenue différente. Elle riait plus, elle chantait plus. Elle essayait de cacher, mais je voyais qu'elle triste. Elle aimait pas le professeur.

Elle répéta ses derniers mots en contemplant d'une façon profonde et pénétrante les fleurs qui pourrissaient dans la pièce comme si elle établissait une correspondance entre elles et ses propos.

– Ils allaient pas ensemble, poursuivit-elle. Il était plus âgé, il était… il est froid comme Sibérie, il rit pas, il chante pas et il est solitaire. Je pense qu'en épousant lui, Daphné a voulu redonner chef de famille à Madame Aïda et Mademoiselle Diane. Elle pensait que sa faute à elle si Monsieur Jenken est parti. Non, elle aimait pas le professeur, j'en suis sûre parce que j'ai vu moi comment elle a été quand elle a aimé.

Malika tressaillit : elle a aimé ! À cette pensée, elle eut de nouveau un frisson de froid, un de ces frôlements pénibles qui crispent le cœur, comme à l'approche d'un vague chagrin.

– Qui était cet homme ? J'ai besoin de savoir… je veux dire, pour l'enquête.

– Je sais pas. J'ai vu lui qu'une fois.

L'employée retira sa main de celle du capitaine de police. Elle regrettait déjà d'en avoir trop dit.

– Écoutez, madame Sokirka, je comprends que vous voulez vous montrer respectueuse de la mémoire de Mademoiselle Jenken. Mais elle a été assassinée et son meurtrier est toujours dehors, en liberté. Vous voulez qu'il le reste ? Ou vous voulez qu'il paie pour ce qu'il a fait ?

La pauvre femme éclata une nouvelle fois en sanglots. Elle plongea son visage dans son tablier et secoua la tête.

– Alors aidez-moi à retrouver son assassin et pour ça vous devez tout me dire sur son amant. Qui est-ce ? Où est-ce que je pourrais le trouver ? Il est possible qu'il soit impliqué dans le meurtre.

À ces mots, la malheureuse leva un visage horrifié :

– Vous croire ! s'écria-t-elle, vous croire que c'est diable que j'ai vu ?

– Pour le moment, je n'en sais rien. Vous venez de m'apprendre son existence. Mais pour le savoir, vous devez tout me dire, ne rien me cacher.

– Je sais pas qui cet homme était. J'ai surpris eux un matin. Ils dormaient comme jeunes mariés. Vous comprendre ? Dans les bras et nus. Eux si beaux ! J'ai frappé avant d'entrer mais Daphné avait oublié de fermer la porte de sa chambre à clé. Alors j'ai dit à moi : « Voilà pourquoi elle a changé. »

– Et vous pensez que Cassan a découvert lui aussi que sa femme avait un amant ?

– Je crois oui. Parce que lui moins nerveux quand elle sortait.

– Comment ça ? s'exclama Kétab étonnée.

La gouvernante hésita un long moment avant de répondre :

– Vous pas mentir à moi. Le professeur dit à vous oui pour poser à moi ces questions ?

– Soyez sans crainte.

– Parce que lui, il fait peur à moi ! ajouta la pauvre femme à voix basse comme si elle avait craint d'être entendue.

– Sa femme prend un amant et le professeur se montre moins nerveux, c'est bien ce que vous avez dit ? s'assura Kétab toujours au comble de la surprise.

– Oui, répondit Mme Sokirka. Un an après mariage, Daphné est devenue triste, *melancholica*...

– Mélancolique.

– Oui. Alors elle sortir beaucoup seule la nuit. Des fois, elle disparaître pendant une semaine. Puis elle revenir à la maison, mais toujours triste.

– Et que faisait le professeur dans ces cas-là ?

– Rien. Lui attendre devant la porte de sa chambre sans parler à personne.

– Il se montrait violent avec elle ?

– Oh non ! dit la gouvernante. Lui, jamais ! Il l'aimait trop. Beaucoup, comme un chien.

– Est-ce que vous savez qui elle voyait durant ses absences ?

Mme Sokirka secoua sa petite tête grise.

– Pensez-vous que le professeur l'a déjà fait suivre ?

– Surtout pas ! Oh non ! Si Daphné avait appris, elle le quitter. Et ça, le professeur pas supporter.

– Vous voulez dire qu'il aurait préféré être trompé que quitté ?… Ben mince alors !

Puis :

– Décrivez-moi l'homme que vous avez surpris dans la chambre de Daphné Jenken.

– Moi pas vu beaucoup. Les volets fermés et moi vite refermer parce que gênée.

– Mais y a pas quelque chose qui vous aurait frappée, un détail que vous auriez relevé, insista Kétab à la fois déçue et agacée de voir filer une piste.

– Non… Attendez, oui ! s'écria son interlocutrice en portant la main à son front. J'ai vu cicatrices.

– Des cicatrices ?

– Partout. Sur tout le corps. (Elle se reprit :) Non, pas sur le visage.

– Vous êtes sûre de vous ?

– Oui, cicatrices, des petites et des grandes. Mais quelque chose étrange, ajouta-t-elle surprise par son propre souvenir, elles étaient encore roses. C'étaient cicatrices neuves.

– Des blessures, peut-être ? hasarda Kétab.

– Non, plutôt comme personne qui a eu opération. Moi j'ai été opérée au ventre, cicatrices pareilles.

Kétab se leva et marcha de long en large. Elle essayait de mettre un peu d'ordre dans ses pensées : si notre inconnu s'est fait charcuter, il est alors possible de le retrouver grâce à son dossier médical. Mais pour ça, il nous faudrait un nom. Soit le sien, soit celui de son chirurgien. Autant chercher une aiguille dans une botte de foin. À moins que… À moins que Cassan ne soit ce chirurgien. Mais ça voudrait dire qu'il tolérerait que son propre patient soit, sous son toit, l'amant de sa femme. Non, ça n'a pas de sens. Cassan n'irait pas jusque-là. Alors ?…

Elle s'immobilisa car son va-et-vient ne faisait qu'augmenter le mal de tête et le mal de cœur que lui causait l'exhalaison des fleurs mortuaires.

– Est-ce que vous pensez que le professeur aurait pu lui aussi les surprendre ici ?

– Daphné a été très prudente. Moi vivre ici et n'ai vu eux qu'une fois.

– Vous pensez qu'ils se donnaient rendez-vous à l'hôtel ?

La gouvernante tressaillit :

– C'est dans hôtel qu'on a retrouvé Daphné morte ?

Ce n'était pas une question, mais un gémissement. Elle murmura : « Je sais pas », avant d'essuyer sur ses joues de nouvelles larmes.

– Je sais pas, reprit-elle. J'ai vu des choses un peu avant Daphné mourir. Elle recommencer à sortir seule la nuit. Mais mettait sur elle habits étranges. Des vêtements pas à elle, et beaucoup maquillage et perruques. Beaucoup alcool aussi. Elle était redevenue malheureuse.

La gouvernante se leva, elle n'avait plus de larmes et plus de mots. Elle quitta la pièce, le dos courbé sous le poids de son chagrin.

13

La vérité sur Daphné

Normalement, Kétab aurait dû suivre Mme Sokirka. Partir à la recherche de la chambre de la victime était illégal. Elle n'avait pas de commission rogatoire, elle n'avait pas l'aval de son supérieur et elle n'avait pas demandé l'autorisation de la personne présente au domicile. Par conséquent elle commettait là une faute professionnelle et toute fouille devenait douteuse sur le plan procédural. Pour la première fois de sa vie ce jour-là, elle allait manquer à son devoir.

Tandis qu'elle errait dans le dédale des couloirs de l'appartement, toujours étourdie et nauséeuse, elle songeait à Domérégo : « Comme c'est facile de faire un faux pas ! On pense avoir toujours le choix, mais c'est pas vrai. C'est une question de circonstances. La prochaine fois que je verrai Roch, c'est moi qui l'inviterai pour un café. »

Soudain, au bout d'un long couloir, elle aperçut une porte au pied de laquelle brûlait une petite lampe à huile de verre rouge, semblable à celles que déposent les orthodoxes sur les tombes de leurs proches. « C'est sa chambre, la veilleuse a sûrement été placée là par la gouvernante. »

Elle ralentit le pas, son cœur cognait dans sa poitrine : elle était émue.

Elle posa une main tremblante sur la poignée de la porte ; elle hésitait à l'ouvrir. Que craignait-elle de trouver derrière ? Sur qui allait-elle s'ouvrir ? Sur la victime de l'hôtel Darwin ? Sur Daphné ? Sur Ophélie ?

L'impression était étrange, elle sentait une présence, *sa* présence, de l'autre côté, tout contre le battant. C'était impossible ! Elle l'avait vue gisante, inerte, froide, l'empreinte de la mort autour du cou. La vie, toute vie l'avait quittée. Seul son regard du fond de l'abîme paraissait chercher le sien.

Kétab passa la main sur son visage. « Ce sont ces saletés de fleurs, elles me font tourner la tête. »

Mais à peine l'avait-elle reposée sur la poignée que la singulière sensation de quelqu'un se tenant dans la chambre brouilla son esprit. Elle se demanda alors si ce qu'elle éprouvait n'était pas de la peur. La peur de découvrir la vérité. Non pas l'habituelle vérité de l'enquête, à savoir les circonstances qui ont conduit à la mort de la victime, mais la vérité sur Daphné. Celle qu'elle avait dérobée à tous. Car, au fond, personne, pas même sa sœur, n'avait pu dire qui elle était vraiment. Chaque témoin a livré d'elle un portrait subjectif, une représentation fantasmée. Du coup, aucun n'a pu expliquer ce qu'elle faisait à l'hôtel Darwin.

« Je ne suis pas sûre de vouloir savoir », murmura Malika, s'avouant ainsi qu'elle-même avait fait de Daphné Jenken une projection fantasmagorique de ses désirs secrets. De sorte que si elle poussait cette porte, elle ne prenait pas seulement le risque de découvrir la vérité sur Daphné, mais aussi celui de voir s'évanouir l'illusion heureuse.

Sa main se referma sur la poignée qu'elle tourna. À l'intérieur, il faisait sombre, presque nuit. Les volets étaient baissés, les rideaux tirés. Elle chercha à tâtons un interrupteur qu'elle ne trouva pas. Elle laissa ses yeux s'habituer à l'obscurité, et ce furent ses autres sens qui prirent d'abord connaissance des lieux.

Elle remarqua la fraîche senteur d'une végétation humide. Ensuite, le bruissement d'une herbe agitée par un souffle d'air qu'elle perçut comme si elle se trouvait près d'un étang ; enfin, la sensation de fines gouttelettes d'eau se déposant sur son visage. Ce bien-être qui l'envahit brusquement chassa l'oppression qu'elle ressentait un instant auparavant.

Tout à coup, elle entendit qu'on se déplaçait dans la pièce.

– Il y a quelqu'un ? demanda-t-elle d'une voix altérée.

On ne répondit pas. Elle fit quelques pas en avant.

– Répondez ! Je suis de la police.

Cette fois, elle distingua nettement un bruit sourd, quelque chose qui ressemblait à la chute d'un corps.

Son sang se glaça dans ses veines. Une pensée folle traversa son esprit :

– C'est vous ?... C'est vous, Daphné ?

Silence. Rien ne bougea, personne ne répondit.

Alors elle se mit fébrilement en quête de son briquet, trouva une pochette d'allumettes, en gratta une qui ne s'enflamma pas, une autre qui s'éteignit aussitôt, une troisième qui se cassa sur le grattoir. Éperdue, saisie par une terreur folle, elle se précipita les bras en avant, au hasard de l'obscurité à la recherche d'un interrupteur ou d'une lampe. Ses yeux, qui s'étaient faits à la nuit de la pièce, discernèrent la forme des objets. Elle entrevit devant le grand rectangle d'une fenêtre les contours d'un abat-jour.

Dès que la lumière jaillit, elle se retourna d'un bloc comme si on menaçait de se jeter sur elle. Il n'y avait personne. Elle rougit d'elle-même, à la fois honteuse de s'être laissée mystifiée par son imagination et d'avoir manqué de sang-froid. Elle passa une main sur son front : « Il faut que tu te reprennes, ça ne peut pas durer comme ça, se dit-elle. Tu es officier de police, bordel ! Et tu te comportes comme une midinette ! »

À l'injonction de ses propres paroles, elle se redressa, prête à redevenir ce capitaine de brigade rigoureuse, concentrée, imperméable à l'émotion, cette enquêtrice impeccable qu'elle s'était toujours obligée à être. Quand, tout à coup à ses pieds, se fit entendre le même bruit étouffé. Elle s'accroupit, la main sur l'étui de son arme, et regarda sous le meuble contre lequel elle était appuyée. Elle aperçut alors deux fentes phosphorescentes : c'étaient les yeux brillants d'un chat.

– Tiens, tiens, s'exclama-t-elle en avançant la main, voici donc le fantôme qui hante la chambre.

Et elle tira un persan blanc magnifique, aux poils longs, soyeux et luisants. Il avait sorti ses griffes et frémissait mais se laissa prendre.

– Voilà que c'est toi qui as peur maintenant. Tu m'as foutu une sacrée trouille, tu sais ! Je devrais t'écorcher vif mais je t'épargne parce que tu es beau… (Elle plongea son visage dans sa fourrure :) … et si doux !

L'animal, qui avait rentré ses griffes, leva le museau, un museau humide et rose, et la regarda de façon expressive.

– C'est que tu as l'air de me comprendre avec ça ! dit-elle en le reposant à terre.

Le persan rebondit dans ses bras avant même qu'elle ait eu le temps de se redresser.

– Tu es une drôle de bête, toi ! Tu commences par me faire peur, puis tu me sors les griffes, et maintenant tu ne veux plus me quitter. Eh bien soit, reste avec moi, j'aurai au moins un témoin pour ma fouille illégale. Mais d'abord trouvons plus de lumière.

Il n'y avait pas de plafonnier dans la pièce, uniquement des lampes aux abat-jour en pâte de verre, dans le style Lalique. Leur lumière diffractée éclaira une chambre qui laissa Kétab ébahie : elle était entièrement tendue d'étoffes blanches et légères qui touchaient un sol en trompe l'œil créant l'illusion d'un lac avec sa berge. Au plafond, de grandes gazes fines et écrues se balançaient lentement comme des voiles gonflées par la brise. Le lit était placé sur une petite estrade telle une barque amarrée. Mais l'objet qui la surprit le plus était une grande vasque de jade, d'un vert sombre, profond, se dressant au milieu de la pièce, et dans laquelle s'étalaient de larges nénuphars avec leur fleur solitaire à la surface d'une eau qui les berçait doucement. La sensation de fraîcheur et d'humidité qu'elle ressentait depuis qu'elle avait pénétré dans la pièce venait de ce petit bassin.

Sur l'onde calme et noire où dorment les étoiles
La blanche Ophélie flotte, couchée en ses longs voiles
Les nénuphars froissés soupirent autour d'elle

Dans ses bras, le persan blanc remuait de temps à autre la queue, et suivait de ses grands yeux luisants les regards émerveillés que la visiteuse posait sur les choses. Il paraissait s'en amuser.

Après un moment, elle posa l'animal sur un sofa et se dirigea vers la pièce attenante à la chambre : c'était un magnifique dressing tout en miroirs qui vous démultipliait à l'infini. Elle visita les tiroirs, remua de la lingerie fine, des pull-overs en cachemire, des collants filés comme de la soie. Elle retourna dans les penderies des robes et des tailleurs haute couture, des manteaux et des pèlerines de grandes marques, elle ouvrit des boîtes de chaussures faites à la main… Étrangement, une des armoires était vide, seuls des cintres pendaient nus et une perruque, sur laquelle était accrochée un faux cil, gisait en boule, oubliée.

– On dirait que quelqu'un a pris soin de faire disparaître certaines tenues qui ne devaient pas venir de chez les grands couturiers. Disons de celles qu'on met pour arpenter le trottoir la nuit, grogna-t-elle à voix haute.

Elle s'agaçait car c'étaient probablement des indices, qui sait, peut-être même des pièces à conviction, qu'on avait escamotées. À dessein, sûrement. La victime appartenait à un milieu où la réputation d'un individu même assassiné compte plus que la recherche de son meurtrier. Elle pesta, tapa du pied, jura, mais ne trouva rien de plus.

Elle s'assit devant une coiffeuse Art déco dont le miroir était enchâssé dans deux hampes d'asphodèles en fer forgé. Sur la petite table étaient posés, en désordre, une brosse à cheveux, un tube de rouge à lèvres, un poudrier, un flacon de parfum, des épingles et des rubans... et Malika fut troublée, émue de se trouver en présence de l'intimité de leur propriétaire.

Elle sursauta. Le chat persan avait sauté sur la coiffeuse et se promenait avec langueur entre ces reliques, il se mira un bref instant dans la glace, puis bondit à terre avec un long miaulement.

– Tu as raison, s'exclama-t-elle, il faut continuer la visite.

Et elle poussa une porte au fond du dressing. C'était la salle de bains. Il n'y avait aucun meuble, juste du linge soigneusement plié et des bocaux de sels de bain étiquetés à la main : iris florentin, iris des marais, iris bleu, iris d'Espagne, iris violet... Et puis, posé au pied de la baignoire, gisait encore son peignoir. Il avait gardé les plis de sa chute, lorsque Daphné Jenken avait dû le laisser glisser de ses épaules avant d'entrer dans l'eau...

Kétab referma précipitamment la porte derrière elle et retourna presque en courant dans la chambre, de nouveau bouleversée par la vision de ce vêtement intime. Elle aperçut alors le chat assis sur le lit, la tête dressée comme s'il l'attendait.

– Inutile de me regarder comme ça, lui lança-t-elle agacée, un flic doit tout inspecter. Il ne doit rien négliger. Ça n'a rien à voir avec de la curiosité malsaine, contrairement à ce que tu as l'air de penser, c'est juste qu'on doit… Oh ! et après tout, j'ai pas à me justifier auprès de toi, tu n'es qu'une sale bête sans intérêt.

Elle frappa dans ses mains dans l'intention de le faire fuir, mais l'animal ne bougea pas. Il continuait de la fixer de son regard intense.

Au loin une porte claqua, puis des voix confuses se firent entendre, enfin des pas sonores. Elle jeta un rapide coup d'œil à la pièce afin de vérifier qu'elle n'avait rien déplacé et se précipita vers la porte. Mais le chat bondit et, se plaçant sous la vasque de jade, se mit à lancer des miaulements perçants.

– Chut ! Je suis censée m'être perdue ! Tu vas nous faire remarquer ! Chut !… Tais-toi !

Cette fois l'animal se mit à tourner autour du pied du bassin tout en poursuivant ses râles aigus. Elle se rua sur lui mais en se penchant pour le saisir, elle aperçut, au fond de l'eau, entre des feuilles de nénuphars, une pochette retenue par une pierre. Elle plongea précipitamment le bras dans la vasque, s'en empara et déchira d'un coup sec le plastique. Elle y découvrit une enveloppe dans laquelle elle trouva une série de clichés où l'on voyait la victime photographiée de nuit, au téléobjectif : dans des bars, sur un trottoir, dans une chambre d'hôtel… « La 13 de l'hôtel Darwin ! » et… et sur les dernières… Kétab suffoqua…, on distinguait nettement à travers la fenêtre de la chambre Daphné Jenken en train de poignarder un homme.

Kétab tituba. Quelque chose glissa du paquet jusqu'à ses pieds : elle ramassa un bristol sur lequel était écrit :

« Payez 10 000 euros contre les négatifs. Je vous contacte dans quarante-huit heures. Pascal Perrier. » Dans le mouvement qu'elle esquissa pour se redresser, elle croisa le regard du persan blanc, redevenu subitement impassible.

Les pas se rapprochaient. Elle eut à peine le temps de glisser l'enveloppe et son contenu dans la poche de sa veste que la porte s'ouvrit brusquement. C'était le professeur Cassan.

– Qui vous a autorisée à pénétrer chez moi ? hurla-t-il avec une rage qui le secoua des pieds à la tête.

– Je cherchais la cuisine, et je me suis perdue. En passant devant la porte, j'ai entendu qu'on appelait. En réalité, c'était ce chat qui miaulait. Voilà tout.

– Vous vous moquez du monde ? Pourquoi avez-vous le bras mouillé ?

En effet, la manche qu'elle avait plongée dans la vasque était trempée.

– Oh, ça ! poursuivit Kétab avec assurance, c'est qu'en me penchant pour le caresser, j'ai perdu l'équilibre et je me suis retenue à cette fontaine. Mal, comme vous pouvez le constater. Un beau gâchis. C'est du vrai cuir, acheté au marché de Pantin…

Cassan était hors de lui. Il était comme agrippé à la poignée et on aurait dit que dans sa fureur il allait faire sortir la porte de ses gonds.

– Sortez ! Vous entendez ? Sortez immédiatement de chez moi ! Je vous garantis que bientôt, vous ne vous abriterez plus derrière votre carte d'officier de police pour venir fouiner chez les gens derrière leur dos. Foutez-moi le camp !

C'était donc ça, l'autre visage de cet homme si froid, si calme, si maître de soi. Elle hocha la tête et quitta la pièce sans un mot.

Dans le couloir, elle croisa la gouvernante, tremblante et livide, la tête baissée sur son tablier. Elle aurait voulu s'excuser et la remercier, mais elle sentit que la pauvre femme était tétanisée par la peur, et qu'elle préférait qu'elle passe son chemin.

À peine l'avait-elle dépassée que celle-ci se précipita dans la chambre en criant, transportée de joie :

– Ah ! te voilà Ophélia, petite chatte, petit cœur. J'ai cherché toi partout ! J'ai cru que toi partie parce que toi plus revoir ta maîtresse. Viens dans mes bras, Ophélia, viens…

À ce nom, Malika chancela. Elle porta vivement la main à son estomac comme si on venait de lui donner un violent coup de poing.

14

Le monde de Perrier

Après trois tentatives infructueuses dans des hôpitaux psychiatriques, Roch avait compris qu'il « ne passait pas » comme on dit. Ses questions singulières et son insistance trop appuyée braquaient rapidement les infirmières de l'accueil qui prenaient un air soupçonneux.

– Vous êtes de la famille ?

– Non, mais…

– Son tuteur légal ?

– Non, cependant…

– Vous avez une procuration du patient ou d'un proche ?

– C'est-à-dire que…

– Une décision de justice exécutoire vous autorisant à nous faire une telle demande ?

– À vrai dire, je souhaitais seulement…

– Alors non, monsieur, c'est impossible. Nous ne sommes pas autorisés à vous communiquer ce genre d'informations. L'identité et l'admission des patients sont strictement confidentielles.

– Toutefois, vous pouvez au moins me dire si…

– Au revoir, monsieur.

Et elles le congédiaient toutes de la même façon, en reprenant leurs occupations comme s'il n'était déjà plus là. Diane, qui l'attendait à l'extérieur, finit par lui dire :

– Ça ne marche pas, Roch. C'est normal, tu les interroges comme un journaliste ! Elles ne vont pas violer le secret médical juste pour le plaisir de voir figurer leur nom dans ton article… Il faut trouver autre chose.

Alors ils se mirent à réfléchir et, après un court instant, la jeune femme proposa :

– Le mieux, ça serait que ce soit moi qui y aille. Toi, tu m'accompagnes, mais tu te tais.

– Et comment comptez-vous vous y prendre, capitaine Hastings ? demanda Roch un brin moqueur.

– Tu verras bien, Hercule Poirot. Quel est le prochain hôpital sur la liste ?

– Sainte-Anne.

– Alors en route.

Il est difficile d'imaginer que le célèbre hôpital psychiatrique de Sainte-Anne était autrefois une ferme pour aliénés, où, aux XVIIe et XVIIIe siècles, on occupait à des travaux agricoles les malades mentaux et les pestiférés de l'hospice de Bicêtre, tout proche. Pourtant, même si cela prête aujourd'hui à sourire, les activités en dehors des murs constituaient pour l'époque une extraordinaire révolution thérapeutique dans le traitement de la folie et un réel effort pour faire tomber les préjugés… Bien sûr, au début, les Parisiens « sains d'esprit », nobles et tiers état confondus, venaient observer les « fous de la ferme » cultiver les choux et donner du grain aux poules comme on allait au spectacle. Puis on admira leur travail et leur discipline ; par la suite, enfin, on acheta leurs produits. Et l'on finit par les appeler les « fermiers de Sainte-Anne ».

En 1863, Napoléon III décida de doter Paris d'un grand asile psychiatrique sur l'emplacement de la ferme. Il confia le soin de son édification à celui qui était alors préfet de la Seine, le baron Haussmann. Ce dernier s'acquitta de sa mission à merveille, si bien que la physionomie et le fonctionnement de l'hôpital n'ont pas changé depuis le 1er janvier 1867, jour de son inauguration.

Situé aux confins du 14e arrondissement, rue Cabanis précisément, c'est un ensemble magnifique de corps de bâtiments entourés de parcs et de jardins, eux-mêmes agrémentés de statues et de fontaines superbes.

Domérégo se gara sur le parking des visiteurs, mais lorsqu'il ouvrit la portière pour descendre, Diane le retint par le bras :

– Attendons encore un peu.

– Comment ça, attendre ? Il est déjà presque midi !

– Justement : il n'est pas *encore* midi.

Puis elle abaissa le pare-soleil et s'examina dans le miroir de courtoisie. Elle fit une moue de mécontentement :

– Ça ne va pas, dit-elle, il faudrait être plus crédible.

Alors elle défit ses cheveux et les ébouriffa, essuya le rouge de ses lèvres et le fard de ses paupières, retira une partie de ses bijoux et se mit des gouttes de collyre dans les yeux qu'elle frotta énergiquement : ils devinrent rouges comme si elle avait longuement pleuré.

Elle regarda sa montre.

– Midi moins dix, c'est parfait. Allons-y !

Domérégo la suivit, à la fois étonné et admiratif de l'apparence qu'elle s'était donnée. Devant le comptoir de l'accueil il lui prit le bras et chuchota :

– Je soutiens l'épouse éplorée, c'est bien ça ?

Elle répondit par un clin d'œil complice.

– Et tu attendais l'heure de midi, parce que c'est le moment du roulement du personnel pour le déjeuner. Ainsi on ne nous posera pas trop de questions, c'est toujours ça ?

Cette fois, son clin d'œil était triomphant.

– Alors là, je te tire mon chapeau, capitaine Hastings ! Tu ne cesses de me surprendre.

Il avait dit « surprendre », mais Diane lut quelque chose de plus profond dans les yeux de son amant. Cela la remua tant qu'elle ne répondit pas immédiatement à la voix brusque qui lui demandait :

– Vous désirez, madame ?

– Je suis Mme Perrier. Mon mari, Pascal Perrier, s'est fait volontairement admettre dans vos services. Je souhaiterais le voir.

– Quand s'est faite l'admission ?

– Quand ?...

Elle n'avait pas prévu cette question.

– Oui, j'ai besoin de connaître la date exacte pour consulter le fichier.

La secrétaire, la souris à la main, s'impatientait déjà.

– En réalité, je l'ignore... Je... Mon mari et moi sommes séparés... Pour être exacte, nous sommes en instance de divorce parce que, vous comprenez, la vie commune est devenue extrêmement éprouvante avec un malade mental. Surtout que mon époux ne prend pas régulièrement ses médicaments et je ne peux pas être toujours derrière lui...

L'infirmière jeta un coup d'œil à l'horloge de son ordinateur et se mordit la lèvre d'agacement :

– Très bien, montrez-moi une pièce d'identité, coupa-t-elle pensant accélérer les choses.

– Une pièce d'identité... ? bredouilla Diane. C'est que j'ai laissé mon sac à main dans la voiture... Si vous avez une minute, je vais le chercher.

– Non, justement, je n'ai même pas une seconde à vous consacrer. Normalement, je devrais être en pause déjeuner depuis dix minutes déjà !

Puis l'infirmière jaugea Roch :

– Et lui qui est-ce ?

– Mon frère.

– Et il a des papiers d'identité sur lui ce frère ?

Domérégo tendit sans attendre son permis de conduire.

La secrétaire posa le document devant elle et demanda :

– Votre prénom ?

– Diane.

Elle tapa sur le clavier de son ordinateur quelque chose qu'elle lut à voix haute :

– Diane Domérégo, épouse Perrier. Demande pour une visite de Pascal Perrier son mari, admis volontaire.

Ses doigts coururent de nouveau sur les touches. Elle cliqua et annonça :

– En effet, il est ici. Symptômes déclarés : troubles de la personnalité. Vous le trouverez à l'unité P1, section Indigo. Voici un plan de l'hôpital. À présent, je dois vous laisser. Si vous voulez d'autres renseignements, il faut faudra attendre ma collègue qui arrive dans… (elle consulta sa montre) un quart d'heure.

Mais Diane et Roch n'attendirent pas. Munis de leur plan, ils trouvèrent aisément la section Indigo, où étaient réunis les internés consentants.

Face à l'infirmier du comptoir d'accueil, Diane reprit son rôle :

– Bonjour, je souhaiterais voir mon mari, Pascal Perrier, soigné dans votre unité.

L'aide-soignant donna un coup de dents dans son sandwich, puis fit pivoter son siège. Il consulta derrière lui un tableau blanc sur lequel étaient tracés au feutre noir d'innombrables signes dans des cases. On aurait dit une armée d'insectes grimpant un mur blanc.

– Il prend l'air, vot' bonhomme, dit-il avec un gargouillis de bouche dans laquelle on apercevait des morceaux de jambon, du pain et du beurre mêlés. Le jardin est tout au bout du couloir à droite.

Il s'agissait en réalité d'une grande étendue boisée et clôturée, parsemée de statues et de fontaines. Malgré l'hiver, le parc était magnifique. Des infirmiers erraient, en blouses blanches ou vertes, entre des groupes de patients assis sur des bancs. D'autres promenaient en silence des malades agités.

Roch et Diane aperçurent un homme assis tout seul sur l'herbe, au pied d'une statue, les jambes repliées sur sa poitrine et les bras collés contre son torse. Il était occupé à écrire fébrilement sur un calepin de cuir noir à tranche dorée dont il tournait avec brusquerie les pages comme si le temps de cette écriture lui était compté. Le plus curieux, c'était que, bien que vêtu de l'ensemble bleu des internés psychiatriques, il avait la tête coiffée d'un chapeau mou. Sûrement que le corps médical le lui avait laissé parce qu'il devait y tenir de manière compulsive.

– C'est lui ! s'écria Domérégo.

– Comment tu peux en être sûr ?

– Le calepin, le chapeau mou, il ne manque plus que la Craven A au coin des lèvres et tu as un privé façon Humphrey Bogart. On dirait qu'il sort tout droit d'un vieux polar américain. Allons-y tout doux avec lui. Cette fois, tu me laisses faire. Attends-moi ici.

Roch s'approcha de lui en mimant le ballet des aides-soignants pour ne pas l'effaroucher. Perrier ne prit conscience de sa présence que lorsqu'il s'accroupit doucement devant lui. Il leva un bref instant la tête, fronça le sourcil, puis se remit à griffonner fébrilement.

– Ce n'est pas encore l'heure, docteur, dit-il. J'ai mon rapport à finir. Ma cliente l'attend pour ce soir.

Domérégo lança un sourire de triomphe à Diane, car il avait lu sur l'étiquette de la tunique du patient : « Pascal Perrier ».

– Je ne suis pas médecin, Perrier, je fais de l'investigation, comme toi.

Le patient releva la tête et demanda, hargneux :

– Tu bosses pour le mari ? C'est inutile, ma cliente est nickel, t'auras pas ton adultère. Par contre, elle va le faire cracher un max devant le juge. Tu lui diras à ton patron : ma cliente n'a pas commis le péché de fornication.

– En réalité, je ne viens pas pour cette affaire. Je viens... pour celle que tu sais.

Perrier se gratta la tempe et répliqua, méfiant :

– J'vois pas de quoi tu parles.

– Allons, ne sois pas sur la défensive. On bosse sur la même affaire, tu sais. On pourrait se filer un coup de main, ça ferait notre business à tous les deux.

– Qu'est-ce que t'as qui pourrait m'intéresser ?

Domérégo plongea sa main dans une poche de son caban et sortit une photo, dégotée grâce à un ancien collègue, de Daphné Jenken – morte.

Si l'épouvante avait un visage, il aurait eu celui du pauvre détective à ce moment-là. Ses yeux s'agrandirent démesurément puis ses paupières se mirent à battre frénétiquement. Il devint d'un seul coup blême, et ses lèvres frémirent. Il voulut se lever, reculer mais il buta contre le socle de la statue et retomba sur son séant comme un pantin.

– C'est !... c'est !... bégaya-t-il.

– Oui, c'est elle, Perrier. C'est Daphné Jenken, mais elle n'est pas sur une photo que tu as prise. Sur celle-ci, elle est morte.

À ce mot, Perrier se mit à gémir doucement et à se balancer d'avant en arrière. Il enlevait et remettait son chapeau, tentait désespérément de reculer encore sans réaliser que la statue derrière lui formait un obstacle insurmontable. Roch eut pitié et posa une main amicale sur son épaule :

– Allons, calme-toi, mon vieux, c'est rien.

Il rangea la photo et lança sur un ton blagueur :

– Alors, tu es là en planque ? Pas mal de se mêler à des fous pour passer *incognito*. C'est quoi, l'affaire sur laquelle tu es ?

Mais la crise du détective ne diminuait pas, bien au contraire, il s'assenait à présent de petits coups sur la tête avec le plat de sa main et répétait :

– J'ai pas pris cette photo ! J'ai pas pris cette photo !

– Non Perrier, on sait que ce n'est pas toi qui l'as prise. C'est le médecin légiste. Allons, calme-toi.

Domérégo commençait à s'inquiéter, il avait peur qu'à la longue les infirmiers finissent par les remarquer et par intervenir. Il jetait des coups d'œil à droite à gauche, tout en donnant de petites tapes qui se voulaient rassurantes sur le bras du malade. Sans raison particulière, ce dernier se figea brusquement, fixa son interlocuteur un long moment, comme au sortir d'un songe. Son visage bouleversé changea aussi, reprit son expression de défiance :

– Enlève tes sales pattes de là, je suis pas ton ami.

– Ah, te revoilà ! s'écria Roch soulagé. Écoute, vieux...

– Je suis pas non plus ton vieux.

– D'accord, je me demandais si l'on ne pouvait pas s'échanger quelques tuyaux sur l'affaire Jenken.

– *Jen* qui ? Connais pas.

Le journaliste, ex-flic, ex-OPJ de terrain et d'expérience, fut désorienté. Il ne savait comment s'y prendre : s'il lui montrait une photo de Daphné Jenken, l'autre entrait en crise ; s'il tentait de gagner sa confiance, il jouait au privé obstiné et peu loquace. Que faire ? Il se souvint alors des toxicomanes criminels qu'on amenait au dépôt quand il était encore au 36. Pour établir le rapport préliminaire d'enquête à transmettre au procureur de permanence, on interrogeait certains d'entre eux non pas comme des délinquants ordinaires, mais en épousant leurs délires, en plongeant dans leurs hallucinations. Dans le cas présent, peut-être qu'il faudrait entrer dans le monde de Perrier, endosser un rôle conforme à sa perception des choses. Roch décida de jouer le dur à cuire des polars, le mec qui ne s'en laisse ni montrer ni conter parce qu'il avait flairé un bon coup.

– Bon, voilà comment je vois les choses, Perrier : soit t'arrêtes de me jouer ta petite comédie, soit on va se fâcher tous les deux. T'as filé la môme Jenken et je le sais. Je t'ai vu en planque en train de prendre des photos devant l'hôtel Darwin, à Marcadet. Et cette nuit-là on ne fêtait pas un anniversaire, si tu vois ce que je veux dire. Il y avait bien un couteau, mais c'était pas pour découper le gâteau. En revanche, je sais que t'as voulu une part d'un autre gâteau : t'as fait chanter la famille, la sœur et la mère et qui sait d'autre encore !…

– Personne d'autre !

– Ah, je vois qu'on commence à se comprendre. Tu reconnais donc que t'es sur le coup ? Alors voilà : moi aussi je veux en croquer, de ce gâteau. Combien t'as encaissé ?

L'autre le fixa avec un regard frondeur : c'est bien comme ça que ça se passe dans les films américains en noir et blanc. Domérégo sourit intérieurement. Il décida d'en rajouter, il donna une pichenette au chapeau mou qui tomba sur le côté.

– Réponds mon grand ou je vais devoir te poser la question différemment.

– Rien ! Je vous le jure ! Pas un kopeck !

– Pour la sœur et la mère Jenken, je le sais. Mais la petite Daphné, tu l'as fait chanter, hein ?

– J'ai pas fait ça !

– Elle t'a donné de l'argent, une grosse somme probablement, mais t'en as voulu plus. Elle a refusé, ça s'est mal passé et tu l'as étranglée.

Le petit détective bondit sur ses pieds, éperdu.

– Non ! Non, je ne l'ai pas tuée ! Je n'aurais pas pu, pas elle ! Je n'aurais pas pu !

Domérégo se redressa aussi et le masqua de sa silhouette afin que les infirmiers ne le voient pas en train de s'agiter.

– Allez mon vieux, si tu me racontais tout ?

Perrier ramassa son chapeau et le revissa sur sa tête.

– Une Mlle Diane Jenken m'a contacté pour faire la filature de sa sœur. Elle m'a demandé de prendre des photos d'elle au hasard pendant plusieurs mois. Elle ne m'a dit pas pourquoi ni ce que je devais chercher précisément. Elle m'a juste envoyé une photo de sa sœur, Daphné, son adresse et mon chèque. Au début, tout se passait bien. Mademoiselle Daphné, c'était la grande classe ! Une femme du beau monde, mariée à un ponte de la chirurgie et habitant les beaux quartiers. Je pensais qu'on voulait savoir des choses, du genre si elle avait un amant, ou si elle était lesbienne, si elle fréquentait les milieux louches, si elle se droguait… enfin des trucs limites. Mais la fille était clean. Elle sortait, c'est vrai, parfois des nuits entières, mais uniquement pour faire des choses très sages, des trucs de gamine sans ses parents : elle achetait des glaces et elle allait les déguster en se promenant sur les quais, elle s'arrêtait écouter les musiciens dans le métro, elle les payait pour qu'ils jouent un morceau, toujours le même. Elle achetait des bouquins qu'elle commençait à lire sur un banc et les abandonnait sur un autre. Ou encore elle achetait des fleurs à la Cité et les déposait à l'Hôtel-Dieu.

– Pour qui ?

– Pour personne. Je me suis renseigné. « C'était, disait-elle à l'accueil, pour les malades hospitalisés qui n'ont aucune visite. » C'était une chic fille.

– Et la nuit ? Que faisait-elle la nuit ?

– Elle allait essentiellement dans les brasseries ou les grands cafés, comme le Marly ou le Rostand. Elle s'asseyait toute seule devant son verre et, le menton dans les mains, elle regardait les gens passer à travers la baie vitrée. Elle avait alors l'air si triste, si seule ! Elle était toujours importunée par quelqu'un. Normal, elle était très belle. C'en était presque irréel. Au début, c'est elle qui les éloignait, ensuite c'étaient les serveurs qui les chassaient. Ils la protégeaient, ils s'occupaient d'elle discrètement, la suivaient parfois de loin lorsqu'elle décidait à la fermeture de ne pas appeler de taxi et de marcher dans les rues. Même moi, je l'ai souvent fait, vous pensez bien, c'était dangereux ! Mais elle, elle avait l'air de s'en moquer, on aurait même dit qu'elle cherchait...

– Qu'elle cherchait quoi ?

Perrier sursauta et se retourna. Sortant de derrière la statue, Diane se montra, pâle comme la mort.

– Qu'elle cherchait quoi ? répéta-t-elle d'une voix sourde.

– À se faire tuer...

La réponse du détective tomba comme une pierre au fond d'un puits et tous trois paraissaient écouter retentir son écho.

– C'est que, reprit ce dernier, elle allait s'égarer jusque dans des quartiers pas très sûrs, comme les Halles.

– Et le quartier Marcadet. Parle-nous du quartier Marcadet, demanda maladroitement Domérégo.

Le malheureux malade se montra de nouveau terrifié et recommença à s'agiter. Il fit tourner sur sa tête son chapeau avec des gestes d'excité et se balança de droite à gauche.

Cette fois, un infirmier les remarqua. Il accourut :

– Que se passe-t-il ? Qui êtes-vous ?

– Je suis Mme Perrier. Cet homme est mon mari, intervint Diane.

– Qu'est-ce qui l'a mis dans cet état ?

– C'est ma faute, répondit Domérégo avec sang-froid, je lui ai innocemment parlé d'une personne qui nous était chère et qui nous a quittés récemment.

– Il ne faut pas aborder de sujets traumatisants avec les patients sans la présence d'un médecin psychiatre.

– Je comprends.

– Surtout avec un malade comme celui-ci. Nous-mêmes, nous ne le faisons qu'indirectement (il se tourna vers Perrier). Allez viens, Pascal, je vais te donner un calmant et on va regarder la télé, tu veux bien ?

– Mais nous souhaitons rester encore un moment avec lui, s'interposa Domérégo.

– Je suis désolé, mais la visite est terminée. Il n'est pas en état. Revenez une autre fois.

– Comment ça, une autre fois ? Mais c'est mon mari ! s'écria Diane.

– Certes, mais c'est aussi un patient de l'hôpital, madame. Nous en avons la responsabilité.

– Mme Jen... Perrier ne peut et ne veut revenir une autre fois. Vous oubliez que cet homme s'est fait admettre ici à sa propre demande. Si je ne m'abuse, il peut aussi de son propre chef en ressortir quand il le souhaite. N'obligez pas Mme Perrier à solliciter de son mari qu'il fasse une telle requête auprès de vos supérieurs seulement pour avoir le réconfort de passer un peu de temps avec lui. Apportez-lui donc son médicament ici.

L'infirmier était outré. Il devint rouge comme un coquelicot et esquissa un geste pour appeler ses collègues mais se ravisa aussitôt.

– D'accord, mais à la condition que votre visite n'excède pas le temps de la promenade.

– Il nous reste combien de temps ?

– Vingt minutes, grogna l'infirmier en s'éloignant.

– Regarde-moi Perrier, reprit Domérégo en soulevant la tête du détective. Celui qui a pris les photos de la filature, tu le connais, n'est-ce pas ?

– Non, je ne le connais pas. Je sais seulement qu'il s'appelle Pascal Perrier comme moi, qu'il est détective privé et qu'il habite place de la République. On m'a déjà parlé de lui.

– Mais alors comment tu sais qu'il a pris des photos de Daphné Jenken ?

– Il est venu au magasin déposer des bobines de pellicules à développer. Je suis développeur au Kodak de la place de la République.

– Et en regardant les négatifs, t'as flairé le bon coup. T'as décidé de faire chanter les personnes qui étaient dessus. C'est toi, accusa Domérégo qui commençait à s'embrouiller quelque peu, et pas le détective Perrier qui t'introduisais chez sa sœur, qui déposais des enveloppes et qui réclamais de l'argent, pas vrai ?

– Je vous en prie ! s'écria Perrier en s'agrippant aux revers de la veste de son interlocuteur, je vous en prie ne le dites pas à mon patron ! Ne dites rien aux médecins !

– C'est bon, c'est bon, rassura Domérégo en desserrant l'étreinte. Voilà au moins un point d'éclairci. À présent, réponds-moi franchement : est-ce que c'est toi qui as étranglé Daphné Jenken dans cette chambre d'hôtel ?

– Non ! Pourquoi est-ce que j'aurais fait ça ? Je ne sais même pas de quel hôtel vous me parlez. Je me suis juste contenté de m'introduire chez elle à la Muette et de déposer une enveloppe. Je ne l'ai pour ainsi dire vue qu'en photo, Daphné Jenken.

– Et est-ce que tu penses que le détective aurait pu le faire ?

Perrier recommença à se balancer sur ses jambes et à triturer son chapeau. Il fit encore entendre des geignements et des plaintes comme un chiot blessé.

Diane s'en émut.

– Voyons, laisse-le, Roch. Tu vois bien qu'il a besoin de s'apaiser.

– Et prendre le risque de perdre notre meilleure piste ? Pas question.

– Ce n'est pas lui qui a tué Daphné, je le sens. Nous devrions le laisser tranquille. On le torture inutilement.

– Inutilement, je ne le crois pas. Toi, tu sens qu'il n'a pas étranglé ta sœur et, moi, je sens qu'il sait quelque chose. Et que c'est ce quelque chose qui le travaille, pas nous.

– Comment peux-tu en être certain ?

– À cause de la statue.

– Quelle statue ?

– Celle-ci. Il n'est pas venu s'asseoir ici par hasard. Regarde et lis la plaque.

Diane suivit des yeux la direction pointée par l'index de Roch et ce fut comme si la foudre l'avait subitement frappée : c'était une *Daphné aux lauriers*.

C'était sans nul doute une des plus belles statues de Sainte-Anne. Paraissant surgir d'un massif d'arbres, la Nymphe, poursuivie par Apollon, posait un pied sur une roche et levait les bras vers le tronc qui la transperçait. Encore un bond, se disait-on, et ce sera la métamorphose complète. Bien qu'en bronze, le corps gracile, gracieux, étonnamment aérien était d'une beauté poignante. Car l'on devinait que ce mouvement de fuite serait le dernier pour cette déesse pourchassée que le destin aveugle avait choisie.

– Tu comprends maintenant ? Il faut qu'il nous dise ce qu'il a vu. Et il ne nous reste plus beaucoup de temps avant que l'infirmier ne revienne.

Il se tourna alors vers l'interné et demanda d'une voix précipitée :

– Écoute Perrier, il faut que je parle au détective maintenant, c'est très important…

– Mais à qui crois-tu parler ? répliqua l'autre narquois.

– C'est toi ? Tu es le détective Perrier ?

Le malade avait changé de visage. Il se leva en roulant les épaules et réajusta son chapeau mou qu'il enfonça sur le côté droit de son visage, façon Chicago années 1930.

– En personne, mon p'tit gars. Et qui le demande ?

– Roch Domérégo. Je suis journaliste.

– Je n'aime pas cette canaille-là, mais il n'est pas de sot métier, pas vrai ? Moi par exemple, je suis détective privé, enquêtes et filatures en tout genre, eh bien, je suis pas toujours bien vu. Surtout par les conjoints infidèles.

Il éclata de rire.

– Justement c'est à propos d'une femme mariée que je souhaiterais te poser quelques questions, dit Domérégo.

– Ah ça non, mon ami. Interroge-moi sur ce que tu veux de mon métier, mais pas sur les affaires sur lesquelles je travaille. C'est confidentiel.

– En réalité, pas vraiment. Tous les médias parlent d'elle.

– Je suis ici pour faire relâche, pour me reposer. Je me tiens à l'écart du monde extérieur. Et de qui tes distingués confrères parlent-ils ?

– De Daphné Jenken.

– Mon Dieu ! Que lui est-il arrivé ?

– Elle est morte.

– Morte !

Perrier s'écroula à terre d'un coup. Il jeta des regards pitoyables autour de lui comme s'il cherchait quelque chose. Domérégo s'assit à ses côtés et dit doucement :

– Il est sur ta tête. (Puis après un instant :) Qui Daphné Jenken a-t-elle poignardé à mort dans la chambre de l'hôtel Darwin ?

Le sol sur lequel ils étaient assis était composé de pelouse et de fleurs que le froid n'avait pas encore anéanties. Le détective se mit à arracher les brins d'herbe, mais épargna les pâquerettes et les pissenlits.

– Il n'est pas mort, murmura-t-il.

Domérégo et Diane échangèrent un coup d'œil stupéfait.

– Comment ça ? Tu veux dire que c'est une photo truquée ou bien qu'elle le poignarde pour de faux ?

– Non, elle a visé le cœur avec son couteau, elle voulait vraiment le tuer. Elle l'a cherché pendant des semaines. Pour ça, elle est allée jusqu'à faire le trottoir de presque tous les quartiers où on lui avait dit qu'on l'avait vu.

Diane porta vivement une main à sa bouche pour étouffer un cri. Domérégo fit un signe de tête expressif pour lui ordonner de prendre sur soi.

– Qui, lui ?

– Eh bien le monstre ! s'exclama Perrier en regardant son interlocuteur avec surprise. La presse n'en a pas parlé ?

– En réalité, c'est de tes clichés que je tire l'information.

Mais le détective ne l'écoutait plus, il était occupé à replanter la pousse d'un jeune marronnier qui avait survécu à l'automne glacial.

Pour renouer le dialogue, Roch mêla ses mains aux siennes pour creuser un petit trou.

– Alors comme ça elle n'a pas réussi à le tuer, reprit ce dernier, et il l'a étranglée, c'est bien ça ?

– Non. Elle, elle a cru qu'il était mort. Il est tombé, elle a lâché le couteau et elle s'est mise à pleurer. Ensuite, elle s'est agenouillée à côté de lui, vous savez, comme sur les tombeaux dans les églises, il y a des statues à genoux qui pleurent et qui prient. C'était pareil.

– Vous voulez dire qu'elle... qu'elle l'aimait ! s'écria Diane horrifiée.

Perrier leva la tête et chercha dans les airs ce qui sembla lui apparaître comme une voix céleste. Il avait oublié la présence de Diane.

– Et puis ? pressa Domérégo. Qu'est-ce qu'elle a fait après ? Elle est restée près du corps ?

– Après ?... Après elle a fouillé son sac à main, elle a pris son portable et elle a téléphoné, dit-il en recouvrant de terre les racines du marronnier.

– À qui ? À qui est-ce qu'elle a téléphoné ?

Perrier haussa les épaules pour signifier qu'il l'ignorait.

– Tout ce que j'ai vu, c'est qu'elle ne pleurait plus. Elle parlait calmement, froidement, mais son visage avait une expression bizarre, une expression que je ne lui avais jamais vue avant.

– Quel genre d'expression ?

Il réfléchit un moment ses doigts enfouis dans les entrailles du sol.

– Une expression de haine, souffla-t-il, effrayé lui-même par le mot. Oui, de la haine. Mais une haine particulière, comment dire ? Une haine joyeuse. C'est ça ! Elle avait de l'aversion, mais en même temps elle paraissait heureuse. C'est pas étrange, ça ?

– En effet. Continue, et après ?

– Il y a rien d'autre à dire. Ensuite, elle a embrassé plusieurs fois la créature sur les lèvres tout en pleurant et elle est partie. C'est la dernière fois que je l'ai vue.

– Et comment tu sais qu'il n'est pas mort ? interrogea Roch, sceptique. C'est difficile de s'en sortir avec un couteau planté dans la poitrine, tu ne crois pas ?

– Je sais pas !... J'étais sous le choc de ce que j'avais vu dans mon viseur depuis l'immeuble d'en face. J'ai dégringolé les escaliers et j'ai filé. Mais arrivé à la bouche de métro, j'ai tout à coup pensé à Mademoiselle Daphné. Je me suis dit qu'elle avait peut-être oublié quelque chose sur les lieux, quelque chose qui pourrait la compromettre, alors j'y suis retourné. Et la créature avait disparu ! Elle avait décampé, foutu le camp, envolée. Il n'y avait plus le couteau avec lequel... Il n'y avait rien. Juste le sang !... le sang..., du sang... J'ai nettoyé. Je me disais : « Mademoiselle Daphné a loué une chambre dans cet hôtel. On l'a vue. On va savoir que c'est elle. Qu'elle l'a louée pour le tuer. »

– Et pour y être tuée ! lança soudain une voix derrière eux.

Diane et Roch sursautèrent. Ils se retournèrent : le capitaine Malika Kétab leur faisait face, flanquée de deux hommes en blouse blanche dont l'infirmier de la promenade parti chercher le calmant. Seul Perrier ne sembla pas perturbé par cette interruption brutale. Au contraire, il s'employa avec application à continuer de tasser la terre autour de son arbrisseau.

– Je ne vous dérange pas, j'espère, poursuivit Kétab sur un ton ironique, c'est toujours délicat d'interrompre la famille quand elle rend visite à l'un de ses proches hospitalisé. Ainsi, mademoiselle… ou devrais-je dire madame Perrier, depuis qu'on s'est vues, vous vous êtes mariée ? Mes félicitations, et vous me voyez désolée de rencontrer votre mari dans ces circonstances. Et toi, Domérégo, je vois que tu t'es trouvé une nouvelle famille. C'est toujours mieux que de vivre dans le souvenir de celle qu'on n'a plus.

Diane voulut intervenir, mais Roch se redressa vivement et par un geste l'en empêcha. Il lui souffla à l'oreille :

– Chut ! Ne dis rien !

– Cependant, ajouta Kétab, c'est toujours un réel plaisir pour la police que de constater qu'on l'a devancée et qu'on a peut-être recueilli avant elle des informations utiles à la manifestation de la vérité dans une enquête criminelle. Hélas, c'est un délit sévèrement puni par la loi sous la qualification de « recel ». On risque gros, comme de perdre sa carte de presse si on est journaliste. C'est un exemple, bien sûr.

Roch et Malika échangèrent un regard aigu.

– Heureusement, ce n'est pas notre cas, répliqua ce dernier avec un petit air fin. Nous ne faisions que rendre une petite visite et parler de choses sans importance.

– C'est clair. Néanmoins, je vous demanderai à tous les deux de ne pas vous en aller tout de suite. Je souhaiterais moi aussi m'entretenir avec vous de choses sans importance.

15

La statue

– Est-ce lui, docteur ?

– Oui, capitaine, c'est Pascal Perrier, admis à sa demande chez nous la semaine dernière. Il est âgé de 32 ans, il n'est pas à son premier séjour en hôpital psychiatrique. Il souffre du syndrome de la Dame de Macnish.

– Qu'est-ce que c'est que ça ?

– Il s'agit de troubles dissociatifs de la personnalité. C'est une psychose qu'on appelle communément « personnalités multiples ». Dans le cas de M. Perrier, il est atteint d'une forme particulière de dissociation mentale : deux personnalités cohabitent en lui, Pascal Perrier et le détective privé Perrier qu'il s'est créé, mais elles ne sont amnésiques que dans un seul sens.

– Je ne comprends rien à ce baragouin, docteur. Il est mytho, c'est ça ?

– Pas exactement. Disons qu'il a une personnalité A et une personnalité B. La personnalité A ne sait rien de la personnalité B, tandis que cette dernière a non seulement conscience d'elle-même, mais aussi de la personnalité A.

Le regard de Kétab alla du médecin psychiatre au pauvre homme assis par terre devant son arbuste, perplexe.

– Ce qu'il veut dire, intervint Domérégo, c'est qu'il a un problème de dédoublement de la personnalité. Il est Perrier et il est un détective, l'un après l'autre, et le détective privé se souvient de Perrier, mais Perrier ne se rappelle pas du détective.

– Et là il est quoi ? Jekyll ou Hyde ? demanda Kétab sur un ton légèrement irrité.

Le médecin protesta et demanda à ce que son patient soit traité avec dignité.

– Dignité ? rétorqua-t-elle, cet homme a peut-être étranglé une femme ! À ce propos, est-ce que vous pouvez me dire s'il est capable de violence quand il est Perrier… ou le privé… enfin, celui qui est conscient de ce que fait l'autre.

– Mais sachez que nous sommes tous capables de violence, capitaine.

– Vous ne répondez pas à ma question, docteur.

– Vous me demandez si le sujet est capable d'étrangler une personne ? Je vous réponds : oui. Quand ce type de malade n'est pas sous neuroleptiques, il peut devenir violent. En général, cette catégorie de psychose engendre chez le sujet des hallucinations auditives ou visuelles : il entend des voix, ou pense voir des personnes réincarnées, ou se croire lui-même la réincarnation d'une personnalité dont il aurait des réminiscences ; et dans ces cas-là, il peut devenir imprévisible.

– Bien, on va voir s'il a des réminiscences bien à lui.

Elle se rapprocha de Perrier, mais Domérégo s'interposa :

– Si tu permets, Malika, j'aimerais continuer à l'interroger. J'ai établi un bon contact avec lui. Il me fait confiance.

– C'est possible, mais c'est pas le cas en ce qui me concerne.

– Il a raison, capitaine, intervint à son tour Diane. Je vous en prie, laissez-le continuer. Ne soyez pas obstinée.

– Ne vous en déplaise, mademoiselle Jenken, l'obstination est une qualité dans mon métier. Je dirais même que je suis payée pour l'être. D'ailleurs, qu'est-ce que vous faites là, vous aussi ?

– Ce n'est pas le moment Malika, je t'assure.

– Si Roch, c'est le moment. De même que c'est le moment de te dire que ton attitude dépasse les limites de ton statut de journaliste, tu entraves le bon déroulement de l'enquête, tu interroges des témoins…

– Chuuut ! Écoutez !

Le médecin s'était approché d'eux, l'index sur la bouche, il leur désigna Perrier du menton. Ce dernier avait entamé un soliloque à voix basse et tous tendirent l'oreille :

– Elle a tué le monstre parce qu'elle a appris la vérité. Elle a découvert qu'il avait été créé pour elle. Mais ce qu'elle savait pas, c'est qu'on tue pas la créature avec un couteau. Pour que la bête meure, il faut pas lui donner sa potion magique, son Sandimmum.

Kétab et Dommérégo tressaillirent en même temps. Ils se regardèrent, sachant tous deux de quoi le détective privé parlait : l'un avait trouvé l'emballage de ce médicament dans la chambre 13 de l'hôtel Darwin, et l'autre avait découvert que cet immunosuppresseur avait été volé dans le laboratoire pharmaceutique du professeur Cassan, à Beaujon.

– Une nuit, elle se promenait dans les Halles. C'était dangereux, alors je l'ai suivie. Elle est entrée dans un bar de la rue Saint-Denis et comme d'habitude elle s'est assise contre la vitrine. Et puis, tout à coup, alors qu'elle portait le verre à ses lèvres, ses yeux se sont ouverts très grands et elle s'est pétrifiée comme une statue. Elle avait vu quelque chose !… C'était la créature qui passait devant elle sur le trottoir d'en face. J'ai regardé moi aussi passer la créature. Elle était avec un client, ils sont entrés dans un hôtel.

À ce moment-là, Diane fit une chose extraordinaire qui provoqua l'admiration du psychiatre, visible à ses hochements de tête et ses mimiques. Diane se plaça derrière Perrier et murmura à son oreille :

– Ainsi tu m'as suivie cette nuit-là pour me protéger, mon ami… Je suis entrée dans ce bar des Halles et je l'ai vu qui passait sur le trottoir d'en face.

Le détective éperdu, bouleversé leva de nouveau les yeux vers le ciel et chercha la voix qui lui parut familière.

– C'est vous, Mademoiselle Daphné ? Oh ! je savais que vous vous étiez incarnée dans cette statue et qu'en venant m'asseoir ici vous finiriez par me parler.

– Je te voyais tous les jours, mon ami, mais je ne pouvais pas encore te parler. À présent, je le peux. Et je cherche à me souvenir de ma vie d'avant, de ma vie d'avant ma mort. Je t'en prie, aide-moi à me remémorer !

Le médecin joignit ses mains sous son menton pour se retenir d'applaudir tandis que Roch et Malika échangèrent un sourire admiratif : le subterfuge de Diane était remarquable.

Cependant, une gêne imperceptible, un léger malaise se mêla à l'enthousiasme de l'assemblée. C'était une comédie qui se jouait devant eux, une scène pour de faux, chacun le savait, et pourtant ils redoutaient presque d'entendre résonner la voix de Daphné Jenken depuis le royaume des morts.

– Aide-moi à me rappeler pourquoi je fus surprise de voir cet homme passer devant mes yeux cette nuit-là.

– Il est apparu et vous êtes devenue tout à coup très pâle. Vous avez lâché le verre que vous teniez et il s'est brisé sur le marbre de la table. Vous ne vous en êtes même pas aperçue. Vous restiez pétrifiée comme si vous aviez vu un revenant. Puis vous vous êtes levée et vous l'avez suivi. Le serveur vous a couru après en criant de payer, mais vous ne l'entendiez pas. Je lui ai donné un billet. Et vous avez continué à marcher sans quitter des yeux la créature.

– Jusqu'où sommes-nous allés ?

– Jusqu'à un sex-shop qui a aussi des chambres à l'étage, rue Saint-Denis. La créature y est montée avec un client.

Diane, atterrée, regarda tour à tour Roch puis Malika, eux aussi abasourdis. Le médecin psychiatre, ignorant de l'affaire et curieux de voir se poursuivre l'expérience, fit de grands signes à Diane afin qu'elle continue d'interroger le malade hypnotisé par le son de la voix.

– Elle… Je… Qu'ai-je fait alors ? bredouilla Diane.

– Vous êtes restée un long moment sous les lumières criardes du sex-shop et j'avais peur pour vous car des hommes vous abordaient grossièrement. Mais lorsqu'ils rencontraient vos yeux, ils reculaient et s'éloignaient rapidement. Ensuite, vous êtes entrée à l'intérieur. J'étais terrifié. Vous êtes sortie quelques instants plus tard, hagarde, égarée, sous le choc de ce que vous veniez de voir.

– Qu'ai-je vu ?

Le détective gêné baissa les paupières et rougit :

– Vous n'êtes pas, Mademoiselle Daphné, le genre de personne à qui l'on décrit ce genre de choses…

Diane, émue lui tendit une main par-dessus son épaule. Il s'en empara et la baisa avec dévotion.

– Vous êtes mon ami. Le seul que j'ai eu ici-bas dans mes derniers jours.

Un frisson parcourut alors le petit groupe de spectateurs. C'était bien Diane Jenken qui avait prononcé ces mots, mais ce n'était pas sa voix : celle-ci semblait venir d'outre-tombe. Elle avait un écho sépulcral, un accent funèbre qui ébranla Malika plus que les autres.

Autour d'eux le jardin se vidait. La promenade était finie. Un infirmier avait frappé plusieurs fois dans ses mains et les malades s'étaient rassemblés sans protester devant l'entrée du bâtiment. En refluant vers l'intérieur, ils terminaient des gestes commencés avant, sous les grands arbres, à effranger une feuille morte, jouer aux osselets avec des cailloux, apprivoiser un insecte – des gestes ténus, fragiles comme leur destinée.

Il y a des existences, se dit Diane en les contemplant, qui se déroulent à côté de la nôtre sans aucun bruit. C'est ainsi que Daphné a vécu la sienne alors que nous pensions qu'elle était mêlée à la nôtre. Elle frissonna. Puis elle se pencha à l'oreille du détective : « Racontez-moi encore… »

– Vous êtes revenue au même endroit la nuit suivante et plusieurs nuits après. Mais vous ne l'avez pas revu. Vous avez marché sans relâche dans le quartier jusqu'aux petits matins sans pouvoir le retrouver. Les prostituées se méfiaient de vos questions, elles ne voulaient pas vous renseigner. Les clients fuyaient dès que vous les abordiez. Vous pleuriez quelquefois parce que vous aviez l'impression de l'avoir perdu une deuxième fois. Et puis, une nuit, vous êtes sortie de chez vous habillée de façon très aguicheuse.

À cet instant, Diane se rejeta en arrière et plaqua une main sur sa bouche pour étouffer un sanglot.

– Vous aviez décidé de vous perdre pour le retrouver. Vous avez arpenté et arpenté encore chaque nuit les trottoirs sordides de Paris à sa recherche avec une photographie à la main que vous montriez à toutes les professionnelles que vous croisiez…

– Une photographie ? s'écria Diane en lançant un regard pénétrant à Roch. Une photographie ! En avez-vous une de lui, que je puisse revoir son cher visage ?

– Celles que j'ai prises de la créature, je les ai déposées chez vous. Souvenez-vous, c'est vous-même qui m'avez indiqué où les cacher dans votre chambre.

– Moi ?

– Oui, vous étiez un chat blanc. Mais je vous ai tout de suite reconnue. Vous vous teniez sous une vasque de jade lorsque j'ai pénétré dans la chambre par la fenêtre du balcon. Vous avez remué la queue comme si vous m'attendiez.

– Et qu'en avez-vous fait ?

– Je les ai noyées.

Tous se dévisagèrent en se demandant si Perrier ne divaguait pas. Tous, sauf Kétab qui mordilla nerveusement l'intérieur de sa joue. Par réflexe, elle palpa la poche droite de son cuir dans laquelle se trouvait l'enveloppe qu'elle avait retirée la veille du fond de la vasque.

C'était grâce au bristol signé de la main de Perrier et qui se trouvait dans l'enveloppe avec les photos qu'elle avait découvert l'existence du détective et qu'elle avait pu remonter jusqu'à lui. « Payez 10 000 euros. Je vous contacte dans les quarante-huit heures. Pascal Perrier ». À la lumière franche du jour, elle s'était aperçue que ces mots avaient été raturés d'un long trait fin et que d'autres suivaient, au dos : « Vous seule pouvez disposer de ces photographies. Recevez les hommages d'un homme qui vous est dévoué. Pascal Perrier. »

La planche contact qui se trouvait également à l'intérieur de l'enveloppe portait sur son liseré le nom du labo photo dans lequel Perrier travaillait lorsqu'il n'était pas interné. Ce fut ensuite un jeu d'enfant pour elle de retrouver sa trace dans cet hôpital. Son numéro de Sécurité sociale renvoyait à la demande de remboursement de soins faite par Sainte-Anne auprès de l'organisme public.

– Vous avez *noyé* l'enveloppe, c'est ça que vous dites ? insista incrédule Diane.

– Oui, là où vous me l'avez indiqué.

– Et où était-ce ?

– Mais dans la fontaine qui se trouve près de votre lit !

Diane Jenken fit un signe de la tête à Roch pour signifier que cet objet existait bien là où il le disait.

– Je cherchais une cachette dans votre coiffeuse, mais vous avez soudain bondi sur la petite table. Vous m'avez regardé fixement, j'ai lu dans vos yeux que vous vouliez que je vous suive. Vous m'avez conduit à cette fontaine sous laquelle vous vous êtes arrêtée en miaulant. J'ai alors cherché dans la pièce un plastique hermétique, et puis j'ai emballé l'enveloppe que j'ai placée au fond de l'eau, sous les nénuphars. C'est ce que vous vouliez que je fasse.

Kétab, troublée par un récit qui ressemblait si étrangement à l'expérience qu'elle avait elle-même vécue dans cette chambre avec le persan blanc comme ordonnateur, enfonça ses mains dans les poches de sa veste. Elle tremblait légèrement.

– Vous avez froid, capitaine ? Vous grelottez, s'enquit le médecin.

– J'aurais besoin d'un café.

– Votre addiction à la caféine doit être sévère pour que vous ne soyez pas suffisamment excitée par la scène à laquelle on assiste. Moi, je vous garantis que ça me tient éveillé. Mme Perrier pratique une véritable maïeutique de son époux sous hypnose. C'est stupéfiant !

« Ce n'est pas la "maïeu..." je ne sais quoi qui me stupéfie, se dit Kétab, mais plutôt le fait que Roch et la sœur semblent être au courant de l'existence des photographies. À moins qu'ils aient mis la main sur un autre paquet, ce qui ne me surprendrait pas, vu l'air complice qu'ils affichent, tous les deux. Que savent-ils que j'ignore ? se demanda-t-elle en scrutant leurs visages. Comment ont-ils appris l'existence de ce détective à la camisole ? Et comment ont-ils fait pour se rencontrer, ces deux-là ? »

Perrier reprit son récit :

– C'est une fille de Pigalle qui vous a dit où la créature travaillait après s'être enfuie de Saint-Denis parce qu'elle vous y avait vue. La prostituée vous a demandé : « Pourquoi tu le cherches ? » Vous avez répondu : « C'est personnel. – Chérie, y a rien de personnel dans ce boulot. Il t'a tapé du fric, c'est ça ? J'en étais sûr ! Somaly en doit à pas mal de filles. On se demande ce qu'il en fait. Comme il a parfois l'air malade, on s'est dit que c'est pour les cachetons d'une trithérapie. Mais il ne va pas aux distributions gratuites de Médecins du monde. Il ne se drogue pas, il ne se saoule pas, il n'a pas de mac et il n'entretient personne. Bizarre, tu trouves pas ? Il ne te remboursera pas, chérie, il ne fait pas assez de passes. Il se défend à Marcadet en ce moment, mais je peux pas te dire où exactement. Demande aux filles de là-bas, c'est des Africaines. » Vous y êtes allée, à Marcadet, la nuit même.

– Et je l'ai retrouvé ?

– Pas tout de suite. Vous avez même pensé que la fille de Pigalle s'était trompée. Alors vous êtes remontée jusqu'à la Chapelle. C'était difficile pour vous, parce que vous ne vouliez pas montrer aux prostituées sa photo, de peur qu'elles lui disent que vous le cherchiez et qu'il prenne encore la fuite. Et puis, une nuit, vous l'avez aperçu qui entrait à l'hôtel Darwin. Vous l'avez guetté et vous l'avez observé durant plusieurs jours. Vous avez appris que c'était dans cet hôtel qu'il avait emménagé, alors vous avez décidé d'y louer une chambre sous le nom de Mlle Dulac. Vous vous cachiez de lui, vous l'avez épié, vous alliez fouiller sa chambre lorsqu'il la quittait, vous ne veniez jamais à l'hôtel le jour. Une fois, j'ai bien cru que vous m'aviez vu depuis votre fenêtre. Vous avez longtemps examiné l'immeuble d'en face puis vos yeux se sont arrêtés sur la fenêtre de ma planque. J'ai très vite retiré mon téléobjectif mais je pense que vous avez vu le rideau bouger. J'ai eu peur que vous découvriez que l'appartement était vide depuis des mois. Je n'y suis pas retourné avant deux ou trois nuits. Je ne sais pas ce que vous avez fait pendant ce temps.

Perrier se tut brusquement. Il recommençait à s'agiter, à se montrer énervé, à gémir.

Le psychiatre s'avança, tout à coup inquiet :

– Il est en train de sortir de son état hypnotique. Il va faire une crise, prévint-il. Il faut arrêter immédiatement. On va s'en occuper.

Mais Domérégo lui barra le chemin :

– Encore quelques minutes, docteur. La suite de ce qu'il nous révélera est capitale.

– Impossible, monsieur. Cet homme va entrer en phase de crise psychotique. Nous devons le mettre sous tranquillisants tout de suite. Il en va de ma responsabilité.

– Jusqu'ici, elle ne vous a pas trop tracassé, votre responsabilité, intervint sèchement Kétab. Je dirais même que vous avez apprécié la scène. Alors accordez-nous quelques instants pour terminer le spectacle.

Roch fit alors signe à Diane de se dépêcher.

– Néanmoins tu es revenu me voir, mon ami, poursuivit celle-ci. Raconte-moi encore…

– Je suis revenu… Oui, je suis revenu…, reprit Perrier d'une voie saccadée… C'était la nuit où… vous avez essayé de le tuer.

– Il s'appelle Somaly, c'est bien ça ? Il s'appelle Somaly ! pressa-t-elle se rappelant que ce nom était écrit au dos de la photographie montrant sa sœur poignarder un inconnu.

Le pauvre détective ne répondit pas. Il tourna la tête de tous côtés comme s'il n'entendait plus la voix céleste. Il ouvrit grand la bouche comme pour crier, mais aucun son ne sortit. Alors, affolé, il se mit à recouvrir frénétiquement son petit marronnier de terre jusqu'à l'enterrer entièrement.

– Ça suffit comme ça ! interrompit le médecin. Je ne peux pas vous laisser continuer. Fabrice, ramenez le patient dans sa chambre et donnez-lui 4 mg de benzodiazépine.

Mais, tandis que l'infirmier passait ses bras sous les aisselles de Perrier pour le relever, Diane, éperdue, se jeta sur le malade, en lui criant en plein visage :

– Répondez ! Il s'appelle Somaly ? Somaly comment ? Quel est son nom ? Somaly comment ?... Répondez-moi !

Roch et Malika se précipitèrent sur elle et lui firent lâcher prise. Diane se débattit comme une forcenée et ses coups de pied désordonnés finirent par écraser définitivement la pousse de l'arbre.

– Il faut le lui demander, Roch ! cria-t-elle. Il faut lui demander le nom de Somaly ! Je t'en prie !...

– C'est inutile. Il ne le connaît pas, c'est un pseudo.

– Qu'est-ce que tu en sais, toi ?

– Les prostitués en ont tous. On appelle ça un nom de guerre. C'est plus facile pour travailler sur le trottoir.

16

Brasserie du métro Glacière
14e arrondissement

Ils tombèrent d'accord pour une table située au fond à droite du café, à l'écart de l'effervescence. Beaucoup de monde était encore en train de déjeuner en ce début d'après-midi. Il faut dire que, entre la maison d'arrêt de la Santé et l'hôpital psychiatrique Sainte-Anne, un seul service à midi ne suffisait pas à satisfaire et les habitués et les clients occasionnels de la brasserie.

Le serveur, un bloc à la main, prit la commande en désignant chacun de son stylo. Il revint presque aussitôt avec la commande.

– Voici le double expresso pour madame. Le thé-citron pour madame, attention, c'est chaud. Et la pression pour monsieur, donc. Ça fera 8,50 euros, s'il vous plaît.

Domérégo tendit un billet de 10 euros et fit signe au serveur de garder la monnaie. Ce dernier repartit avec un bref salut de la tête en guise de remerciement. C'est qu'il était habitué à une générosité bien plus grande de la part des clients. Venaient en majorité des proches de détenus ou de malades mentaux qui, ébranlés par leurs visites, laissaient en général de très bons pourboires, comme si, par ce geste, ils se payaient un peu de saine humanité.

Roch et Malika échangèrent quelques banalités sur le quartier, tandis que Diane, le regard absent, exprimait le jus de sa rondelle de citron dans un thé qui devenait trop noir. Il y eut ensuite un long silence embarrassé, durant lequel les regards cherchaient à s'éviter. À la vérité, chacun attendait de son voisin qu'il prenne la parole le premier. Kétab seule manifestait son impatience. Elle soupira, se racla la gorge, finit par sortir une Lucky avec laquelle elle tapota le bord de sa soucoupe.

Puis, après avoir avalé la dernière goutte de café collée au fond de sa tasse, elle lança sur un ton moqueur :

– Alors, qui commence ?

– Pourquoi pas toi ? rétorqua Domérégo sur le même ton.

– Parce que vous m'avez l'air tous les deux d'avoir une conversation bien plus intéressante que la mienne.

– Ce n'est qu'un air, il est trompeur.

– Joue pas au plus fin avec moi, Domérégo…

– Je vous en prie, arrêtez ! coupa Diane les larmes aux yeux. Vous oubliez que c'est de la mort de ma sœur qu'il s'agit, pas d'un règlement de comptes entre amis.

Kétab et Domérégo baissèrent les yeux de confusion.

– Puisque c'est ça, poursuivit Diane, c'est moi qui parlerai la première. Que voulez-vous savoir, capitaine ?

– En premier lieu, comment vous avez appris l'existence de Perrier.

Alors Diane raconta tout : le cadeau d'anniversaire qu'elle avait voulu faire à Daphné, les photos de plus en plus inquiétantes qu'elle avait reçues, le chantage du détective :

– Combien vous a-t-il demandé ?

– 10 000 euros.

Elle enchaîna avec le récit de sa rencontre avec Roch à l'hôtel Darwin, l'effraction de l'appartement de Perrier, la découverte de la maladie mentale de Perrier et ses séjours réguliers en centre spécialisé, l'hôpital Sainte-Anne où elle s'était fait passer pour la femme de ce dernier.

– Qui en a eu l'idée ?

– C'était ma propre idée.

– Chapeau ! Le moins qu'on puisse dire, c'est que vous avez de la ressource. Tout à l'heure vous m'avez carrément bluffée. Et il n'y a pas que moi d'ailleurs, même le psychiatre en est resté sur le cul. Cela dit, vous êtes en compagnie d'un homme qui pousse à l'inspiration, je me trompe ?

Diane et Roch rougirent comme deux adolescents qu'on aurait surpris derrière la dune d'une plage.

Durant le récit de la jeune femme, les yeux de Kétab se posaient de temps à autre sur son ex-collègue car elle ne cessait de se demander : « Joue-t-il franc jeu avec moi ? Est-il du genre à entourlouper ses anciens copains ? »

Elle essayait de déceler sur son visage une contrariété, un frémissement, un trouble, une ombre ou un sourire qui aurait pu trahir un mensonge ou une dissimulation dans l'exposé de Diane Jenken. Mais le visage de Roch restait impassible et son œil limpide. « Il ne tente pas de me rouler, se disait-elle, et pourtant j'ai la désagréable impression que tous les deux me cachent quelque chose. »

Puis après un silence :

– Et qu'avez-vous trouvé dans l'appartement du pseudo-détective ?

– Une enve…

Domérégo interrompit précipitamment Diane en lui faisant remarquer qu'il faisait chaud dans la brasserie et qu'elle aurait tout intérêt à enlever son manteau pour ne pas attraper froid lorsqu'elle sortirait tout à l'heure. C'était suffisamment gros et inopiné pour que Kétab s'exclame intérieurement : « C'est ça ! Quelque chose dans une enveloppe. Mais avec l'ex-commandant Domérégo, il va falloir jouer la partition finement. » Alors elle alla dans le sens de Roch.

– C'est vrai qu'on étouffe ici ! dit-elle en retirant elle-même son trois-quarts.

Ensuite elle décida d'allumer cette cigarette avec laquelle elle jouait depuis leur arrivée. Mais le serveur lui fit signe avec son stylo qu'il était interdit de fumer dans la brasserie. Elle l'écrasa en grommelant entre ses dents :

– Et si je ne veux pas l'éteindre, hein ? Qu'est-ce qu'il va faire le méchant garçon de café ? Appeler la police ? C'est moi la police, crétin !

Ce mouvement d'humeur eut un effet inattendu : il détendit brusquement l'atmosphère et tous trois se mirent à rire avec une franche gaieté.

– À présent que nous sommes devenus des amis pour ainsi dire, suggéra Kétab, pourquoi est-ce qu'on ne mettrait pas en commun nos réflexions sur cette affaire ? Cela pourrait être profitable à tous.

– Parce que tu n'es pas femme à partager quoi que ce soit d'une enquête avec qui que ce soit qui n'a pas sur lui sa carte de la police nationale.

– Je peux faire une exception.

– Et pourquoi est-ce que tu le ferais pour la première fois avec nous ?

Avant de répondre, la jeune capitaine fit rouler avec son index quelques grains de sucre tombés sur la table puis les dispersa sur le sol du revers de la main.

– Mettons que je… rencontre quelques difficultés dans mes investigations.

Elle aurait voulu confier tout autre chose, quelque chose de singulier, cette sorte d'attachement étrange à la morte, mais elle rencontra le regard de Diane posé sur elle et se retint.

– Tu n'as pas de suspect ? dit le journaliste.

– Pas encore. Une grande partie de la vie de la victime nous échappe encore.

– Demandez-moi, et je vous éclairerai ! s'exclama Diane.

– J'ai bien peur qu'à vous aussi elle vous échappe, mademoiselle Jenken. C'est à se demander qui connaissait vraiment votre sœur…

– Tu as interrogé le mari ?

Domérégo s'était presque couché sur la table, le menton dans les mains pour parler à Kétab, dans cette attitude qu'il avait autrefois lorsqu'il faisait le point avec les collègues du 36.

– Cassan parle d'elle comme il la voyait lui, pas comme elle était vraiment.

Elle n'en dit pas plus à cause de la présence de Diane.

– Tu n'as donc pas la moindre piste ?

– Avant son petit numéro de revenant, j'avais pensé à Perrier…

– Nous aussi ! s'écria ingénument Diane.

Roch et Malika échangèrent un sourire d'intelligence, mais aucun des deux ne lui fit remarquer que des recherches privées ne sauraient se comparer à une enquête criminelle.

– À présent, je penche plutôt pour ce mystérieux Somaly.

– Pourquoi donner du crédit à ce qu'a dit Perrier ? Il a peut-être inventé ce personnage, soit pour se disculper, soit parce qu'il a cru le voir pendant ses… crises hallucinatoires ? suggéra Domérégo.

– Je ne crois pas. J'ai bien trouvé les photos dans la fontaine et…

Elle s'arrêta net, mais il était trop tard, elle en avait déjà trop dit. Elle devait faire face à deux visages stupéfaits et avides, prêts à mordre pour connaître le contenu de l'enveloppe. Elle trouva son salut dans le serveur qui passait à proximité de leur table.

– S'il vous plaît ? héla-t-elle en agitant un bras.

– J'arrive tout de suite, madame. Je sers ces consommations et je suis à vous.

Et tandis qu'elle attachait obstinément ses yeux sur le garçon pour ne pas avoir à affronter ses compagnons de table, elle applaudit intérieurement l'art et la manière qu'avait eus Domérégo de lui faire baisser sa garde : tel est pris qui croyait prendre, et elle s'en mordit la langue. Elle venait non seulement de révéler un élément capital de l'enquête, mais de surcroît elle s'était mise à découvert face à Domérégo qui, nul doute, allait vouloir à présent troquer ce qu'il savait contre ce qu'elle avait trouvé dans le fond de la vasque.

Le serveur pivota sur lui-même et demanda depuis la table qu'il avait servie :

– Vous désirez ?

– La même chose, s'empressa de répondre Roch.

– Je voulais manger, dit Kétab qui essaya de gagner du temps.

– Plus tard. Ne tourne pas autour du pot. Qui voit-on sur les clichés que tu as retrouvés ?

– C'est donnant, donnant, mes amis. Vous me dites ce que contient votre enveloppe et je vous dirai ce que contient la mienne.

– Parle-lui des négatifs, Roch, supplia Diane que l'attente mettait à la torture.

Celui-ci parut gêné. Il se gratta le sourcil, passa la main dans ses cheveux, tira sur le lobe de son oreille.

– Ce sont les négatifs des dernières photos qui ont été déposés par Perrier chez Diane..., je veux dire chez Mlle Jenken, commença-t-il.

Diane prolongea par le geste les paroles de Domérégo. Elle ouvrit son sac à main et sortit le dernier paquet de photographies placé dans l'entrée de son appartement avec la demande de rançon.

– J'avais l'intention de les montrer au détective dans le cas où il aurait nié, expliqua-t-elle en les tendant au capitaine.

Kétab les examina rapidement, les déployant en éventail dans ses mains comme un jeu de cartes. Elle pensa : « Ainsi, c'est l'ultime geste qu'elle aura fait de son vivant. Poignarder un homme !... J'ai besoin d'être seule pour les examiner. Pour comprendre... » Et d'un geste rapide, elle les rangea dans sa poche.

– Mais que faites-vous ? !

– Je les garde, mademoiselle. Ce sont des pièces à conviction. Que vous importe, puisque vous avez les négatifs. Néanmoins, j'ai comme l'impression qu'il n'y avait pas que ça dans l'enveloppe trouvée chez le maboul.

– Si, capitaine, et d'ailleurs si vous voulez vous en assurer...

– Diane a raison, coupa Roch, le mieux c'est que tu t'en assures par toi-même.

Alors il sortit de l'intérieur de son caban une enveloppe de papier kraft qu'il remit à son ex-collègue.

– Toi aussi, tu comptais soumettre son contenu à l'obligeance de Perrier ? ironisa-t-elle.

– Disons plutôt que je n'ai pas eu le temps de mettre le *tout* en lieu sûr. Je ne souhaite pas que ce soit à la portée de *tous* les regards.

Cette insistance alerta Kétab. « Domérégo essaye de me faire passer un message, c'est clair. » Elle ouvrit l'enveloppe sans rien en extraire, se contentant d'en examiner l'intérieur.

Elle aperçut d'abord les négatifs puis, épinglée à eux, une planche-contact. Elle leva les yeux, rencontra ceux de Domérégo qui clignait des paupières pour lui signifier : « Surtout, tais-toi », puis elle tourna son regard vers le fond de la brasserie : elle attendit le serveur afin de détourner l'attention de Diane.

Le voilà qui arrivait et, à l'instant où il se pencha pour servir, Kétab tira rapidement la planche-contact qu'elle examina sur ses genoux. Le tirage était d'une netteté extraordinaire. On distinguait sans effort les contours, presque les traits des personnages. Les scènes étaient scabreuses, parfois à la limite du pornographique. Elle ne comprenait pas bien l'intérêt de ces photos… Soudain, elle eut un mouvement de balancier sur sa chaise comme si elle venait de recevoir un coup violent sur la nuque. Elle entendit une voix réclamer très fort 8,50 euros et des sons assourdissants de billets froissés. Puis ces bruits disparurent subitement ; elle eut alors l'impression d'avoir plongé dans une piscine autour de laquelle il y avait beaucoup de monde. La planche-contact montrait les vues d'un film photographique sur lesquelles Daphné Jenken apparaissait sans équivoque avec des clients. Apparemment Perrier ne les avait fait parvenir à personne et Domérégo, le relayant, n'avait pas voulu qu'elles tombent entre les mains de sa maîtresse.

Regardant Domérégo droit dans les yeux, qui semblait inquiet de l'expression émue de son visage, elle déchira sous la table la planche-contact et fourra les morceaux dans l'enveloppe qu'elle lui rendit.

– En effet, dit-elle, il n'y a rien d'autre que les négatifs des photos que j'ai déjà.

Il comprit, il sourit :

– Non, rien d'autre, répéta-t-il reconnaissant.

C'était un sentiment qu'il pouvait à présent avoir, la reconnaissance. Car il avait quelqu'un à protéger, à aimer, quelqu'un pour qui s'inquiéter. Il n'était plus seul.

Tandis qu'elle, avec ses amours particulières, elle sentait toujours au fond de son cœur une solitude radicale, un sentiment d'abandon infini. Elle tourna lentement sa petite cuillère dans sa tasse sans réaliser ce qu'elle faisait : elle ne sucrait jamais son café. Elle reprit, la gorge serrée :

– À mon tour de tenir ma promesse. On voit distinctement sur les photos le visage de son amant. Il y a même des portraits. Il est très beau. Ou plutôt, si j'en crois *vos* photos, il *était* très beau. Les clichés sont à l'IJ pour identification.

Elle mentait, bien entendu. Mais elle était flic, elle devait faire taire ses scrupules.

– Vous pensez que c'est Somaly ? interrogea Diane en renversant un peu de son thé sur la table.

– Il y a des chances.

– Mais pourquoi, dans ce cas, l'a-t-elle poignardé ?

– C'est précisément ce que nous devons découvrir, mademoiselle.

Diane avait un pâle sourire.

– Pourquoi ne m'en a-t-elle jamais parlé ? dit-elle. Depuis toutes petites, on se racontait tout. Nous n'avions aucun secret l'une pour l'autre, nous partagions nos rires et nos larmes, nos bijoux et nos jouets. Nous n'étions pas seulement des sœurs, nous étions les meilleures amies. J'ai l'impression depuis sa mort que nous ne parlons pas de la Daphné que je connaissais. Celle que vous avez allongée, capitaine, dans ce tiroir de métal blanc à la morgue, est quelqu'un d'obscur, de mystérieux, d'angoissant. Alors que ma petite sœur était tout le contraire : un être pur, radieux, innocent. Vous avez des frères et sœurs, capitaine ?

– Non. Mais mon beau-père avait un grand aquarium…

– Parfois, ajouta Diane après un silence, je ferme les yeux fort, très fort et je me dis que lorsque je vais les rouvrir, on va m'apprendre que vous vous êtes trompés de personne, que Daphné est vivante, qu'elle est quelque part dans un endroit où vous l'avez retrouvée. Et qu'elle va bien.

– Tu l'as toi-même identifiée. Il faut que tu commences à accepter la réalité de sa disparition, dit doucement Domérégo.

– Je sais, Roch.

Malika se demandait si Diane Jenken était au courant pour Cécile. Savait-elle qu'en plus de leurs sentiments, ils avaient aussi la mort, le deuil, la perte inconsolable d'un être cher en commun ? C'était même certainement pour cela qu'ils s'étaient rapprochés l'un de l'autre et aimés. Cependant pourquoi Diane Jenken ne trouvait-elle pas de réconfort auprès de sa famille ? De son beau-frère par exemple ?

La pensée soudaine du professeur réveilla chez elle des réflexes de chien policier, prêt à fureter partout.

– Dites-moi, mademoiselle Jenken, que pensez-vous du professeur Cassan ?

La question parut si incongrue à Diane qu'elle reposa la tasse qu'elle était en train de porter à ses lèvres à côté de sa soucoupe, manquant de la renverser.

– Je vous demande pardon ? Pourquoi me demandez-vous cela ?

– Je me faisais la remarque que vous ne parliez jamais de lui.

– Je devrais ? (Puis elle ajouta devant le regard fixe de Kétab :) C'est entendu, que voulez-vous savoir, capitaine ?

– Ce que vous pensez de lui.

Elle rit, mais on percevait que son rire était un peu forcé. Elle était embarrassée par la question. C'était visible.

– Ce que je pense de Cassan ?… Eh bien, qu'il aimait ma sœur comme un fou et qu'il est l'un des meilleurs chirurgiens qui soient en Europe. Que Daphné et la chirurgie sont les deux seules passions de sa vie.

– Comment se sont-ils connus ?

– À un gala de bienfaisance. Ma sœur avait remplacé maman à la dernière minute, je ne sais plus pour quelle raison. À l'instant où il l'a vue apparaître, il a été subjugué.

– Et elle ?

– Il l'impressionnait. Il a un charisme naturel, une autorité qui le font apparaître comme un homme hors du commun. Et puis une sorte de magnétisme étrange.

– Et l'est-il, un homme hors du commun ?

– Pour notre milieu, oui, capitaine. Pas seulement parce qu'il exerce une profession prestigieuse ou qu'il est célèbre, mais aussi parce qu'il détient un pouvoir extraordinaire et terrible sur les hommes.

– Celui de vie et de mort ?

– Plus que ça. Décider de qui doit vivre ou mourir est un pouvoir qui n'intéresse pas Cassan. Il considère cela comme primaire, brutal et sans intérêt. Il vous dirait que c'est une puissance vulgaire. La science qu'il possède se situe bien au-delà : elle lui donne la capacité de transformer la nature.

– Mais encore ? intervinrent d'une même voix Roch et Malika.

– C'est assez complexe et fastidieux à expliquer, répondit Diane avec un soupir maladroit qui froissa ses interlocuteurs.

– Ne t'inquiète pas pour nous, une grande partie de notre travail, à Malika et moi, consiste précisément à écouter des choses ennuyeuses.

Kétab ne parvint pas à l'intonation de la voix à déceler si, par cette réplique, Domérégo avait voulu être railleur ou s'il invitait simplement son interlocutrice à poursuivre. Néanmoins, elle ne put s'empêcher de se demander quel avenir commun pouvaient avoir deux êtres si dissemblables. L'un était un ancien flic tombé dans le journalisme à la pige et dont les principales occupations étaient de ruminer la mort de sa femme et celle d'un adolescent, ou de jouer de son Selmer toute la nuit en descendant des bouteilles de rye. L'autre était une jeune bourgeoise de la porte d'Auteuil dont l'activité quotidienne consistait à manipuler les pierres précieuses destinées aux joailliers de la place Vendôme et à descendre dans les palaces des grandes capitales du monde. Leur rencontre était on ne peut plus improbable. D'ailleurs comment avait-elle bien pu se faire ? Sûrement que Domérégo y était encore allé de son baratin habituel : « Je connais bien la police, il y aura des informations auxquelles vous n'aurez pas accès. Il n'est même pas sûr que vous sachiez un jour toute la vérité. Je peux vous aider. Nous pourrions de notre côté mener notre enquête. Je suis journaliste, je sais comment faire, et patati et patata. » Et la belle se serait laissée embobiner.

– Soit, puisque vous y tenez, reprit Diane. Comme vous le savez Cassan est un chirurgien spécialisé dans la greffe d'organes. Cependant, il ne se contente pas de prélever un organe sain et de le transplanter dans un corps qui en a besoin. Il va plus loin, il cherche à retrouver le processus de création de chaque organe afin que sa survie ne dépende pas de la tolérance de la personne qui le reçoit, mais de sa seule structure cellulaire.

Malika et Roch échangèrent un regard interrogatif que Diane surprit. Elle eut un geste d'impatience :

– En clair, il existe dans un organe différentes structures cellulaires qui assurent chacune une fonction déterminée, tels les microcosmes du foie par exemple. Eh bien, Cassan a découvert que non seulement ces organites comme on les appelle peuvent exister en plusieurs exemplaires dans la cellule, mais que, activés par une pression mécanique à l'aide d'une pipette par exemple, ils peuvent reconstituer l'organe greffé et empêcher le rejet du greffon par le sujet…

Ses interlocuteurs qui la fixaient de plus en plus intensément rapprochèrent leurs chaises.

– … car chacun des corpuscules tels que le noyau, les mitochondries, etc., qui remplissent dans la cellule… Quoi ? Pourquoi me regardez-vous comme ça ? demanda soudain Diane surprise par l'intensité de leur regard.

À cette question, le journaliste et l'officier de police s'examinèrent mutuellement comme s'ils étaient étonnés de se découvrir la même curiosité à la voir poursuivre ses explications.

– Tu m'as l'air calée sur le sujet, dit Domérégo.

– Oh, tu sais, à force d'écouter Cassan aux repas de famille raconter l'état de ses recherches et de ses découvertes, on finit soi-même par s'y intéresser. C'est la seule chose dont il parle avec passion, et c'est vrai qu'il est passionnant sur le sujet.

Elle leva le nez, réfléchit un instant et ajouta :

– Parfois même, il a des airs de fanatique qui me font peur. Je me souviens que lors d'un réveillon de Noël, emporté par des descriptions de travaux en laboratoire qu'il venait de mener, il a lâché avec fièvre : « Un jour je serai adulé des hommes parce qu'à l'égal d'un dieu, je redonnerai vie à leurs organes morts ! » Ses propos ont glacé le sang de tous ceux qui étaient présents. Puis il a ri, d'un rire de dément. Maman a mis ça sur le compte du vin.

– Et vous, demanda Kétab, vous avez pensé que c'était à cause de l'alcool ?

– Je crois qu'il voulait ce soir-là attirer l'attention de Daphné qui semblait lointaine, ailleurs. Mais ses paroles eurent l'effet inverse, car je l'ai vue frissonner à plusieurs reprises. Elle a du reste quitté la table.

– On dirait que vous nous parlez du docteur Frankenstein !

– Non, capitaine, répondit Diane avec un sourire, c'est la description fidèle d'un grand chef d'un service de chirurgie de pointe. Ils se voient eux-mêmes comme des demi-dieux capables de défier la nature et de la modifier selon leur volonté.

Puis elle regarda tour à tour ses interlocuteurs, intriguée, dans l'attente de quelque chose.

– Alors ? Qu'ai-je dit qui vous a tous deux interpellés ? Et ne me mentez pas parce que j'ai bien vu que vous avez réagi à quelque chose. Qu'est-ce que c'était ?

Domérégo sentit qu'il devait intervenir le premier, que sa voisine ne se risquerait pas à parler d'une information importante si elle n'avait pas la certitude qu'elle était aussi connue de lui.

– Lorsque j'ai inspecté la chambre de l'hôtel, j'ai trouvé une boîte de médicaments sans notice. Je me suis renseigné auprès d'une pharmacie et on m'a dit que le Sandimmun, c'est son nom, est prescrit pour éviter le rejet des greffes chez des sujets récemment opérés et non stabilisés.

Les deux femmes restèrent muettes de surprise : Diane parce qu'elle ne comprenait pas le rapport entre cette découverte et la recherche du meurtrier de Daphné ; Malika parce qu'elle ne le devinait que trop bien sans pouvoir toutefois insérer cet élément dans la mosaïque de ses indices.

« Et c'est ce qui est rageant, se dit-elle. Il y a bien par-ci par-là des éléments qui, pris isolément, paraissent signifier quelque chose : une victime, un faux détective fou, des photographies de l'amant, etc., mais qui, associés à d'autres, se révèlent absurdes. Par exemple, ont-ils un rapport avec le mystérieux cambrioleur du laboratoire de l'hôpital Beaujon ? Pourquoi celui-ci a-t-il volé les mêmes médicaments que ceux de la boîte vide trouvée par Domérégo sur la scène du crime ? Est-ce que le professeur Cassan joue un rôle dans cette histoire ? Qui est cette "créature" dont parlait Perrier ? Pourquoi est-ce qu'il ne parvenait pas à nommer l'amant ? et je pourrais encore continuer longtemps la liste. »

– Qu'en dis-tu ? interrogea Roch qui attendait une réaction de sa part.

– Que cette affaire n'a ni queue ni tête, soupira-t-elle. C'est comme si on essayait de rapiécer une couverture avec des lambeaux de tissu qui ne correspondent pas.

– Tu as quelque chose sur cette histoire de médoc ?

– Un cambriolage. La pharmacie du labo du professeur a été forcée et ce sont des boîtes de Sandimmun qu'on a volées. Et, pour couronner le tout, Cassan refuse de porter plainte pour ne pas nuire à la réputation de son service…

Kétab lâcha tout et n'eut plus aucun scrupule déontologique : « À quoi bon ? se défendit-elle, Domérégo a toujours une longueur d'avance sur moi. Je n'ai jamais l'impression de lui apprendre quelque chose. Il est fortiche, le salaud ! »

Ce relâchement était le signe qu'elle était en train de perdre pied. Elle le savait et s'en agaçait. Elle ne parvenait pas à tenir les rênes de l'enquête et à guider ses investigations dans une direction claire et ferme. Elle avait besoin… Malika leva alors sur Roch un regard noir de reproches…

« Oui, j'ai besoin d'aide. C'est nul pour un flic d'en arriver à solliciter l'aide d'un ex de la maison. »

Et comme si ce dernier lisait dans ses pensées, il lui suggéra doucement :

– Elle est là, la piste à suivre, Kétab. C'est ce médicament. Il faut chercher qui a fait l'objet d'une transplantation d'organe dans cet hôpital et à qui on en aura prescrit.

– Tu crois que je t'ai attendu pour y penser ? dit Kétab avec mauvaise foi. À ce propos, j'ai un coup de fil à passer. Excusez-moi.

Elle sortit sur le trottoir de la brasserie, raide, crispée de dépit et de frustration. Elle alluma une cigarette dont elle tira des bouffées longues et profondes. Elle sentait bien que le cambriolage du laboratoire et l'agression du mari de la victime n'étaient pas des faits distincts, qu'ils avaient un rapport avec le meurtre. Mais elle avait besoin qu'on le lui confirme, qu'on la rassure sur ce point afin qu'elle puisse vaillamment affronter la mâchoire de requin de Sézureck lorsqu'elle lui annoncerait qu'il faudrait rapprocher les deux affaires. Dométégo, à son insu, venait de le faire. À elle maintenant d'appeler l'identification judiciaire à qui elle avait demandé de comparer les taches de sang retrouvées dans le bureau de Cassan avec celles relevées à l'hôtel Darwin pour être définitivement confortée dans son intuition.

Lorsqu'elle joignit avec son portable le laborantin Philippe qui lui annonça qu'ils étaient du même groupe sanguin, elle se mit à s'agiter comme un chien de chasse qui aurait enfin éventé le gibier.

– Est-ce celui du professeur Cassien-Jean Cassan ?

– L'échantillon de sang qu'il nous a fourni correspond au second transfert sanguin opéré à l'hôpital Beaujon. Il y a bien eu deux personnes dans son bureau, lui et un autre individu. Et c'est cet autre individu qui a été en contact avec la scène de crime de la rue Marcadet.

– Et le fichier des empreintes génétiques a donné quelque chose ?

– RAS. L'individu n'est pas fiché.

Elle fut un peu déçue, mais elle tenait quand même son lien entre les deux affaires. Sézureck allait devoir accepter leur jonction, et elle souriait déjà à l'idée de le voir s'asphyxier à la surface de son eau invisible en scrutant l'horizon d'une mer du Nord fantomatique.

Mais il n'y avait pas que lui. Il y avait aussi la tête arrogante et hautaine de Cassan qu'elle allait se payer quand elle lui annoncerait : « J'ai une bonne nouvelle, professeur. Je m'occupe aussi de l'enquête concernant votre agression. Nous n'allons plus nous séparer ! »

– Capitaine, vous êtes toujours là ?

– Oui Philippe, et comment !

– Vous ne me demandez pas le sexe de l'individu en question ?

Elle pensait avoir mal compris les mots du laborantin car à ce moment là les portes de la brasserie s'étaient ouvertes brutalement, et le flot des clients du deuxième service s'était tout à coup déversé sur le trottoir, avec des rires, des éclats de voix et des bousculades propres aux gens qui sortent de table repus et contents.

– Vous pouvez répéter Philippe, je vous entends mal ! hurla-t-elle en s'éloignant sur la chaussée, une main plaquée sur l'autre oreille.

– Je vous disais : vous ne me demandez pas le sexe de l'individu dont j'ai analysé le sang ?

– Comment cela ?... C'est bien un homme n'est-ce pas ?

– Non.

– Quoi ? Une femme ? demanda-t-elle déroutée.

– Non plus, capitaine. Ni « XX » ni « XY ».

– Mais de quel sexe est-il alors ?

– Justement, capitaine, c'est à vous de me le dire, lorsque vous l'aurez retrouvé.

– Si c'est une plaisanterie, Philippe…

– Avec vous, capitaine, j'évite de plaisanter quand j'ignore si vous avez bu un café dans l'heure qui précède. Cela dit, je vous le précise, cette aberration chromosomique est rarissime, mais pas impossible dans la nature. D'ailleurs, les biologistes évolutionnistes pensent qu'au dévonien inférieur, avant que les orthocères à coquille droite aient achevé leur évolution, toutes les formes animales étaient porteuses des deux marqueurs chromosomiques sexuels. Et encore aujourd'hui il existe certaines espèces qui témoignent de ce phénomène… Vous êtes toujours là, capitaine ?…. Vous m'entendez ?…

– Est-ce que ça signifie que vous ne pouvez pas affirmer si c'est un homme ou une femme ? C'est bien ce que vous me dites ?

– Avec les échantillons dont je dispose, non. Toutefois vos yeux, en la circonstance, vous seront bien plus profitables que mon microscope, car votre individu a des chances d'être soit un homme, soit une femme dans tous ses attributs et sans l'ombre d'un doute. Vous n'aurez pas, par exemple, un hermaphrodite, ou un transsexuel ou encore une chimère à deux sexes. C'est comme pour une maladie orpheline en sommeil, c'est rare et il se peut que celui ou celle que vous recherchez ne sache même pas qu'il présente cette bizarrerie génétique.

– Comment ça ?

– Tout simplement parce ce que, dans la vie courante, il est probable que ça ne lui pose pas de problèmes particuliers. Il n'y a que pour les laboratoires d'expertise judiciaire ou lors d'une recherche en paternité que ça coince.

– Et il fallait que ça tombe sur moi !

– Réjouissez-vous, capitaine, ça vous fera des souvenirs à raconter quand vous serez à la retraite.

– À condition que je n'aie pas été virée d'ici là ! Et c'est bien parti pour.

Elle fit quelques pas devant la brasserie en se mordillant l'intérieur de la joue et alluma une nouvelle cigarette. Elle essayait de réfléchir calmement, d'ordonner ses pensées, mais tout s'embrouillait dans son esprit.

Finalement, elle n'y tint plus : elle écrasa son mégot sous son talon, coupa son portable et se précipita à l'intérieur du café. Tans pis pour les règles, elle allait en parler avec Domérégo, avec Diane Jenken et même avec le pape s'il était disponible, mais il lui fallait quelqu'un avec qui échanger ses vues pour débrouiller le sac de nœuds que constituait cette enquête… Le commissaire divisionnaire n'avait pas besoin d'être mis au courant. « En tout cas, c'est pas moi qui le lui dirai. »

Aussi Malika tira sa chaise et s'assit devant ses nouveaux amis comme elle l'aurait fait avec des collègues dans une des salles de réunion de la brigade, rue du Château-des-Rentiers, pour faire le point sur les investigations en cours.

17

Rue Saint-Denis
1er arrondissement

Les sex-shops, les peep-shows et les boîtes à strip de la rue Saint-Denis sont moins grands, moins propres et surtout moins rutilants que ceux de Pigalle. Mais Pigalle est au sexe ce que Las Vegas est aux jeux de hasard, un lieu de distraction et d'*entertainment* pour touristes à dollars et à yens désireux de s'encanailler à l'ombre du Moulin-Rouge.

Rue Saint-Denis, c'est autre chose. C'est comme le sandwich jambon-beurre, typiquement parisien. Ne viennent là acheter et mater du sexe que des habitués du quartier, pas forcément des résidents, ni des réguliers d'ailleurs qui peuvent lui préférer la gare de Lyon ou Alésia, mais des types qui ont leur petit usage derrière les rideaux noirs comme l'on dirait de certains qu'ils ont leur manie du dimanche : acheter le pain dans telle boulangerie, le journal dans tel kiosque, et boire un petit noir à tel comptoir.

Cela est d'autant plus vrai que Saint-Denis ne propose plus dans le « X » qu'un choix de plus en plus restreint adapté à une clientèle de plus en plus confidentielle. Le sida, Internet, la rénovation du quartier qui ont drainé une nouvelle population de bourgeois-bohèmes plus propre sur elle, moins esseulée et plus « morale » que celle qui s'y était installée dans les années 1970, ont réduit la présence du porno dans les rues allant de Châtelet-Les Halles à Étienne-Marcel. Autrefois, on trouvait dans les bars à putes essentiellement des écrivains obscurs, des étudiants du quartier Latin, des peintres sans galerie, des stylistes sans atelier, des mannequins sans agent... Toute une faune à laquelle venaient parfois se mêler le vendredi soir des travailleurs immigrés sans famille.

Kétab se gara à cheval à l'angle de la rue du Cygne et de la rue Saint-Denis. Domérégo et elle avaient fait en voiture le tour du quartier en examinant toutes les devantures de sex-shops pour trouver celui qui aurait eu un étage susceptible d'abriter des chambres de passe. Son compagnon se pencha en avant, essuya avec la manche de son caban la fine buée qui s'était formée à l'intérieur du pare-brise.

– Ouais, ça pourrait correspondre à la description de Perrier. Allons voir.

Elle rabattit le pare-soleil sur lequel était inscrit « Police » afin que la fourrière n'ait pas l'idée d'embarquer le véhicule.

– T'aurais pu te garer plus loin, il y a des places. Tu gênes là.

– Plus loin, c'est plus loin. Stationner n'importe où dans Paris, c'est un des rares privilèges qu'on a, tu devrais t'en souvenir. Et puis, de toute manière, il pleut et on n'en a pas pour longtemps.

Et tous les deux relevèrent le col de leurs manteaux en levant le nez vers le crachin du ciel avant de traverser la chaussée n'importe comment sans tenir compte des voitures qui déboulaient dans les deux sens. Les automobilistes les klaxonnèrent et les insultèrent, et Domérégo était heureux, ému même, car il retrouvait l'ambiance des interventions d'autrefois quand il était encore un flic, un des meilleurs de la police judiciaire de Paris. S'effaçant, Kétab le laissa pousser en premier la porte de la boutique spécialisée.

– Par ici les tourtereaux ! appela, depuis le fond de la pièce, une voix qui elle-même roucoulait.

Ils furent d'autant plus surpris lorsqu'ils découvrirent derrière sa caisse un homme taillé comme une montagne, obèse, barbu et suintant de tous les pores de sa peau un liquide trouble et malodorant qu'il essuyait de temps à autre avec une grande serviette éponge à la propreté douteuse.

– Heureusement que Diane Jenken ne nous a pas accompagnés !

– Oui, j'ai bien fait d'insister.

Diane s'était laissé convaincre par Roch de ne pas les suivre. Il avait trouvé l'excuse parfaite pour la faire fléchir : « Tu comprends, une femme comme toi dans un endroit chaud, on va se méfier. On ne nous parlera pas. Tu as bien vu pour ta sœur, elle a dû se travestir pour obtenir des infos. Sois raisonnable Diane, on n'a pas de temps à perdre. »

Elle avait accepté les clés de sa voiture et lui avait fait jurer qu'il l'appellerait immédiatement après : « Tu me le promets ? », et Domérégo, gêné par la présence de Kétab, l'avait poussée un peu brusquement dans l'auto : « Mais oui, mais oui, c'est promis, je t'appelle », avait-il répondu sur un ton légèrement exaspéré.

C'étaient ces manières et ce ton qu'il regrettait à présent ; mais il se consolait en se disant qu'il avait bien fait de refuser de l'emmener avec eux dans ce trou à rats. Car si à l'extérieur la vitrine était flashante, à l'intérieur il faisait aussi sombre que dans une cave. Seul le gérant énorme était éclairé par des spots fixés au plafond.

Jusqu'ici celui-ci les suivait sur un écran de contrôle, mais quand les deux visiteurs furent en face de lui, son sourire obséquieux disparut aussitôt :

– Vous êtes des poulets. Vous sentez la rôtisserie à plein nez.

Il accompagna sa remarque de deux claquements de sa serviette éponge sous les aisselles.

– Je suis le capitaine Kétab et voici... le commandant Domérégo. T'as une pièce d'identité ? (L'homme la sortit d'un tiroir avec un geste machinal.) On voit que t'as l'habitude des contrôles. (Elle lut :) « Anatole Lasso ». Tiens, c'est pas banal comme nom.

– Qu'est-ce que vous me voulez ? Je suis un honnête commerçant, je ne vends rien qui ne soit pas autorisé, je paye ma TVA sur les produits pornographiques et je ne laisse pas entrer les mineurs.

– Nous sommes de la criminelle. Nous enquêtons sur un meurtre.

– J'ai tué personne et personne n'est mort chez moi.

Cette fois, ce fut sur son dos qu'il passa la serviette, d'une façon naturelle et souple. Il était détendu, sûr de lui, presque détaché. Il poussa même le culot jusqu'à ajouter :

– J'ai ma conscience pour moi.

Malika et Roch échangèrent un bref regard et tous deux pensèrent : « C'est soit un indic bien couvert, soit un ex-taulard qui a passé un certain nombre d'années derrière les barreaux. Il ne va pas être facile, Anatole. »

– Il y a quoi, là-haut ? demanda Domérégo en faisant mine de s'approcher de l'escalier qui menait à l'étage.

– Des piaules pour étudiants.

– On peut y jeter un coup d'œil ?

– Ce sont des domiciles privés. J'ai pas les clés et ils sont tous à l'université.

– Juste le couloir pour voir.

– Vous cherchez quoi au juste ? Le meurtrier ?

– Précisément, rétorqua Kétab en posant violemment deux photographies sur le comptoir.

Sans se départir de son calme, le gérant les examina avec attention.

– Qui c'est que ça ? C'est la même personne ?

– Oui, gros malin. La première a été prise alors que l'individu entrait dans ta boutique de farces et attrapes. Tu reconnais l'enseigne ?

Elle était en train de désigner une des photos prises par le détective et trouvée dans la vasque chez Daphné Jenken.

– Et celle-ci, il y a trois jours, par la vidéo-surveillance d'un hôpital. C'est le même individu.

Elle avait fait tirer sur épreuve la bande recueillie auprès du service de sécurité de l'hôpital Beaujon le jour même de l'agression du professeur Cassan.

Le gérant siffla et répliqua avec conviction :

– Eh bien, qu'est-ce qu'il a dû en baver entre les deux photos ! Sur la deuxième, il est méconnaissable.

– Mais peut-être qu'avec la première, tu peux faire un effort de mémoire ?

Il secoua la tête en s'épongeant le cou :

– Non, désolé, j'aimerais vous aider, mais non, je vois pas. C'est possible qu'il *soye* déjà venu dans mon magasin, mais je peux pas me rappeler de tout le monde.

– T'as des bandes dans tes caméras ?

– Elles enregistrent pas. C'est mauvais pour un commerce comme le mien. Ça ferait fuir le client.

– T'es un futé, pas vrai ? T'as réponse à tout, dis-moi ? intervint Domérégo. Voyons voir si tu en as une pour celle-ci : ta vitrine qui donne sur la voie publique n'est pas réglementaire : il y a des objets et des images qui violent de façon manifeste les lois sur la protection des mineurs et portent atteinte aux bonnes mœurs.

– Vous rigolez !…

– On a l'air de se marrer ? Ma collègue et moi allons dresser un procès-verbal dans lequel nous constaterons des images et des films à caractère pédophile ou incitant les mineurs à la débauche…

– Mais vous pouvez pas, c'est de l'abus de pouvoir !…

– On va se gêner ! Dans deux heures, ta résidence universitaire est fermée et t'iras t'éponger à la souricière. Alors ces photos, elles ne te rappellent vraiment pas quelqu'un ?

– Bon, OK, calmez-vous. La deuxième peut-être… On dirait Somaly.

– Somaly qui ? Somaly comment ? demanda Kétab en se montrant brusque.

– Vous en avez de bonnes, vous ! J'en sais rien. Je demande pas un extrait de naissance aux gens qui rentrent ici. Tout ce que je sais, c'est que c'est un prostitué. Quand il est venu dans le quartier travailler, il avait l'air plutôt bien, mais plus les mois passaient, plus il déclinait. Au bout d'un an, c'était plus le même, une vraie loque souffreteuse et toujours des tas de cachets à la main. C'était dommage, c'était de la belle marchandise, un beau type… Trop beau même, c'était bizarre comme impression.

– Bizarre dans quel sens ?

– Eh bien, je sais pas comment dire – il faisait pas « naturel ». Vous savez, comme quand vous voyez une très belle fleur et que vous vous dites qu'y en a pas des comme ça dans la nature. C'est pas que c'est artificiel, mais c'est pas naturel.

– Je ne comprends rien à tes explications, coupa Domérégo en surenchérissant sur la rudesse de Kétab.

C'était la méthode classique des interrogatoires de témoins hostiles : le collègue donnait le ton, l'autre renchérissait jusqu'à l'intimidation. En règle générale, on arrivait à faire craquer les plus récalcitrants. Roch jubilait de retrouver ses réflexes et ses sensations d'antan.

– Pour sûr, tes explications sont vraiment foireuses, en rajouta Kétab. T'as rien de plus précis, par exemple où il crèche ?

– Ça fait un moment que je l'ai pas vu. Je sais pas pourquoi, mais, du jour au lendemain, il a disparu. C'était après le passage d'une femme, je devrais dire plutôt : d'une dame. Une vraie lady, belle et fine comme une poupée de porcelaine.

Anatole Lasso leva alors ses grosses paluches d'ours avec un sourire d'enfant et tenta d'esquisser la silhouette.

– Vrai, pas plus grande que ça !...

– Oui, bon, et après ? coupa Kétab.

– Après ils se sont parlés en criant et en pleurant, surtout elle. Elle disait : « J'ai cru que tu étais parti très loin, que tu m'avais quittée parce que tu ne m'aimais plus, que tu t'étais lassé de moi, que tu ne savais pas comment me le dire, et que c'est pour ça que tu as préféré partir. C'est ce que tu as écrit dans ta dernière lettre. Et je te retrouve ici à faire des choses horribles. Mais qui es-tu vraiment ? », et d'autres conneries de ce genre. Une vraie scène d'amoureux. Lui aussi il chialait : « Écoute Daphné mon amour, je ne peux pas t'expliquer, je ne peux rien te dire, mais je n'avais pas le choix, je ne l'ai toujours pas. Il faut me croire, je t'en supplie ! Je t'aime !... » C'était marrant d'entendre parler un tapineur comme Roméo. Je pissais de rire devant mon écran. Mais bon, j'ai vite mis fin à ce raffut parce que les cris, vous savez, c'est pas bon pour le commerce. J'ai pris mon micro et je leur ai demandé de sortir, et c'est elle qui s'est sauvée. Elle était toute chose, la pauvre petite ! Dans les minutes qui ont suivi, Somaly a ramassé ses affaires, il m'a payé et il a filé. Je l'ai plus revu depuis.

– Il habitait donc là ?

– J'ai… j'ai dit ça moi ? bredouilla Lasso confus de s'être vendu si bêtement.

– Oui, t'as dit ça, monsieur l'honnête commerçant, rétorqua Kétab. Et ne viens pas nous dire que tu croyais héberger un étudiant des beaux-arts qui faisait dans le dessin anatomique, parce que se payer notre tête, ça ne sera pas bon pour tes affaires non plus. Montre-nous où est sa chambre sans faire d'histoires.

Il haussa les épaules d'un air résigné.

– Après tout, ça me concerne pas à partir du moment que ça m'attire pas d'ennuis. Voilà les clés, c'est au milieu du couloir à gauche. Depuis Somaly, la chambre n'a pas été occupée. Personne ne la veut. Je vous accompagne pas, je peux pas monter les escaliers. J'ai été déclaré handicapé par la médecine du travail.

– Donc tu ne sais pas ce qui se passe là-haut ? demanda Kétab, interloquée.

L'homme eut un sourire visqueux tandis qu'il caressait lascivement son moniteur de contrôle.

– J'ai des caméras. Avec mes petites chéries, je vois tout ce qui se passe, tout le temps et sans avoir à bouger.

« Tu te rinces l'œil, tu veux dire, mon cochon ! », et tout en se faisant cette réflexion Domérégo passa derrière l'écran qu'il débrancha d'un geste sec.

– C'est une perquisition, dit-il. Ou tu nous accompagnes pour vérifier ce qu'on saisit ou tu attends qu'on redescende pour continuer à regarder ta série préférée.

Le gérant haussa une nouvelle fois les épaules :

– Si je grimpe, je pourrais plus jamais redescendre. Je vous demanderai seulement de faire vite pour pas déranger les occupants des autres chambres.

– T'inquiète pas, on n'a pas l'intention de s'éterniser. On est mal garés.

Elle prit les clés que Lasso lui tendait par-dessus le comptoir et rejoignit Domérégo déjà au pied des escaliers. À peine avaient-ils grimpé les premières marches qu'ils entendirent le gérant racler sa gorge avec insistance :

– Y a-t-il quelque chose que tu souhaiterais nous dire, Anatole ? interrogea Malika la main sur la rampe.

– En fait, c'est quelque chose que j'ai jamais pigé concernant Somaly. Peut-être que vous vous avez une idée ?... Voilà, y avait beaucoup de clients qui venaient le demander à cause des cicatrices qu'il avait sur tout le corps. Ils disaient qu'ils aimaient ça...

Une violente expression d'écœurement passa sur les visages de Roch et de Malika. Puis la jeune femme répondit sur un ton cinglant :

– À mon avis, c'est parce que les clients ressemblaient au crémier de cette crémerie.

Et elle emboîta le pas à son acolyte.

Le long couloir sans fenêtres et sans couleur était éclairé crûment par des tubes de néon qui grésillaient comme une nuée d'insectes. De chaque côté, de petites portes sans épaisseur s'alignaient à quelques centimètres d'intervalle semblables à des portes de pissotières.

– Ma parole ! On dirait un clapier de travailleurs clandestins, s'exclama le capitaine à qui leur perquisition rappelait des descentes dans des ateliers illégaux de la capitale quand elle était encore à la répression des fraudes.

– Ou un de ces bordels-usines aux abords des autoroutes, murmura le journaliste avec un serrement de gorge.

Ils poussèrent la porte correspondant au numéro du porte-clés. Un froid terrible, glacial, compact, les arrêta net sur le seuil. La pièce orientée au nord n'avait qu'un petit vasistas apparemment cassé depuis longtemps et jamais réparé, et par lequel s'engouffrait l'humidité mordante de l'hiver qui semblait ici être continuel. Jamais un rayon de soleil, une lumière un peu chaude, un souffle d'été n'avaient pénétré et réchauffé les murs, de sorte qu'après le froid c'était une odeur de moisi, de linge et de lino pourris qui les saisit à la gorge et les obligea à plaquer une main sur leur bouche.

– Quel être humain a pu accepter de vivre dans cette fosse ? s'indigna Kétab à la vue des immenses auréoles brunes sur le papier peint et le plafond, et sur lesquelles des insectes étaient restés collés, piégés par la vapeur d'eau accumulée et la transpiration des corps qui s'étaient succédé dans cette petite dizaine de mètres carrés.

– Un homme aux abois, répondit son compagnon qui sans attendre se mit à fouiller la pièce.

Elle allait pour ouvrir en grand la porte de la chambre, mais se ravisa. Malgré l'odeur insoutenable, il valait toujours mieux procéder à une perquisition illégale à l'abri des regards indiscrets. Elle se pinça le nez et rejoignit son collègue occupé à fouiller derrière un paravent. Les toilettes devant être sur le palier, Somaly s'était aménagé là un petit lieu intime.

– Tiens, regarde ça, Malika.

Il lui montrait une petite cuvette d'infirmerie, dans laquelle ils découvrirent un garrot en caoutchouc, des seringues à injection avec des ampoules cassées portant des étiquettes de l'hôpital Beaujon : « Unité des Greffes – Labo CHU – 2634 », ainsi qu'une boîte éventrée de Sandimmun provenant toujours du service du professeur Cassan, des compresses, des agrafes qu'on avait retirées d'une plaie, du matériel de perfusion…

– Il n'a probablement pas eu le temps d'emporter tout ça, commenta Domérégo.

– Il a dû penser qu'il pourrait revenir et nettoyer les lieux, ajouta Kétab.

– Mais quelque chose l'en a empêché… Quoi ?

– Peut-être le couteau de Daphné Jenken.

– Il n'est donc ni un junkie ni un véritable prostitué comme l'indique la conversation qu'a entendue Lasso entre Somaly et Daphné, mais un malade.

Ils échangèrent un sourire de satisfaction pour ce premier grand pas fait dans l'enquête.

– Mais alors ça signifie, poursuivit Domérégo, que lui aussi a occupé la chambre 13 de l'hôtel Darwin.

– Pourquoi cela ?

– Parce que j'y ai trouvé la plupart de ces éléments quand je l'ai fouillée : le garrot, la seringue, un morceau d'ampoule et une boîte de ce médicament.

Malika se rembrunit.

– Comment se fait-il que nos enquêteurs ou les techniciens de la scientifique n'aient pas mis la main sur ces indices ? Serais-tu par hasard passé avant nous ?

– Non ! Je t'assure que non. L'erreur que vous avez commise dès le départ, c'était de croire que vous aviez affaire à une banale histoire de prostituée étranglée par son mac ou par un client dans une chambre de passe où défilent chaque jour une dizaine de types louches. Dès lors vous avez pensé qu'à part le sang tous les autres objets auraient pu être amenés sur la scène de crime par n'importe qui, et n'avaient pas forcément de lien avec le meurtre.

– Tu sous-entends qu'on a bâclé l'inspection de la scène de crime ?

– Tu sais, ce n'est pas la première fois que je vois ça.

Kétab, vexée, aurait aimé lui balancer qu'il ferait mieux de parler au passé, qu'au cas où il ne s'en souviendrait pas il n'était plus flic, qu'il y avait belle lurette qu'il ne voyait plus rien d'une enquête. Mais elle ravala sa fierté corporatiste, elle devait bien admettre qu'il avait raison. Elle-même avait d'emblée conclu qu'elle était en présence d'une prostituée avant qu'il n'ait attiré son attention sur la marque au doigt de son alliance.

– J'ai tort de fanfaronner cela dit, ajouta Domérégo qui, s'inquiétant du mutisme de sa collègue, pensait l'avoir blessée. J'ai moi-même eu un moment de doute quand je t'ai vue avec le registre de l'hôtel sous le bras et que tu m'as appris qu'elle était enregistrée sous le nom de Dulac. Je me suis demandé si on n'avait pas affaire à une « Belle de jour »... Tu sais, le film avec Catherine Deneuve ? C'est l'histoire d'une bourgeoise qui se prostitue dans un bordel par frustration.

– Y a qu'au cinéma qu'on voit ce genre de truc tordu. Dans la vraie vie, les filles font ça parce qu'elles n'ont pas le choix.

– C'est pareil pour Somaly, je ne comprends toujours pas pourquoi il est contraint de faire le trottoir. Il y a d'autres façons de se planquer.

Kétab eut un mouvement de joie qui chassa l'expression sombre de son visage. Elle avait la réponse, elle.

– Parce qu'il doit payer ses médicaments. Et que ce genre de produits coûte cher.

– Donc il ne serait pas affilié à la Sécurité sociale, sans cela son traitement serait pris en charge, poursuivit son compagnon. Pourquoi ? Tu crois que c'est un clandestin ?

– Mystère ! Ce que je pense, c'est qu'il ne devait plus avoir d'argent dans les derniers temps car il a forcé la porte du laboratoire pharmaceutique de l'Unité des greffes de

Beaujon et volé les antirejets. Il a besoin de ces médicaments, c'est une question de vie ou de mort. C'est la raison pour laquelle tous les témoins le décrivent comme une personne malade, toujours avec des cachets à la main.

– Mais comment savait-il où en trouver précisément ?

– Nous sommes justement ici pour le découvrir.

Sur ce la jeune femme ouvrit la fermeture Éclair d'une poche de son blouson d'où elle sortit une paire de gants latex.

– Je ne te propose pas la main gauche, c'est du médium. Je vais donc procéder à la fouille toute seule. Mais tu peux regarder, si tu veux.

– Et louper l'occasion de retrouver les joies d'une perquisition ? Tsss…

À son tour, Roch sortit une paire de gants identique avec la malice d'un magicien sûr de l'effet de son petit numéro :

– Même un ex-flic reste un flic, pas vrai, capitaine ?

Alors ils éclatèrent de rire, d'un rire sonore, amical et complice, de ce rire qu'ont les camarades de chambrée lorsqu'ils goûtent la même blague.

Malika sentait bien qu'il était heureux de retrouver, même si c'était de façon douteuse, sa fonction d'enquêteur, mais ce qui la surprenait, c'était que son bonheur était communicatif. Elle se sentait bien avec lui. Peut-être parce qu'il était un paria et qu'elle, elle compensait par la légitimité de son statut la différence très nette d'expérience, et qu'ainsi, ils parvenaient à une certaine égalité, ils n'avaient rien à se prouver. Peut-être aussi parce que, vivant en solitaire depuis la mort de Cécile et son exclusion de la police, il s'efforçait d'établir un rapport simple, sans rivalité avec elle.

À ce moment précis, elle éprouva une envie irrésistible de lui donner une bourrade, de lui serrer la main comme à un vieil ami que l'on n'a pas vu depuis longtemps. Mais elle dit :

– Et si on s'y mettait ? Tu prends le fond de la chambre et moi je fouine par là.

Alors qu'elle aurait aimé lui dire… tout autre chose. Elle détourna les yeux.

Ils fouillèrent un moment en silence puis reprirent l'échange de leurs idées sur l'affaire :

– À ton avis, commença Kétab, pourquoi Daphné Jenken est-elle retournée dans sa chambre après avoir poignardé son amant ? Après tout, elle l'avait laissé pour mort !

– Il est possible que Perrier se soit trompé, qu'après avoir commis son crime, prise de remords, elle soit retournée à l'hôtel et que là elle soit tombée sur Somaly bien vivant. Une altercation se serait ensuivie et il l'aurait étranglée.

– Ça me paraît difficile à croire. La strangulation manuelle demande une certaine force, or il était au moins sérieusement blessé en plus d'être malade. Il n'y a rien dans les meubles, et de ton côté ?

– *Nada*, ni dans la poubelle ni dans le conduit d'aération. De toute manière, il est bouché depuis longtemps. T'as un couteau sur toi ? demanda Domérégo tout en fouillant dans ses propres poches. J'aimerais voir ce qu'il y a dans le matelas.

– Désolée, faudra le déchirer à mains nues. Il y a quelque chose qui me travaille : c'est l'expression du visage d'Ophélie… je veux dire de Daphné, quand on l'a retrouvée.

Son compagnon reposa le matelas qu'il soulevait et l'écouta avec attention car il n'était pas présent lors de la découverte du corps. On ne l'avait pas laissé accéder à la scène de crime.

– Tu vois, continua-t-elle, elle avait les yeux grands ouverts et donnait l'impression d'une sorte d'abandon d'elle-même. On aurait dit que, non seulement elle connaissait son agresseur, mais qu'elle acceptait sa mort, qu'elle l'avait même souhaitée. Si son amant avait été l'auteur de son agression, elle se serait défendue, débattue, puisqu'elle avait essayé de le tuer. Perrier nous l'a dit : elle a observé Somaly durant plusieurs jours ; par conséquent, elle a prémédité son geste. Or on n'accepte pas de se laisser étrangler par un homme qu'on a soi-même désiré voir mort. Ce n'est pas logique.

– Pourtant on m'a dit qu'il y avait eu du désordre dans la chambre, des traces de sang.

– Justement, c'est là qu'on s'est plantés ! Le désordre ne venait pas de son agression à elle, mais de la précédente. Somaly s'est tout simplement défendu des coups de couteau assenés par Daphné. Ça collerait avec les traces de sang qu'on a retrouvées sur le sol. Mais ça n'explique toujours pas pourquoi elle est revenue dans sa chambre et s'y est laissé tuer.

Domérégo s'assit sur le matelas et les coudes sur les genoux, le menton dans les mains, il se mit à réfléchir.

Pendant ce temps-là, Malika sortit dans le couloir respirer un peu d'air frais. Lorsqu'elle fut de retour, elle se planta devant son collègue d'un jour et attendit.

À le voir ainsi concentré, absorbé, tendu par sa réflexion, Malika ne put s'empêcher de penser qu'il devait être bien malheureux dans la peau d'un journaliste de deuxième zone. Il n'était pas fait pour relater les perversions de la nature humaine mais pour les pister, les traquer et les débusquer. Quel gâchis !

– Imaginons que la chambre 13 soit le lieu où Daphné Jenken savait qu'elle allait mourir, articula-t-il comme s'il poursuivait à voix haute une pensée, et qu'elle connaissait son agresseur, mais que celui-ci n'est pas Somaly pour les raisons que tu as données. C'est donc que quelqu'un était au courant pour cette chambre.

– C'est l'évidence même, railla Kétab.

– Je me suis mal expliqué. Je veux dire que quelqu'un d'autre devait connaître le motif de la présence de Daphné Jenken dans cet hôtel. Par conséquent, l'existence de Somaly aussi. La chambre pourrait alors avoir eu une valeur symbolique : une sorte d'autel du sacrifice. On voulait qu'elle meure là, dans cette chambre précisément – et elle le savait. C'est la raison pour laquelle elle y est retournée.

Elle s'assit à côté de lui en hochant lentement la tête :

– Le meurtrier pourrait être une personne qui aurait un lien à la fois avec la victime et son amant… Perrier ne nous a pas dit qu'elle avait appelé un numéro depuis son portable, juste après avoir porté les coups de couteau ?

– Elle pourrait avoir voulu demander de l'aide.

– Non, souviens-toi, Roch : Perrier a dit qu'elle parlait à son interlocuteur de façon calme, froide. Elle n'était pas bouleversée, bien au contraire. On n'est pas serein lorsqu'on appelle au secours après avoir commis un meurtre. D'ailleurs, pourquoi appelle-t-on dans ces cas-là ?

– Pour le signifier ! s'écria Domérégo du tact au tac, stimulé par les questions de son amie. Pour dire : « J'ai tué Somaly que tu connais. » Nous savons qu'elle n'a appelé ni Diane ni sa mère, qui reste-t-il ?

– Le mari ! Il pouvait en effet connaître l'amant. Somaly a probablement subi une greffe et c'est justement la spécialité de Cassan. Du coup, il s'agirait d'un crime passionnel… Oui, mais ça ne colle pas, ajouta-t-elle dans la foulée avec un hochement de tête. Le professeur aimait sa femme au point d'accepter qu'elle s'absente des nuits entières du domicile conjugal sans donner d'explication. Il la préférait libre, mais à lui, qu'entravée et susceptible de vouloir s'échapper un jour.

– Drôle de type. Sa femme aussi m'avait l'air…

– Tu ne la connaissais pas. Tu parles sans savoir.

Il fut étonné par son ton soudain agressif. Il hésita à lui en demander la raison, mais elle ne lui laissa pas le temps de se décider, se leva brusquement et alla ouvrir grand la porte.

– On ne respire plus ici !

Après un instant de silence, Domérégo reprit le fil de sa réflexion :

– Et le cambriolage de la pharmacie de l'hôpital, pourquoi a-t-il eu lieu tout juste après le meurtre ? L'autre, là, en bas, nous a dit que Somaly était arrivé dans le quartier il y a plus d'un an et que, déjà à l'époque, il le voyait prendre des médicaments. Quoi ? Durant tout ce temps il a pu gagner suffisamment d'argent en se prostituant pour payer un traitement qui doit coûter une fortune ? Que jamais auparavant il n'a été contraint de fracturer la porte d'un labo pour voler ce qui lui permettait de rester en vie ?

– J'en sais rien. Peut-être qu'il n'en était pas à son coup d'essai, peut-être qu'il avait déjà cambriolé un autre laboratoire ou même une pharmacie. Et puis ce n'est peut-être qu'une coïncidence.

– Ça ne l'est pas, et tu le sais aussi bien que moi. La coïncidence, c'est le nom qu'on donne à un indice qu'on ne parvient pas à insérer dans le puzzle de l'enquête. On doit chercher encore.

– Il faut surtout parvenir à mettre la main sur ce Somaly… Attends, je vais t'aider.

Kétab rejoignit Domérégo qui avait repris en main le matelas et s'escrimait à en défaire la couture. Elle retint la literie, il déchira. Le verso ne donna rien. Ils le retournèrent. La poussière qui accompagnait chaque déchirure rendit l'atmosphère encore plus irrespirable. Elle fut prise de quintes de toux terribles. Lors de l'une d'elles, n'en pouvant plus, elle lâcha le matelas. La chute violente fit saillir deux ressorts qui enserraient un coffret en métal pas plus grand qu'une boîte à chaussures.

– Ça y est, on a quelque chose ! s'écria Roch, en se jetant sur la boîte. Mince ! Elle est fermée à clé.

– Je ne peux pas te passer une épingle à cheveux, je n'en mets pas, s'amusa le capitaine en passant une main dans ses cheveux coupés court.

– Pas la peine, on a ces ressorts de sommier.

Il tendit le bout d'une des tiges entortillées et la fit jouer doucement dans la serrure.

– Pourquoi tu ris ? demanda-t-elle en le voyant réprimer un sourire.

Il répondit par une mimique qui disait : « Pour rien, comme ça », alors qu'il songeait à la serrure de l'appartement du détective qu'il avait crochetée avec Diane.

Diane…

Le pêne finit par céder et lorsque Domérégo souleva le couvercle, il s'en échappa une odeur légère de fleurs coupées et de brumes dormantes des lacs qui le surprirent. Mais moins que la remarque de Malika :

– Il y a des nénuphars d'eau…

– Comment le sais-tu ?

Elle esquiva la question :

– Quoi d'autre ?

Ils s'assirent sur le matelas et entreprirent l'inventaire du coffret. Ils trouvèrent d'abord une dizaine de minicassettes pour dictaphone liées deux par deux par des élastiques. Elles étaient numérotées en chiffres impairs, portaient des dates courant sur un trimestre et un code en lettres majuscules.

Roch sortit alors de la poche latérale de son treillis un dictaphone et y glissa une des bandes. Elle siffla à la vue du petit objet en titane :

– Les journalistes sont mieux équipés que la police. Quand on pense qu'on en est encore au stylo et au papier…

– Chut !…

Il appuya sur le bouton de lecture.

« 2 février. Je pense avoir trouvé le sujet idéal. Cadavre d'un accidenté de la route, âgé d'environ 25 ans, amené dans mon service par les pompiers de Versailles pour prélèvements d'organes. Corps gravement endommagé. Mort clinique. Cependant suis parvenu à maintenir viables les fonctions neurologiques. Individu sans papiers. Ont probablement brûlé dans le véhicule. Corps non réclamé par la famille. Ai délivré un permis d'inhumer sous X. Substituerai un autre cadavre pour l'incinération. Y penser. »

– C'est la voix du professeur Cassan ! s'exclama Kétab en coupant la bande.

– Tu en es sûre ?

– Certaine. Qu'est-ce que ça veut dire ?

– Je ne sais pas… Voyons la deuxième cassette.

« 9 février. Tous les organes vitaux du cadavre X, y compris le cœur, doivent être remplacés. Impossibilité d'en récupérer aucun, trop endommagés. Aucune autogreffe envisageable. Allogreffe difficile, compte tenu de la traçabilité informatique dans la base de données nationale. Ai seulement pour l'instant réussi à détourner des reins. Meilleure opportunité : piller les cadavres en attente de crémation. Problème n° 1 : je n'arrive pas à trouver de solution pour la tolérance générale de tous les greffons à transplanter. Pour régler le problème des antigènes d'histocompatibilité il faudra peut-être passer par la modification de la fonction de la corrélation humorale du sang. Je travaille jour et nuit pour parvenir à déprogrammer les messages chimiques de toutes les hormones afin que la transmission de l'information par la molécule hormonale à la cellule cible permette aussi de neutraliser la différence génétique existant entre donneur et receveur. De sorte qu'on écarterait la question des antigènes d'histocompatibilité (HL-A) et donc du facteur premier du rejet du greffon en reprogrammant l'information de la molécule d'hormone à laquelle sont sensibles les cellules cibles de l'organe. De sorte que, en dépit du système lymphocytaire du receveur et de son aptitude à reconnaître les structures antigéniques étrangères à celles de son propre organisme, ce dernier tolère la greffe quel que soit le greffon. »

Roch et Malika se contemplèrent à la fois médusés et effrayés par ce que leurs esprits commençaient à envisager. Le journaliste prit une nouvelle cassette et l'enclencha.

« 14 février. Saint-Valentin. La soirée avec Daphné a été une épreuve douloureuse. Elle fait tout son possible pour me cacher son ennui et sa tristesse. Mais je vois bien à ses cernes et à sa pâleur qu'elle n'a pas avec moi le goût de vivre. Bientôt elle éprouvera du dégoût. Pourtant comme je t'aime, Daphné ! Je t'aime comme un fou. C'est pour toi que je suis là cette nuit dans mon sous-sol à travailler et à chercher sans relâche… ».

Il arrêta la bande et revint légèrement en arrière :

– Ça te dit quelque chose ce sous-sol ? Le sous-sol de quoi ?

– Je ne me souviens pas d'un sous-sol dans sa résidence à la Muette. Ça ne peut-être qu'à l'hôpital, je ne vois rien d'autre.

Elle piocha une autre cassette.

« 19 février. Mes recherches sur la modification du message transmetteur des hormones acides aminés et des hormones polypeptidiques sont achevées. Je me concentre à présent sur les hormones stéroïdes. La difficulté vient de ce qu'il est difficile de déprogrammer le lien qui se fait à l'intérieur du cytoplasme entre la molécule d'hormone à la protéine spécifique, liaison qui entraîne la modification de la transcription des gênes sur l'ARN messager. J'envisage de travailler cette fois sur l'hétérochromosomie. Sachant que les chromosomes renferment les mêmes constituants chimiques que la chromatine, à savoir l'ADN, l'ARN et les histones, je peux modifier la transmission du code génétique pour l'ARN messager aux ribosomes cytoplasmiques à défaut du code génétique lui-même porté par l'ADN chromosomique. Ça entraînera immanquablement une aberration chromosomique. Ni "XX" ni "XY". Personne avant moi n'avait pu en reconstituer les mécanismes qui ont précédé chez toutes les espèces biologiques l'origine du sexe. En y parvenant, je deviens Dieu. »

– Dieu ! Rien que ça ! s'exclama Kétab rouge de colère. Un sacré salaud, tu veux dire ! Il connaissait son agresseur. Il savait qui avait dévalisé son armoire à pharmacie. Qui sait s'il ne lui a pas lui-même ouvert la porte. C'est pour ça qu'il ne voulait pas que je consulte le fichier des passes magnétiques, j'allais découvrir qu'on avait ouvert le labo avec sa propre carte qui, comme par hasard, se trouvait toujours dans sa poche. Le salaud ! Mais je le tiens. J'ai la preuve qu'il m'a menti et qu'il peut donc avoir menti sur tout le reste.

– Quelle preuve ? dit son compagnon. Les cassettes sont des notes médicales et, à ce titre, elles relèvent du secret qui lie un patient à son médecin. En plus, tu les saisis en dehors de toute procédure. Tu n'as pas de commission rogatoire, tu n'es pas dans le cadre d'un flagrant délit, tes supérieurs ne sont même pas au courant de cette fouille et, pour couronner le tout, tu es accompagnée d'un faux officier de police judiciaire qui se trouve être en réalité un journaliste et un ancien policier radié ! Si tu veux te faire démolir et finir dans le caniveau comme moi, vas-y fonce chez l'un des plus grands chirurgiens d'Europe. Je suis sûr qu'il te fera sans hésiter des aveux circonstanciés sur ses pratiques d'apprenti sorcier sur l'amant de sa femme. Et puis quel rapport peux-tu établir avec le meurtre de Daphné Jenken ? On sait seulement qu'il a fabriqué un…

– Une créature ! coupa Kétab en se rappelant l'expression du détective. Le laborantin Philippe a parlé d'aberration. Crois-tu qu'elle… que Daphné savait que l'homme qu'elle aimait était un monstre fabriqué par son époux ? Qu'elle était comme les clients de ce sex-shop, qu'elle aimait ses cicatrices ?…

En demandant cela, elle eut ce visage horrifié des gens qui évoquent à voix haute des images, des pensées abominables.

– Tu t'es trop impliquée dans cette histoire Malika, répondit simplement Domérégo.

Soudain un bruit dans le couloir le fit se précipiter sur la porte qu'il repoussa. Il écouta : plus rien ; on s'était éloigné. Lorsqu'il revint, il trouva Kétab avec des coupures de presse entre les mains.

– Qu'est-ce que c'est ? demanda-t-il en reprenant place à côté d'elle.

– Des coupures de journaux relatant différents accidents de la route qui ont eu lieu en Île-de-France à peu près à la date de la première cassette. Je pense qu'il a cherché à connaître la véritable identité de l'accidenté décédé qui allait devenir Somaly.

– Ou des informations sur son existence d'avant l'accident. Il lui fallait un cadavre forcément sain et un que personne ne réclamerait. Le salaud ! Tout ça pour en faire un prostitué vivant comme un rat d'égout. Mais ce que je pige pas, ajouta-t-il, c'est pourquoi Somaly n'est pas resté avec Daphné Jenken puisqu'ils s'aimaient ? Et pourquoi n'a-t-il pas fait chanter Cassan, plutôt que de faire le trottoir ? Après tout, il détenait les cassettes et aussi, regarde ! des ordonnances et des notes du professeur avec son papier à en-tête et sa signature. Curieux !... Tiens, qu'est-ce que c'est que ça ?

Avec son index replié il cogna le fond du coffret.

– On a scié la base, dit-il en l'inclinant vers sa collègue. Il y a un double fond.

Le second fond soigneusement dissimulé sous le premier s'affaissa aisément sous la pression du poing de Domérégo. Il retira une plaque de contre-plaqué et sortit un paquet de lettres nouées lâchement entre elles par une longue mèche de cheveux blond cendré.

– Ses lettres d'amour... murmura Kétab en avançant vers elles une main qui tremblait légèrement. Des lettres qu'elle lui a écrites. Est-ce qu'on ne pourrait pas les ouvrir ailleurs ? Pas ici... Pas dans cet endroit sordide.

– Tu ne préfères pas qu'on les remette à sa sœur ? suggéra Roch.

– Oui, prends-les. Tu les lui remettras. C'est mieux comme ça.

Ils trouvèrent avec les lettres différents objets, des petits riens qui n'avaient aucune signification pour le profane, mais qui, pour des amoureux, constituaient un trésor aussi cher que leur vie : un petit parasol de papier froissé à la couleur vive qui avait surmonté une coupe de glace : était-ce le souvenir d'un fou rire ou du premier baiser ? Une marguerite effeuillée et racornie : avait-elle aidé à ce qu'un vœu soit exaucé ? Un ticket de cinéma : le soir de la première étreinte ? Un jeton de fête foraine, le dépliant d'une excursion en barque sur le lac de Daumesnil, un galet sur lequel on avait gravé maladroitement un cœur...

Toutes ces babioles apparaissaient dérisoires et funestes au regard des événements qu'avaient connus par la suite les deux amants.

– Ils devaient sacrément s'aimer, ces deux-là, dit Domérégo en replaçant les objets dans leur écrin.

Elle le regarda faire, pensive, et alors qu'il restait un dernier objet, le galet, elle s'en empara et le considéra un moment.

– Ce n'est qu'un caillou, une chose sans importance qui aurait pu rouler sous mon talon sans que je le remarque.

– À quoi penses-tu ?

« "À qui" serait plus juste », se dit-elle en reposant la pierre dans la boîte. À eux, à leur amour, à ce bonheur qui avait dû être le leur et qui, pour une raison mystérieuse, s'était terminé dans le crime et le tourment. Elle songea aussi à la folle illusion qui avait été la sienne de poursuivre dans cette enquête un fantôme blanc...

Voici plus de mille ans que la triste Ophélie
Passe, fantôme blanc, sur le long fleuve noir,
Voici plus de mille ans que sa douce folie
Murmure sa romance à la brise du soir.

Elle se sentit soudainement triste et lasse, comme si elle se réveillait après une longue nuit agitée, pleine de mauvais rêves et de réveils en sursaut. Il n'y avait jamais eu de place pour elle dans cette histoire. Les yeux grands ouverts de Daphné Jenken ce matin-là, dans l'hôtel de la rue Marcadet, ne l'appelaient pas, ne l'imploraient pas, ne lui signifiaient rien à elle en particulier, mais brillaient encore de cet amour qu'elle avait dû opposer une dernière fois à son agresseur. Ou au Destin, à la Fatalité, aux Parques, aux dieux obscurs qui nous désignent, et que, se sentant mourir sous la pression de mains puissantes et inconnues qui lui serraient la gorge, elle avait eu comme ultime révolte la pensée de cet amour qui l'avait conduite dans la chambre 13.

– On devrait s'en aller à présent, dit-elle la voix altérée.

– Tu as raison, il n'y a plus rien à fouiller, acquiesça Roch en se levant énergiquement. À force, l'honnête Anatole va finir par rebrancher ses petites caméras.

Il rit, le coffret sous le bras, et ce rire simple, libre, léger d'homme récemment réconcilié avec la vie desserra brusquement l'étau qui comprimait sa poitrine. Elle tendit alors une main pour qu'il l'aide à se relever, comme ça, juste pour sentir un contact humain, une chaleur amie.

– Vous en avez mis du temps ! leur lança Lasso lorsqu'ils arrivèrent au pied de l'escalier.

Malika trouva qu'il était encore plus énorme et plus dégoulinant qu'une heure plus tôt.

– On a trouvé ta piaule si agréable qu'on a décidé d'y prendre du bon temps, railla Domérégo.

– Eh bien, vous gênez pas, mes lascars ! Vous me feriez pas des fois le coup de la perquisition pour avoir une chambre d'hôtel gratis et faire vos cochonneries ?... Et dans cette boîte, qu'est-ce qu'il y a ? De l'argent ?

– Tu y es presque : des lingots d'or, et Domérégo de passer devant lui avec un sourire narquois.

– Eh, revenez ! J'ai l'habitude des perquisitions. Normalement, vous devez me montrer ce que vous emportez et je dois signer un formulaire. Si vous partez comme ça, j'appelle le ministère. Après tout Somaly avait des loyers de retard...

– Je croyais qu'il t'avait payé, gros malin, rétorqua Kétab en faisant signe à son collègue d'ouvrir le coffret. Elle ne voulait pas d'esclandre.

Anatole Lasso fit un effort considérable pour se pencher au-dessus du comptoir et examiner l'intérieur de la boîte, ce qui eut pour effet de provoquer un ruissellement de sueur le long de ses joues et de son cou.

– C'est ça qui le rendait nerveux ? demanda ce dernier en se rejetant dans son siège. On se demande bien pourquoi !

Il soufflait comme un bœuf et s'épongeait le visage avec de grandes tapes de sa serviette gorgée.

– Qui est-ce que ça rendait nerveux ? demanda Kétab.

– Qui voulez-vous que ce soit ? Somaly, pardi ! Vous venez de le rater.

– Somaly ! Tu te fous de nous ? s'étrangla Domérégo.

Il fonça sur lui, l'air mauvais.

– Pourquoi est-ce que je ferais une chose pareille ? Il y a une demi-heure, il se tenait à la place où vous êtes. Il avait une sale tête, on aurait dit qu'un vampire lui avait sucé le sang. Il m'a parlé d'une boîte de métal contenant des affaires personnelles qu'il venait récupérer. Je lui ai dit que s'il y avait dedans des choses de valeur, elles sont devenues la propriété de l'établissement vu qu'il avait définitivement quitté sa chambre. Il m'a répondu que ça n'en avait que pour lui.

Malika se mordit l'intérieur de la joue de rage et Roch tenait le coffret à deux mains avec le désir visible de le lui fracasser sur le crâne.

– Et il est parti comme il est venu ? dit ce dernier.

– Oui. Je lui ai dit qu'il pouvait monter, mais que la police était là. Que vous étiez à sa recherche à propos d'un meurtre et que vous étiez en train de fouiller sa chambre.

– Tu !... Tu l'as alerté de notre présence ? bégaya Kétab au comble de la fureur, tu lui as dit que nous étions dans sa chambre ?... Tu lui as dit que nous étions là ? !

– Et pourquoi pas ? rétorqua le gérant avec un petit sourire en coin. Je vous l'ai dit, je suis un honnête commerçant : un ancien client vient se renseigner sur ses affaires, je lui réponds. C'est mon devoir.

Il était visiblement content de lui, heureux de leur avoir joué un sale tour en réponse à leurs intimidations. Kétab, blême de colère, avec une lenteur ostensible sortit alors son portable et composa un numéro. Mais avant qu'elle n'obtienne la connexion, Roch qui comprit aussitôt ce qu'elle était en train de faire, demanda précipitamment à Lasso :

– Et tu ne saurais pas par hasard où il est allé ?

L'autre, tout à coup troublé, jetant des regards inquiets au capitaine de police, répondit sur un ton distrait :

– Non. Quand je lui ai dit que vous étiez là il est devenu très nerveux, il s'agitait comme un fou furieux…

– Tu m'étonnes !

– Ensuite il a détalé comme un lapin en me faisant jurer de mettre la boîte que vous tenez de côté dans le cas où je la retrouverais. Dites, à qui est-ce qu'elle téléphone votre collègue ?

– À la brigade de la protection des mineurs. Je crois que ta résidence universitaire va fermer pour un petit bout de temps.

18

Les révélations de Thomas

Domérégo glissa la boîte de Somaly sous le siège passager dans lequel ensuite il prit place. Il attendait que Kétab se calme.

Elle était en train d'arpenter la chaussée de long en large sous la fine pluie d'hiver qui s'était remise à tomber. Elle allumait cigarette sur cigarette en lançant des regards furieux en direction du sex-shop.

Il l'entendait jurer – « Mais quel con !... Si je pouvais y mettre le feu, à ton honnête commerce, sale voyeur !... Tu perds rien pour attendre, j'irai voir à Fresnes dans quoi tu t'éponges, gros pervers ! », etc. – et taper du pied.

Il comprenait cette frustration rageuse du policier qui voit passer sous son nez le gibier qu'il poursuit. Il en avait fait plusieurs fois l'expérience auparavant, mais chez lui cela décuplait ses facultés de traque. Pour Malika, c'était l'inverse, ça la paralysait. Il fallait déjà qu'elle évacue sa colère avant de reprendre ses esprits.

– Faudrait pourtant pas que ça dure trop longtemps, ajouta-t-il à voix haute en se penchant pour actionner la manette des essuie-glaces, parce que pour l'heure notre suspect est reparti dans la nature.

Il constata qu'il ne distinguait pas mieux la rue car l'essuie-glace de son côté ne fonctionnait pas ; celui du côté conducteur se contentait d'écraser les gouttes d'eau sur le pare-brise. Il sourit : même ces petites misères liées à la condition de flic lui manquaient.

Son portable vibra dans sa poche. C'était Diane, elle lui envoyait un message pour lui demander où ils en étaient dans leurs recherches et quand ils comptaient passer la chercher. Il lui répondit que Malika et lui étaient toujours rue Saint-Denis, qu'étant donné l'heure – il était déjà 17 heures –, ils ne pousseraient pas plus loin leurs investigations pour aujourd'hui, qu'ils reprendraient demain matin. « Je t'appelle, R. », « Ce soir, D. ».

En rangeant son téléphone, il s'aperçut que quelque chose avait glissé de sa poche pour tomber sur sa cuisse : c'était le calepin de cuir noir de Perrier. Il l'avait subtilisé pendant que tout le monde regagnait la sortie. Puis il y avait eu la brasserie, le sex-shop… et il l'avait complètement oublié. Il l'ouvrit, au hasard. Il découvrit d'abord, tracés d'une écriture tourmentée, heurtée, souvent raturée, des propos incohérents, obscurs, qui se répétaient à l'infini, sur des pages et des pages. Il y était question de Daphné Jenken, de celui qu'il nommait « la créature » ou « le monstre », de l'hôtel Darwin, mais aussi de personnes qui travaillaient avec lui dans son magasin de photo et qui l'espionnaient et qui lui voulaient du mal ; de l'employé du gaz et de l'électricité qui ne venait pas en réalité relever les compteurs, mais l'épier et mettre quelque chose dans les tuyaux ; de son dentiste qui avait pris une radiographie de son cerveau pour capter tout ce qui s'y trouvait ; du vendeur de journaux de la place de la République qui insérait dans le quotidien qu'il achetait de fausses informations pour le tromper ; des psychiatres de l'hôpital Sainte-Anne qui étaient en réalité des acteurs, etc. Toute une litanie d'obsessions paranoïaques qui s'entremêlaient au « filochage » de Daphné Jenken. Toutefois, en ce qui concernait sa filature, son discours essayait d'être ordonné, rationnel et même objectif, dont résultaient parfois des comptes rendus d'une remarquable précision : « Daphné J. a loué ce matin une chambre à l'hôtel Darwin rue Marcadet dans le 18e sous le nom de Mlle Dulac. A loué sa chambre pour le mois. A payé comptant. A insisté pour avoir le numéro 13 au deuxième étage. La chambre voisine, la 14, est occupée par un prostitué nommé Somaly. N'y a déposé aucun bagage et n'était accompagnée de personne ce jour. La nuit venue a tiré les rideaux. Est ressortie de l'hôtel coiffée d'un grand chapeau, à 18 heures pour y revenir à 23 heures. Y est restée toute la nuit, seule. Est repartie à 5 h 30 du matin. A pris un taxi à la station Lamarck-Caulaincourt. RAS d'autre. »

Il tourna d'autres feuillets et tomba sur des passages dans lesquels le détective consignait des informations sur… Pascal Perrier ! Domérégo leva subitement la tête au son de sirènes de voitures de police. C'était la brigade de protection des mineurs qui débarquait avec une voiture cellulaire. Il aperçut Kétab, dont l'image tremblée par la pluie sur le pare-brise se découpait en prismes, se précipiter au-devant d'eux avec de grands gestes. Lorsqu'il baissa de nouveau les yeux, le calepin s'était de lui-même ouvert sur une page écornée. Elle relatait les moments qui avaient précédé les coups de poignard portés par Daphné à son amant : « Daphné Jenken est entrée dans la chambre 14 à la tombée de la nuit. Son occupant, la créature, était assoupi. Elle s'est assise doucement sur le lit, l'a contemplé longuement avant de le réveiller par une caresse. Il a paru très surpris et apeuré aussi de la voir. Il n'avait jamais remarqué qu'elle l'espionnait. Puis elle l'a attiré contre elle et lui a parlé longtemps. Il est devenu très heureux.

Ensuite elle l'a emmené dans la chambre 13 et ils ont fait l'amour dans le lit qu'elle avait préparé. »

– Ils ont fait l'amour ! s'exclama Domérégo qui n'en croyait pas ses yeux. La portière côté conducteur s'ouvrit alors brusquement : c'était Kétab qui s'installait en se frottant les mains.

– Anatole Lasso n'est pas près de rebrancher ses petites caméras, commenta-t-elle avec satisfaction. C'est bon, on peut reprendre notre enquête. Tu proposes quoi ?

Et devant le visage ahuri de son compagnon, elle ajouta :

– Qu'est-ce qui t'arrive ?

– Ce n'est pas Somaly le meurtrier. Lis ça. C'est le calepin de Perrier, je t'expliquerai après comment je l'ai eu. Lis d'abord.

Elle lut, et resta à son tour confondue.

– Tu comprends maintenant ? dit Domérégo. Il n'a pas pu la tuer, psychologiquement ça ne colle pas. S'il avait voulu le faire, c'est au moment où elle l'a réveillé qu'il se serait décidé. Avant de faire l'amour.

Elle acquiesça avec lenteur, car elle soupesait l'argument.

– C'est vrai, après ça paraît peu plausible. Alors si ce n'est pas Perrier, et si ce n'est pas Somaly, qui nous reste-t-il ?

– Il est possible que ce soit l'œuvre d'un détraqué de passage dans l'hôtel. Après tout, elle se faisait passer pour une prostituée, suggéra-t-il tout en abaissant sa vitre car la buée, due à la chaleur de leurs corps et aux souffles de leurs haleines, commençait à se déposer dans l'habitacle.

– C'est une hypothèse qui ne correspond pas à la scène de crime. Je te l'ai déjà dit, mais je reste persuadée que la victime connaissait son agresseur. D'ailleurs, le médecin légiste n'a relevé aucune trace de coups ni aucun hématome sur le corps. Par conséquent elle ne s'est pas défendue. On ne se laisse pas étrangler par un inconnu sans se débattre. Donc, il faut chercher quelqu'un de son entourage.

– Reste le mari.

– Reste le mari, répéta Kétab sur le ton d'un mathématicien qui obtiendrait le même résultat que son confrère. Mais mettons le mobile de côté pour l'instant, comment aurait-il fait ? Matériellement ça lui était impossible car, d'après le docteur Maisonneuve, le crime a eu lieu entre 18 heures et 19 h 30 environ la veille de la découverte du corps. Or, à cette heure-là, il enseignait les techniques de la transplantation d'organes à quarante étudiants de l'unité d'investigations biomédicales. Quarante, ça fait un beau paquet de témoins.

– Il a peut-être fait une pause pendant son cours.

– Il en a fait une à 18 heures précisément, d'une trentaine de minutes, le cours devant se terminer à 21 h 30.

– Ouais, trente minutes ça fait court pour aller de Clichy à Marcadet-Poissonniers, même en passant par le périph. À cette heure-ci, ça bouchonne sévère.

– Et puis, tu oublies qu'il faut faire le trajet inverse, remonter dans sa salle, remettre sa blouse blanche et reprendre sa place devant l'auditoire. C'est mission impossible. Pourtant il y a un truc, je le sens. Il y a un truc.

Ils gardèrent le silence, chacun réfléchissant de son côté. Soudain elle frappa le volant et démarra.

– Qu'est-ce que tu fais ? demanda Domérégo qui se redressa vivement et remonta sa vitre.

– Il y a un quelque chose qui m'a échappé quand je l'ai interrogé. Je ne sais pas quoi, mais ça me titille depuis le début. Et il faut que je trouve. On y retourne.

– J'ai comme l'impression que tu n'aimes pas beaucoup ce type. Est-ce que ça suffit pour en faire un suspect valable ?

– Si tu as une autre piste, Roch, je suis preneuse. En attendant, je n'ai que celle-là et je vais la suivre. Tu es partant ?… Alors attache ta ceinture, commandant !

Elle mit le « bleu » sur le toit de la voiture et appuya d'un coup sec sur la pédale de l'accélérateur. Ce fut les pneus dérapant sur l'asphalte et toute sirène hurlante qu'elle s'engagea dans le boulevard de Sébastopol pour rejoindre la porte de la Chapelle puis le périphérique.

La main sur le tableau de bord et le buste penché en avant pour accompagner sa collègue dans sa conduite sportive, Domérégo était aux anges. Pourtant, lorsqu'il était encore à la crim', il n'aimait pas tellement les poursuites effrénées dans la ville, les sorties folles du parking du 36 avec gyrophare et moteur vrombissant. Quelque chose dans ces engins lancés à toute allure dans les couloirs des bus, sur les trottoirs encombrés, ou dans les rues à sens unique lui faisait peur. La possibilité peut-être de perdre à n'importe quel moment le contrôle de la situation. « Ironie du sort quand on songe à ce qui m'est arrivé ! », se dit-il après avoir signalé à la conductrice une priorité à droite masquée par un camion de livraison. Mais la sensation physique, trépidante, nerveuse de revivre le passé fit monter en lui une ivresse qui l'amenait à lorgner de temps à autre le volant et à regretter de ne pas le tenir lui-même.

Il fallait qu'ils arrivent à l'hôpital Beaujon avant 18 heures car c'était l'heure à laquelle le secrétariat général fermait.

– J'aimerais, demanda Kétab dans l'ascenseur qui menait à l'étage des greffes, que tu me donnes ton avis sur ce type. Observe-le, écoute-le, mais ne lui pose aucune question. Si jamais il venait à découvrir que tu n'es pas policier mais journaliste, il nous flanquera dehors et me fera retirer l'affaire par Sézureck. J'ai déjà commis une bourde en allant fureter chez lui dans son dos. Cette fois, il ne me ratera pas.

– C'est un rusé ?

– Il n'a pas besoin de l'être. Le docteur Cassien-Jean Cassan est, tu vas t'en rendre compte, d'une intelligence supérieure. Mais il n'en use pas pour essayer d'embobiner les gens, c'est ça qui est déroutant. Face à lui, on se sent un peu intimidé et on se dit que c'est parce que c'est un homme important, on écoute ses explications, il ne te prend pas tout de suite de haut, il donne seulement l'impression d'être distant, et ce qu'il te dit paraît clair, lisse, sans aspérités. C'est par moments, par flashs, qu'on devine qu'il imprime, comment dire ? des distorsions à son discours, pas grand-chose, mais assez pour que tu t'interroges sur la place qu'il occupe dans cette affaire.

– On sait déjà qu'il fait plus que connaître l'amant de la victime.

– Justement, voilà une de ces distorsions dont je te parlais : on croit tenir un lien avec l'homicide, et pas du tout : il est chirurgien et quoi de plus normal pour un chirurgien que de bricoler un corps ? Pourtant, on sent que ce n'est pas anodin. Mais jusqu'où, ça, on ne le sait pas…

– Selon toi, il aimait sa femme ?

– Tout le monde aimait Daphné Jenken. Tout le monde, sans exception. Et plus j'y pense, plus je me dis que lui plus que les autres en était fou.

– Qu'est-ce qui te fait penser ça ?

Elle réfléchit un instant en regardant le numéro de l'étage des greffes s'allumer et, au moment où les portes de l'ascenseur s'ouvrirent, elle répondit avec cette fermeté qu'on a quand on vient de se forger une conviction définitive :

– Parce qu'il est le seul à ne pas parler de sa mort. Il nous voit mener notre enquête, il ne l'entrave pas, il ne nous aide pas non plus. Il répond quand on l'interroge, mais comme quelqu'un d'extérieur à l'affaire alors qu'on voit bien qu'il est bouleversé. Pourtant, il ne donne pas l'image d'un homme anéanti, plutôt de quelqu'un de très occupé, toujours prêt à filer vers quelque chose de plus important. C'est vraiment bizarre comme impression...

– C'est peut-être une stratégie de sa part pour qu'on évite de lui poser des questions gênantes ?

– Lui, se dérober ? On voit que tu ne l'as pas rencontré. Et à y réfléchir, quelles pourraient être ces questions gênantes ? Les mobiles classiques du meurtre conjugal ne fonctionnent pas avec lui : l'adultère, la jalousie, la violence, l'argent, les enfants, etc. Pour l'alibi, je t'ai dit qu'il en avait un en béton. Il était ici à faire cours. En outre, ce n'est pas lui, mais sa femme qui menait une double vie. Il n'en connaissait pas les détails, mais il était au courant et complaisant. Alors que peut-il craindre ?

– Alors pourquoi sommes-nous ici ?

– Pour sa créature. Il faut bien qu'il nous en parle. Pour ce petit bourdonnement de mouche que j'ai dans la tête et que je n'arrive pas à chasser. Je veux qu'il parle de sa face cachée et que tu me donnes ton opinion.

– Je suis flatté d'apprendre que tu fais cas de mon opinion.

– Si tu étais encore un flic, je l'aurais sollicitée depuis longtemps.

À cet instant, ils croisèrent une personne qui passait entre eux et les sépara ; sans cela elle aurait vu le regard d'intense reconnaissance que lui avait alors adressé son ex-collègue.

Dans le couloir qui menait au bureau de Cassan, ils tombèrent sur Thomas qui était en train de courir. Il était dans tous ses états.

– Ah ! capitaine ! Auriez-vous vu le professeur ?

– Nous venions justement lui rendre visite.

L'ignorance de Kétab redoubla l'affolement de l'assistant.

– Je ne comprends pas ! s'écria-t-il, il est introuvable. Ce n'est pas son genre de disparaître ainsi. Il ne répond pas quand on le bipe, son téléphone portable est sur son bureau, et il ne prend pas les interphones d'étage lorsqu'on l'appelle par les haut-parleurs.

– Il est peut-être parti..., suggéra Roch.

– Il dort ici pour ainsi dire depuis que Mlle Jenken est... nous a quittés. Et puis sa blouse blanche n'est pas pendue à son portemanteau et la lampe de son bureau est allumée. Ça veut dire qu'il est toujours là. C'est la première fois que ça arrive. Où peut-il être ? On a un patient qui est en train de s'enfoncer !...

Kétab et Domérégo qui sentirent que cette disparition avait quelque chose à voir avec leur enquête, le cernèrent et le bombardèrent de questions :

– Depuis quand êtes-vous à sa recherche ?

– Une demi-heure environ.

– Est-ce que quelqu'un est venu lui rendre visite juste avant qu'il ne s'évapore ?

– Euh non... Non, je ne crois pas.

– Cet homme par exemple ?

Elle sortit une photographie de Somaly prise par la vidéo-surveillance de l'hôpital, celle qu'elle comptait mettre sous le nez du professeur pour l'engager à parler de sa création.

– Je ne sais pas. . Pourquoi ?

– Regardez bien, Thomas. L'avez-vous vu ici auparavant ?

– En effet, son visage ne m'est pas totalement inconnu... Je n'en suis pas certain mais il est possible que ce soit lui que j'ai vu il y a quelques jours dans la salle d'anatomie. Le professeur était en train de le soigner... de le recoudre, je crois.

– De le recoudre ? Vous êtes sûr ?

– Pas vraiment, capitaine, la porte d'entrée est loin de la table de dissection. Il m'a semblé que c'étaient des blessures à vif, comme des plaies consécutives à des coups de couteau ou quelque chose de similaire. Ça m'a paru étrange parce que le professeur suturait sans anesthésie et dans une salle qui n'est pratiquement plus utilisée depuis un demi-siècle. Ce type de la photo a tourné la tête vers moi au moment où j'ai fait irruption. J'avais l'impression de surprendre quelque chose que je n'aurais pas dû voir. Je l'ai vu dans le regard du professeur.

– Pourquoi être entré dans cette salle quasi abandonnée ? coupa Dómérégo le sourcil levé pour faire croire à son scepticisme.

– Je... m'y cache pour fumer une cigarette de temps en temps... Ne le répétez surtout pas, je serais banni au sous-sol à tout jamais par le professeur.

Kétab et Dómérégo se lancèrent un rapide coup d'œil de connivence, puis collèrent davantage l'assistant jusqu'à avoir le nez contre son visage.

C'est la technique du « pressage », utilisée en garde à vue, quand un suspect commence enfin à livrer des informations capitales.

– Le sous-sol ? Quel sous-sol ? demandèrent d'une même voix les deux enquêteurs.

– Comprenez-moi, il faut vraiment que je retrouve le professeur au plus vite ! se débattit Thomas de plus en plus affolé par la situation, je vous dis qu'une vie en dépend !...

– Pour nous aussi, c'est une question de vie à sauver, rétorqua Kétab avec un air grave et solennel. Et pas n'importe laquelle, celle du professeur lui-même.

– Comment ?

– Oui, cet individu sur la photo est peut-être dans les locaux. Nous sommes à sa recherche. Il est probablement dangereux et nous ignorons ses intentions à l'égard du docteur Cassan.

– Alors il faut absolument appeler la sécurité !... Déclencher l'alarme ! hurla Thomas avec une voix de fausset qui faisait se retourner sur eux les personnes à l'étage.

– Du calme, il est important que vous retrouviez votre sang-froid, intervint Roch en le fixant dans les yeux.

Refroidi par ce regard, l'assistant s'effondra :

– C'est que j'ai peur, confia-t-il tout bas, que si je ne retrouve pas le professeur rapidement, qu'il ne me tienne pour personnellement responsable de la perte des organes transplantés ce matin chez le patient qui s'enfonce.

– Vous avez entendu ce qu'on vient de vous dire ? dit Kétab avec un claquement de doigts sous le nez de Thomas comme pour le réveiller. Le professeur a peut-être disparu avec un individu qui se sait recherché par les services de police. Qui sait dans quelles conditions risquées il est peut-être retenu en ce moment. Nous devons les retrouver au plus vite.

À ces mots, l'expression du jeune homme changea du tout au tout. Il posa sur son interlocutrice un regard pénétrant et demanda :

– Par risquées, vous voulez dire dangereuses ?

Elle acquiesça de la tête.

Alors une expression de joie féroce, de cruauté maligne passa sur son visage et brilla, avec un imperceptible sourire, dans le fond de ses prunelles bleues.

– Vous croyez que c'est possible ? ajouta-t-il avec une légère suffocation dans la voix.

– Qu'est-ce qui est possible ?

– Qu'il meure.

Il était si ému à cette idée qu'un long frisson de plaisir lui parcourut le corps. La peur de son maître s'était transformée chez lui en une haine profonde, contenue, dissimulée sous les apparences de la soumission et de la loyauté. À cela s'ajoutait de la jalousie parce qu'il était amoureux de sa femme.

– Où est ce sous-sol ? répéta-t-elle avec rudesse.

Elle éprouvait maintenant du mépris pour cet homme, moins parce qu'il avait laissé voir son désir de meurtre (après tout, nous l'éprouvons tous à un moment ou à un autre de notre existence), mais parce qu'il espérait qu'un autre qu'il ne connaissait pas, dont le sort lui était indifférent, accomplisse cet acte à sa place.

– En réalité, je ne suis pas sûr. Je ne sais même pas s'il existe…

– Comment ça ? Vous travaillez bien ici, n'est-ce pas ? aboya Domérégo.

– Oui, mais c'est une sorte de légende qui court parmi le personnel. Personne ne l'a jamais vu. De toute manière, si le sous-sol existe, il n'est pas ici, à Beaujon.

– Où est-ce qu'il serait alors ?

– À l'hôpital Bichat.

– Pourquoi cet hôpital ?

– Mais parce que les deux hôpitaux forment un seul et même centre hospitalier. Vous l'ignoriez ?

– Vous voulez dire que Cassan travaille dans les deux hôpitaux ?

– C'est exactement ça. Il est le directeur de l'institut Bichat-Beaujon et le responsable de l'unité d'investigations biomédicales des greffes, rattachée à l'université Paris-VII. Son activité de chirurgien est essentiellement à Beaujon, et il intervient à Bichat en tant qu'enseignant-chercheur… Mais où allez-vous ?

Kétab et Domérégo filèrent vers l'ascenseur, plantant là l'assistant dont les bras tombèrent de surprise. Ils appelèrent l'ascenseur en trépignant et en ricanant, ils appuyaient sur tous les boutons, en se jetant des regards expressifs. Lorsque enfin les portes s'ouvrirent, l'ex-commandant lança triomphalement au capitaine, ravie :

– Eh bien voilà, tu l'as ton truc !

19

Le souterrain

Domérégo revint en courant à la voiture. Kétab était au téléphone. Il en profita pour s'adosser un instant à la portière et reprendre sa respiration. Il était essoufflé – il manquait un peu de pratique depuis trois ans. Sa collègue raccrocha et l'interrogea du regard :

– La place de parking de Cassan est vide. C'est sûr, il n'est plus dans cet hôpital, dit-il haletant. Et de ton côté ?

– J'ai téléphoné à Bichat, mais je n'ai pas demandé après lui. S'il est avec Somaly, il vaut mieux ménager l'effet de surprise. Mais j'ai exigé d'avoir le gardien en utilisant le code priorité. Ils l'ont appelé, il nous attend devant le bâtiment des services techniques.

La nuit était tombée sur le parking des visiteurs de l'hôpital Beaujon. Quelques rares voitures y stationnaient encore sous des lampadaires qui les éclairaient faiblement. La bruine, pénétrante, enveloppée de brouillard, s'était tout à coup dissipée et dans le ciel sombre de Paris roulaient à présent de gros nuages déchirés. Le vent, un vent étrangement tournoyant pour la saison, s'était levé et soulevait autour des enquêteurs des feuilles de journaux, de sacs de plastique et les dernières feuilles racornies des arbres.

Tous deux étaient arrivés à la conclusion que Somaly, qui avait appris dans le sex-shop de Saint-Denis que la police le recherchait pour le meurtre de Daphné Jenken, était venu ici, auprès de son créateur. Cela expliquerait la disparition subite du professeur de son bureau. Certes, la raison de sa venue était encore confuse dans leur esprit. Était-ce pour chercher de l'aide ? Demander à être caché ? Soigné ?… Tout était possible. Il y avait en effet des chances que, se sentant traqué, perdu, il se soit, semblable à un enfant, tourné vers son auteur.

– Ça se tient, dit Domérégo tandis qu'ils remontaient dans la voiture.

Cette fois, elle laissa le volant à l'ex-commandant. Elle avait remarqué en roulant vers Beaujon qu'il crevait d'envie d'être à sa place, que ça le démangeait de tenir le volant de la voiture de police tout gyrophare dehors. Ce n'était pas réglementaire, mais pourquoi ne lui aurait-elle pas fait ce plaisir ? Roch était un chic type, à aucun moment depuis qu'ils avaient uni leurs forces pour résoudre cette enquête il ne l'avait joué perso. Au contraire, il se comportait en véritable coéquipier, soucieux de lui laisser la direction des opérations, acceptant des ordres venant d'elle, la secondant avec tact et humilité alors qu'il aurait pu en maintes occasions agiter sous son nez son expérience d'ex-« plus haut gradé ». Avec ses maigres outils de journaliste et un unique témoin, Diane Jenken, il avait pénétré plus avant et plus rapidement qu'elle dans l'élucidation du meurtre.

À présent, alors qu'il roulait à tombeau ouvert avenue du Général-Leclerc en direction de la porte de Saint-Ouen, elle ne se disait plus en l'observant qu'elle aurait bien fait équipe avec lui dans une brigade si les circonstances avaient été différentes, mais se demandait plutôt s'il n'existait pas un moyen pour qu'il soit réintégré dans la « maison », qu'il redevienne un collègue.

L'hôpital Bichat se trouve à la lisière de la première couronne d'Île-de-France, entre la porte de Saint-Ouen et la porte Montmartre, dans le 18e arrondissement. De sorte que, depuis Clichy, Domérégo et Kétab ne mirent qu'un quart d'heure pour atteindre l'entrée principale de l'établissement, rue Henri-Huchard.

L'hôpital est un immense dédale de constructions neuves dont l'apparente distribution fonctionnelle chère aux années 1970, masque mal l'absence de repères pour celui qui, s'y enfonçant, se perd dans les blocs des bâtiments des différents services.

– Merde de merde ! jura Kétab le front collé au pare-brise. On tourne en rond. On est déjà passés par là… Tourne à droite, il y a un panneau.

Mais celui-ci indiquait le service des maladies infectieuses et tropicales.

Ils roulèrent au pas un long moment, s'engagèrent dans une impasse, firent demi-tour sur un parking, puis s'engagèrent encore dans une impasse. Domérégo suggéra de retourner à l'entrée principale et de demander un plan à l'accueil.

– Mais d'ici là notre bonhomme sera déjà parti ! pesta-t-elle. Qu'est-ce que c'est mal indiqué, tout de même !

– C'est parce qu'il fait nuit, on n'y voit pas comme en plein jour.

À ces mots, elle rougit jusqu'aux oreilles car elle se rappelait que lorsqu'il était à la crim', le commandant Domérégo employait des lapalissades quand il voulait faire un reproche cinglant à un collègue.

– C'est vrai que j'aurais dû demander où le gardien nous attendrait exactement, concéda-t-elle.

Tout à coup, dans la lumière des phares, surgit un petit homme d'une cinquantaine d'années, juché sur un vélo, et qui agitait les longues manches d'une blouse de travail gonflées par le vent. Ses cheveux, des boucles blanches, volaient autour de sa tête en même temps que des paroles qu'il tentait d'articuler avec force.

– C'est lui ! s'exclama Kétab en ouvrant brusquement sa portière.

– Vous êtes Albert Carlucci, le gardien en chef ?

Il poussa son vélo jusqu'à elle.

– Je vous ai vu passer devant moi, j'ai crié, mais vous ne m'avez pas entendu, dit-il essoufflé. Oui, je suis Albert, le maître des clés de cet hôpital.

– On vous a expliqué ce qu'on cherche ? Est-ce que vous avez connaissance d'un sous-sol dans lequel travaillerait le docteur Cassan ?

Il plissa le front et se gratta la tempe.

– Cela fait trente-neuf ans que je travaille ici et je n'ai jamais ouvert de sous-sol, hormis ceux de la maintenance. J'ai beau réfléchir, je ne vois aucun endroit sous un bâtiment dans lequel travaillerait un médecin. Vous êtes sûrs de vous ?

Les deux enquêteurs échangèrent un regard déçu pardessus le toit de la voiture. Néanmoins Roch, qui n'avait pas perdu sa confiance en son instinct de flic, répondit avec assurance :

– Absolument.

Le gardien secoua lentement la tête et prit un air songeur.

– Vraiment, je ne vois pas... Pourtant, je connais Bichat mieux que ma maison et probablement mieux que je ne connaîtrai jamais ma tombe.

– Réfléchissez. Vous n'avez jamais entendu parler d'un endroit secret, d'un lieu réservé et interdit ?

L'homme fut secoué par un fou rire.

– Vous êtes dans un hôpital, madame l'inspecteur, pas dans un château du Moyen Âge ! La plupart des bâtiments ont été reconstruits entre avril 1971 et janvier 1988. Il n'y a ni passage secret, ni souterrain dissimulé, ni cachots humides… On vous aura bernés.

Domérégo lança un regard interrogatif à sa collègue : « Tu crois que c'est possible ? Il est fiable, ce Thomas ? N'aurait-il pas lui-même quelque chose à cacher ? »

Elle lui répondit par une moue : « Je n'ai jamais pensé à lui comme à un suspect. Peut-être que j'aurais dû. »

– Il avait le mobile et les moyens, continua-t-elle à voix haute. Le salaud ! Il m'a sûrement bien roulée avec ses airs d'amoureux transi.

– Lorsqu'on commence une enquête, on ne peut pas suspecter tout le monde, tu le sais bien. C'est en envisageant les pistes qu'on élimine des suspects et qu'on en retient d'autres.

« C'est encore une de ses lapalissades ? », se demanda-t-elle en baissant la tête de dépit et de colère. Elle aurait dû vérifier l'alibi de ce témoin. Domérégo, lui, n'aurait pas manqué de le faire.

– Tu crois qu'il a menti pour la salle d'anatomie ?

– Non, il a dit la vérité, répondit Domérégo. Il ne pouvait pas savoir pour les coups de couteau qu'a reçus Somaly…

– Attendez un instant ! s'écria tout à coup le vieux gardien. On a certainement voulu vous parler du sous-sol sous la chapelle. Ça me revient maintenant. Quand j'ai commencé à travailler ici à 16 ans comme jardinier, le jardinier en chef de l'époque, M. Fabre, y a fait allusion quelquefois devant moi.

Il frappa dans ses mains et gloussa de joie et d'excitation devant ce retour soudain des souvenirs de son passé de jeune homme.

– C'était en 1968, c'est ça ?

– Non, madame l'inspecteur, en 1967. M. Fabre avait connu l'hôpital avant qu'il ne soit détruit par les bombardements allemands, le 24 août 1944. Il regrettait beaucoup l'ancien hôpital qui, lui, avait été construit dans les années 1880 dans l'ancien poste d'une caserne d'octroi. Il disait que l'ancien Bichat était peut-être moins confortable, mais qu'il avait plus de charme avec ses pavillons entourés de massifs de rosiers et de rhododendrons...

– Ainsi, il existe bel et bien un sous-sol, coupa Domérégo.

– *Existerait.* Personnellement, je ne l'ai jamais vu. Mais M. Fabre racontait que, sous la chapelle, il y aurait eu des galeries dans lesquelles les médecins de l'époque faisaient toutes sortes d'expériences. Qu'ils s'étaient installés là car les inspecteurs du ministère de la Santé ne s'y aventuraient jamais. Toutefois, même si ce sous-sol existe, personne aujourd'hui ne peut plus y accéder. Les bombardements ont obstrué l'entrée. D'ailleurs je peux vous l'affirmer, il n'y a aucun passage visible depuis l'intérieur de la chapelle.

– Allons voir ça ! ordonna Kétab. Montez !

– Et mon vélo ?

– On va le mettre dans le coffre. Montez, je m'en occupe.

La chapelle en pierre de style néogothique s'élève à l'extrême partie est de l'hôpital, on pouvait également y accéder par l'extérieur de l'hôpital, rue Arthur-Ranc.

– Tenez, dit le gardien alors qu'il cherchait autour de son gros anneau de clés celle qui ouvrait l'oratoire, vous me parliez tout à l'heure du professeur Cassan. (Il donna un coup de menton sur le côté.) Voici l'amphithéâtre où il donne ses cours. Sacré professeur, croyez-moi, il est de l'ancienne école. Tous ses étudiants le craignent et l'admirent à la fois.

Kétab et Domérégo tournèrent la tête dans la direction que leur indiquait le gardien et lurent, de l'autre côté de la chaussée, au-dessus d'une porte vitrée qui ouvrait un édifice en demi-cercle : « Amphithéâtre Chiray ». Puis les yeux de Domérégo allèrent de l'amphithéâtre aux grilles de la sortie secondaire de l'hôpital, rue Arthur-Ranc.

– Vous habitez le quartier, M. Carlucci ? demanda-t-il.

– J'y suis né il y a plus d'un demi-siècle, jeune homme, et je ne l'ai jamais quitté. J'habite l'ancien appartement de mes parents à la porte de Saint-Ouen, avec ma femme Ornella… Ah, voilà la clé !

Il ouvrit une porte montée sur des gonds avec un bruit sourd de grosse serrure grippée.

– Alors vous pouvez sûrement me dire combien de temps je mettrais pour aller d'ici à la rue Marcadet ?

– Voyons…, je dirais un petit quart d'heure.

– Pas moins ? s'étonna Malika.

– Ça me semble difficile, sauf si bien sûr vous mettez votre sirène. Alors là, c'est sûr, vous pouvez y être en cinq minutes. Attendez, je vais éclairer.

Il sortit de la poche de sa blouse une petite lampe torche qui projeta devant eux une lumière grêle.

– Il faudrait trouver l'interrupteur, je crois qu'il se trouve derrière l'autel, ajouta-t-il à voix basse par respect pour le lieu dans lequel ils pénétraient. Du reste, il se signa plusieurs fois.

À peine avaient-ils fait quelques pas à l'intérieur qu'ils sursautèrent dans l'obscurité : un coup de vent venait de faire claquer violemment la porte derrière eux. Kétab plaisanta comme la plupart des gens qui se remettent d'une vaine frayeur :

– Qui hante la chapelle selon toi, le docteur Frankenstein ou le comte Dracula ? Malheureusement dans le coffre de ma voiture je n'ai ni compteur Geiger ni pieu.

Mais son compagnon ne l'écoutait pas. Il s'empara vivement de la lampe torche des mains du gardien et en projeta le faisceau dans toutes les directions.

– Qu'est-ce qui te prend, Roch ?

– C'est un courant d'air.

– Oui, et alors ?

– Alors il y a forcément une autre ouverture, et je ne la vois pas.

– Je vais allumer, dit le gardien en se précipitant au fond de la chapelle. Je pense savoir où sont les interrupteurs.

À l'instant où le luminaire de l'église s'éclairait, le bruit sourd de la chute d'un objet lourd se fit entendre. Roch et Malika se ruèrent à leur tour. Ils trouvèrent le pauvre homme à terre, le pied coincé dans une béance du sol.

– Ça va ? Vous vous êtes fait mal, M. Carlucci ? s'écria-t-elle en essayant de l'aider à se relever.

– Je crois que je me suis tordu la cheville, dit-il dans un râle de douleur.

Pour dégager le gardien, Domérégo fut obligé de pousser une lourde dalle qui n'avait pas été correctement replacée dans son assiette, tandis que Kétab, de son côté, le tirait en le saisissant par les aisselles. Elle l'adossa contre la table de l'autel.

– Comment vous sentez-vous ? Ne bougez pas, je vais chercher quelqu'un !

Mais Albert Carlucci la retint par un pan de sa veste.

– Non, ça ira, les urgences sont à l'autre bout de l'hôpital. Ça prendrait trop de temps. J'ai un téléphone portable, je vais les appeler. Dites-moi seulement dans quoi j'ai mis le pied, dit-il avec un sourire courageux sur les lèvres.

– Je ne peux pas vous laisser comme ça, M. Carlucci…

– Je vous dis que ça va aller, madame l'inspecteur. Qu'est-ce qu'il regarde, votre collègue ?

Domérégo avait poussé la dalle qui se trouvait être une stèle commémorative dédiée au personnel de l'hôpital mort durant l'occupation nazie. Cette plaque de marbre n'était pas censée se desceller de la pierre du pavage de la chapelle. Or non seulement elle était amovible, mais en plus elle fermait une cavité qu'il tenta, avec la faible lumière de la lampe torche, d'examiner.

– C'est extraordinaire ! s'exclama le gardien qui paraissait avoir oublié ses douleurs, c'était sous la stèle des résistants morts pour la France ! L'entrée du sous-sol était là, sous nos yeux, et personne n'a jamais rien soupçonné. M. Fabre disait donc la vérité ! L'existence de ce sous-sol n'était pas une fable. Comme il aurait été heureux de le savoir !

Le capitaine avait abandonné son blessé n'ayant pu résister à la curiosité de découvrir l'entrée du sous-sol secret de Cassan. Elle s'agenouilla à son tour et réclama la lampe à son collègue : leurs efforts ne leur permettaient que d'entrapercevoir un étroit escalier de bois. Le boyau qui le prolongeait était quant à lui plongé dans le noir. Ils restèrent un long moment penchés ainsi au-dessus du trou, scrutant l'obscurité, guettant un bruit, conjecturant à voix basse sur le lieu. Le courant d'air faisait monter des entrailles de la terre, avec un sifflement lugubre, des odeurs de renfermé, des relents de cave humide et de murs moisis mêlés à des effluves de solutions chimiques, d'alcools et de matières synthétiques.

– Tu ne crois pas qu'avant d'aller là-dessous tu devrais appeler du renfort ? chuchota Domérégo.

– Et risquer de voir débarquer Sézureck ? Non merci ! Je préfère encore me débrouiller toute seule. Toi tu restes ici.

– Comment ça ?

– Tu ne viens pas avec moi. Tu es un civil, s'il t'arrive quoi que ce soit, comme à ce pauvre M. Carlucci, je serai tenue pour responsable. Par conséquent tu m'attends là.

– Tu plaisantes, j'espère !

– Pas du tout. Et tu ferais la même chose si tu étais à ma place. De toute manière, je ne descends pas vraiment seule.

Elle accompagna ses mots d'un mouvement du bras qui passa derrière son dos : elle souleva sa veste et tira de son étui son arme de service. Elle vérifia le cran de sûreté avec une certaine fébrilité. Elle n'en avait jamais fait usage depuis sa sortie de l'école de police. Son compagnon se saisit alors de la lampe qu'elle avait posée à terre.

– Pas question, dit-il d'une voix ferme. Toi tu as l'arme, moi j'ai la lumière : on est forcés de descendre ensemble.

– Roch, tu connais aussi bien que moi le règlement.

Il secoua la tête.

– Je descends en qualité de journaliste. J'ai ma carte de presse sur moi, tu es couverte en cas de pépin.

Elle hésita, réfléchit si la flamme de son briquet ne pourrait pas faire l'affaire, puis finalement lâcha :

– Tu fais chier, le Gitan !... Passe devant, je te tiens l'épaule pour ne pas me casser la figure.

Ils descendirent alors l'étroit escalier de bois sans rambarde, comme le borgne et l'aveugle de l'allégorie.

En bas, autour de leur maigre lueur, des ténèbres impénétrables et angoissantes les encerclèrent. Toutefois Domérégo crut distinguer dans le sol de terre battue des empreintes de pas récentes.

– Elles sont marquées, dit-il. Elles n'ont pas été effacées par le courant d'air qui souffle continuellement ici. Elles sont donc toutes fraîches.

Ils les suivirent avec lenteur, pliés à demi vers le sol. Ils devinèrent qu'ils étaient en train de suivre un boyau tortueux, une sorte de goulot unique, sans intersections ni fourches. Même si ce n'étaient pas les traces de Cassan et de Somaly, se dirent-ils, ils étaient de toute façon sur le bon chemin.

Ils parcoururent ainsi plusieurs centaines de mètres quand, tout à coup, au bout de la galerie, ils aperçurent de la lumière filtrant par une porte entrebâillée. Ils s'immobilisèrent comme des chiens d'arrêt, le cœur battant, le souffle court. Domérégo éteignit la lampe et Malika enleva doucement le cran de sûreté de son arme.

– Bon sang ! Qu'est-ce que tu fais ? chuchota Domérégo devenu très nerveux au déclic de l'arme.

Mais sa compagne lui plaqua vivement une main sur la bouche et souffla :

– Chut !... Écoute !

Ils tendirent l'oreille : de derrière la porte leur parvint un bruit lointain, confus, irrégulier.

– Qu'est-ce que c'est ? demanda-t-elle à plusieurs reprises.

Puis un cri déchira le silence. Un cri long, perçant, qui leur glaça le sang dans les veines. Ils se précipitèrent sans réfléchir, et enfoncèrent ensemble la porte qui partit claquer contre le mur.

Il n'y avait personne. La pièce était encombrée de chariots, de civières, de vieilles tables d'opération, de chaises roulantes cassées… Tout était sens dessus dessous, un fouillis d'objets inextricable. Au premier coup d'œil, on comprenait que les occupants qui s'étaient succédé depuis plus d'un siècle avaient remisé là, chacun leur tour, le matériel qu'ils tiraient de la surface jusqu'au souterrain.

Au plafond, des câbles électriques retenaient des ampoules noircies de suie et de vieilles toiles d'araignées, criblées d'insectes desséchés depuis longtemps. À l'autre bout de la pièce, ils remarquèrent une autre porte. Ils pénétrèrent en courant dans une deuxième pièce, éclairée de la même manière par des câbles de fortune. L'odeur acide de solutions chimiques qu'ils avaient sentie dès l'entrée les saisit à la gorge et les fit tousser. Ils se bouchèrent le nez avec le revers de leurs bras, mais c'étaient leurs yeux qui commençaient à être irrités.

Sur la droite étaient fixées des étagères sur lesquelles étaient alignés des bocaux où baignaient des formes indistinctes, des fioles dont le contenu pour la plupart s'était évaporé, des alambics aux manomètres arrêtés, des bassines et des seaux teintés par de nombreuses manipulations, des boîtes qui recélaient des membres de corps d'animaux séchés tels que des rongeurs, des lapins, des chiots, etc.

Les vapeurs suffocantes les obligèrent à pousser rapidement une troisième porte toujours en enfilade. Ils reconnurent immédiatement une salle de vivisection et de dissection.

Il n'y avait aucun corps d'animal ni d'être humain sur les tables ou les paillasses, mais ils remarquèrent, soigneusement rangés sur des tables roulantes recouvertes de serviettes grises de poussière, des instruments de chirurgie : érignes, scalpels, curettes, écarteurs, pinces, etc. Curieusement, les instruments étaient rutilants et brillaient encore de leur dernière stérilisation. Cette découverte incongrue leur fit froid dans le dos. Alors que la vision des formes flottant dans le formol les avait laissés pour ainsi dire insensibles, ces objets récemment et soigneusement nettoyés les saisirent.

Ils repartirent pour pousser d'autres portes et traverser d'autres pièces, chacune ayant sa fonction particulière dans l'exploration et la manipulation de corps vivants. La succession d'objets, d'appareils, de mécanismes et de flacons aux liquides troubles finit par les oppresser.

– Qui sait quel musée des horreurs on va trouver en ouvrant une autre porte ! s'exclama à un moment Kétab avec un frisson de dégoût.

– Nous sommes dans le jardin secret d'un hôpital, c'est normal.

– Tu parles d'un jardin, c'est plutôt la cave de l'enfer oui ! (Elle avala plusieurs fois sa salive avant d'ajouter :) Tu les as vus, toi aussi ?…

À cette question, il se frotta les yeux comme s'il voulait chasser une image tenace.

– Tu veux dire les fœtus ? Oui, je les ai aperçus flottant dans les bocaux. Mais j'imagine que les chercheurs sont amenés à faire des choses que nous trouvons abominables. Je n'excuse rien. Je dis seulement que les impératifs de la recherche scientifique ne sont pas forcément ceux de la morale sociale. Ce n'est pas tant les expériences qui sont menées ici qui me soulèvent le cœur, c'est leur clandestinité. Qu'est-ce que Cassan cache en s'enterrant dans un sous-sol humide, mal éclairé, mal équipé et plein de vermine alors qu'il a à sa disposition deux hôpitaux modernes ? Qu'un type puisse s'affranchir du contrôle de la société pour faire ses petites manips dans son coin parce qu'il s'estime au-dessus d'elle, parce qu'il pense ne pas avoir de comptes à lui rendre, ça, ça me répugne vraiment.

Malika se montra perplexe :

– Ainsi selon toi, un chercheur peut tout faire à partir du moment qu'il le fait en pleine lumière ?

– Je ne dis pas ça. Je pense qu'au contraire des garde-fous, c'est le cas de le dire, doivent être posés comme préliminaires à la recherche. Il faut seulement faire attention à ce que notre éthique d'aujourd'hui n'hypothèque pas l'avenir des générations futures.

– Tu es un idéaliste, Roch ! Tu crois que l'homme est forcément à la recherche du bien pour son congénère. Je ne pense pas que Somaly partagerait ton point de vue. Allons-y !

Ils s'élancèrent de nouveau à travers l'enfilade de pièces. Toutes étaient éclairées et leur porte entrebâillée. Finalement ils tombèrent sur une porte plus basse et plus lourde que les autres qui s'ouvrait sur une sorte de rond-point d'où partaient plusieurs galeries à demi obscures.

– Merde ! enragea Kétab, il ne manquait plus que ça !

Ils firent quelques pas dans l'un des boyaux, mais comprirent très vite qu'ils risquaient, à partir ainsi au hasard, de se perdre dans un dédale de galeries sinueuses et enchevêtrées. Chaque galerie se ramifiait en d'autres galeries, à l'infini. Ils revinrent sur leurs pas. Domérégo proposa de se séparer mais Kétab refusa.

– On a qu'une seule arme et je suis responsable de toi. On reste ensemble quoi qu'il arrive.

– Bien, essayons une fois encore d'identifier les traces de pas les plus marquées et suivons-les.

Il braqua la lampe torche en direction du sol meuble et examina chaque départ de voie. Celle qui se trouvait à l'extrémité gauche du rond-point retint son attention un long moment ; il fit signe à sa compagne qui accourut.

– Ces empreintes pourraient être les bonnes, dit-il en désignant de son index deux doubles marques de semelles. Elles sont plus nettes que les autres.

– C'est pile ou face !

– On n'a pas le choix.

Ils s'engagèrent alors dans le tunnel qui était plus sombre que tous les autres car les ampoules suspendues à la voûte étaient plus espacées. Ils coururent longtemps sans rien découvrir. La galerie s'étirait, virait, zigzaguait puis s'étirait à nouveau, virait, zigzaguait encore…

– J'ai l'impression qu'on tourne en rond, finit par s'agacer Domérégo.

Il s'arrêta. Plié en deux, mains sur les rotules, il tenta de reprendre son souffle.

– C'est impossible ! rétorqua sa collègue. Si c'était le cas on retrouverait la trace de nos propres pas.

– Bon sang, ce que je peux manquer d'exercice depuis que je ne cours plus après les voleurs ! souffla-t-il. Ce que je veux dire, c'est qu'on est en train de tourner comme si l'on se trouvait dans la coquille d'un escargot. On décrit une spirale.

– Et alors, tu en déduis quoi ?

– Qu'au bout de l'hélice il y a nécessairement un cul-de-sac.

– Ou une autre sortie, qu'est-ce que t'en sais ?

– Parce que cet endroit a été construit selon le principe du labyrinthe, c'est-à-dire avec une unique issue qui est la dalle par laquelle on est entrés. C'est normal, c'est un lieu clandestin : moins on multiplie les entrées et les sorties mieux on le protège.

– Mais alors, si dans les deux empreintes de pas il y a celles de Cassan, pourquoi se dirigerait-il vers une impasse ? Comme le Minotaure dans son dédale, il doit connaître parfaitement les lieux, tu ne crois pas ?

– C'est bizarre en effet !… Sauf à considérer que la deuxième empreinte ne suit pas celle du professeur, mais la précède. La personne court devant ce qui expliquerait les écarts de près d'un saut qu'on a. Ce serait Cassan qui poursuivrait Somaly et non l'inverse, et ce dernier ignorerait qu'il se jette dans un cul-de-sac…

– Et les hurlements seraient les siens !…

Après un instant de réflexion, elle administra une violente tape sur le dos toujours courbé de son compagnon.

– Vite, dépêchons ! Il est peut-être en danger.

Ils se hâtèrent de nouveau dans le boyau obscur. Kétab prit la tête. Elle tentait d'imaginer ce qui avait pu se passer : Somaly, paniqué quand il a appris par Lasso qu'il était recherché par la police, se précipite à Beaujon. Il demande de l'aide au professeur. Peut-être même de le cacher. Cassan refuse, alors Somaly l'y contraint. C'est la raison pour laquelle le professeur a quitté son service de cette façon, en blouse blanche, sans prévenir personne et en abandonnant ses malades… Ils venaient ici. Mais, pour une raison inconnue, les choses ont mal tourné… L'un avait peut-être même décidé de se débarrasser de l'autre dans ce lieu sous terre, à l'abri des regards. Et une course-poursuite s'est alors engagée… C'était plausible.

Après avoir parcouru une courbe interminable, ils aperçurent soudain une lumière intermittente qui comme un phare éclairait le bout de la galerie.

Ils précipitèrent leur course.

Ils déboulèrent hors d'haleine dans une sorte d'évasement du tunnel. Leur regard fut d'abord attiré par une unique ampoule suspendue au plafond par un fil électrique dénudé, émettant un grésillement discontinu et chuintant. Ensuite par la silhouette d'un homme qui apparaissait et disparaissait par intervalles. Il était adossé à une porte métallique presque entièrement écaillée et rouillée par endroits jusqu'à en être trouée. Il les fixait avec des yeux terribles. C'était Cassan. Il tenait entre ses mains un tuyau relié à une bonbonne de gaz.

Ce ne fut qu'après qu'ils sentirent cette odeur âcre, horrible, suffocante de chair brûlée. Ils reculèrent d'effroi, leurs yeux, agrandis par l'épouvante, allaient de la bonbonne de gaz à l'homme, de l'homme à la porte en fer, leurs paupières clignaient au rythme de ces images qui surgissaient et s'effaçaient semblables à des diapositives qui défileraient. Domérégo dit d'une voix étranglée :

– Bon sang ! Qu'avez-vous fait ?

Cette exclamation presque inaudible résonna si fort aux oreilles de sa compagne que celle-ci se jeta brusquement sur le côté, et vomit.

– Vous arrivez trop tard. C'est inutile. Retournez là-haut, ordonna Cassan impérieux.

Mais ce ton autoritaire qu'elle connaissait si bien révolta Kétab. Elle avança droit sur lui, levant le bras et braquant son arme :

– Ouvrez cette porte, professeur.

Il eut un petit ricanement las et désabusé qui contrastait avec l'expression terrifiante de ses yeux.

– Le gaz est une vapeur invisible, dit-il, un corps fluide indéfiniment expansible occupant tout le volume dont il dispose. Par exemple pendant que nous parlons, il est en train de nous envelopper. Une étincelle, et c'est l'explosion. Par conséquent, je vous demanderai d'être prudente avec votre arme, capitaine. Au-dessus de nous il y a un hôpital.

Kétab fut désarçonnée par la voix calme et impérative de Cassan. Celui-ci se comportait comme s'il était en ce moment dans son unité des greffes rappelant à tout étranger au service les règles obligatoires d'hygiène et de sécurité. Ce n'est pas possible, il doit être fou, se dit-elle.

– Posez ce lance-flammes. Nous allons parler, intervint Domérégo qui adopta lui aussi un ton posé, serein, celui qu'on apprend à l'académie de police lors des stages d'entraînement aux prises d'otages et à la négociation avec les ravisseurs.

– Pas avant que je ne sois certain que le déchet hospitalier soit totalement calciné.

Son expression provoqua une telle stupéfaction et une telle horreur chez ses interlocuteurs qu'il éclata de rire :

– Quoi ? Vous me prenez pour un fou ? Ou peut-être pour un nouveau docteur Mengele ? Au risque de vous choquer, Somaly n'était rien d'autre que ça : un amas de déchets hospitaliers que j'ai transplantés dans un corps cliniquement mort dont seul le cerveau était encore viable. J'ai mis un pacemaker dans son cœur et j'ai fait repartir la machine. Sans ce stimulateur cardiaque à peine plus gros que la puce de votre téléphone portable, Somaly n'aurait jamais vu le jour. Il n'existerait pas et vous ne vous en préoccuperiez pas.

Au fur et à mesure qu'il parlait, Cassan avait adopté l'attitude et les gestes d'un enseignant devant des étudiants en travaux pratiques. Il glissait même à la fin de chacune de ses phrases une main dans la poche de sa blouse blanche comme s'il allait sortir une craie pour dessiner un croquis au tableau.

– Vous n'êtes toujours pas convaincus ? Somaly est comme ces souris transgéniques que nous manipulons en laboratoire : une chimère. Pas plus que ces rongeurs qui possèdent une fourrure arc-en-ciel ou dont l'ADN a été mélangé à celui d'une mouche drosophile, il n'existe dans la nature. Je l'ai créé de toutes pièces, si je puis dire.

– Encore une fois, ouvrez cette porte, professeur, coupa la jeune femme exaspérée par l'ascendant que le chirurgien prenait sur eux.

– Je vous l'ai dit, capitaine, vous arrivez trop tard. Somaly est mort, vous ne verrez que des chairs en combustion. Épargnez-vous ce spectacle, vous m'avez l'air déjà très mal en point, vous et votre collègue.

« Il assure, le salaud ! », et en effet le professeur Cassien-Jean Cassan, le visage noirci par la suie des flammes, la blouse maculée de la boue du souterrain, le cou griffé et les cheveux défaits mais néanmoins droit, imposant, imperturbable, maîtrisait totalement la situation.

Kétab et lui se fixèrent comme dans un bras de fer : avec défi, haine et méfiance. Domérégo, pour qui cette tension extrême était dangereuse, avança à hauteur de sa collègue et la désarma.

– Il dit la vérité, Malika, autrement on entendrait Somaly hurler.

Il se tourna vers Cassan.

– Pourquoi l'avoir tué ?

– Le mot est impropre, monsieur. Il agonisait de toute façon. Le traitement antirejet n'était plus efficace depuis longtemps. Il se mourait d'une septicémie et ses organes se liquéfiaient. Il souffrait atrocement, croyez-moi.

– Et vous avez abrégé ses souffrances avec un lance-flammes !

– Vous ironisez, mais vous ne savez rien. Quand Somaly a fait irruption dans mon bureau, j'ai cru qu'il venait me demander une fois encore de soulager ses douleurs. Je suis médecin, et même si Somaly était une réalisation aboutie de mes recherches, je l'ai toujours considéré comme un patient. À ce titre, je me devais de lui apporter en toutes circonstances les soins et les diligences qu'un serment juré il y a vingt ans m'oblige d'honorer…

– Et il est évident que vous êtes un homme d'honneur, railla Kétab.

– Je le suis, capitaine, je le suis ; c'est l'étroitesse de votre esprit qui en juge autrement. Vous vous dites : il a brûlé vif un être humain, et vous vous en arrêtez là. Mais

Somaly n'était pas un être humain, c'était un assemblage d'organes d'autres êtres humains accidentés et pour qui la médecine ne pouvait plus rien. Il n'était pas le fruit de la nature, de Dieu, de l'amour ou d'une fonction reproductive, il était seulement ce que j'avais décidé qu'il soit. Ma volonté et mon savoir ont été ses seules filiations. J'ajouterai que je ne l'ai pas volontairement détruit, il m'y a contraint.

Subitement Roch et Malika levèrent la tête en direction de la voûte. L'ampoule avait cessé de clignoter, elle éclairait à présent sans discontinuité. Ce phénomène n'avait pas fait bouger Cassan d'un cil. Il continuait de les fixer avec la même intensité dans le regard. Il reprit sur le même ton glacial :

– Il m'y a contraint, répéta-t-il. J'étais disposé à lui venir en aide. Pourtant il venait de m'agresser. C'est bien lui qui a surgi dans mon bureau pour me réclamer un médicament qui ne pouvait plus rien pour lui. Il n'a pas voulu entendre mes explications. Il m'a arraché ma carte magnétique et a forcé la porte du laboratoire de l'étage. Mais aujourd'hui il n'était pas venu pour demander du secours. Il s'est abattu sur moi, m'a traîné de force à ma voiture et a exigé que je le conduise jusqu'ici. Il a voulu que j'ouvre la pièce où il a été conçu, ce que j'ai fait. Ensuite, il m'a posé toutes sortes de questions sur sa conception. Il voulait tout savoir sur ses origines, tout savoir des organes que j'ai pillés et lui ai transplantés, de mes recherches pour résoudre le problème de l'incompatibilité immunitaire et du sang, exemplaire unique dans l'espèce humaine, qui coulait dans ses veines. Jusqu'aux instruments qui ont permis sa création ! Il était curieux et attentif, comme si l'on feuilletait ensemble un album de naissance. Puis il s'est montré de nouveau menaçant. Par chance j'ai réussi à lui échapper. Il m'a couru après. Au cours de ma fuite, je suis tombé sur ce lance-flammes qui nous sert à brûler les cadavres d'animaux après des vivisections. Je l'ai entraîné dans cette galerie, parce que je savais qu'elle menait à ce cachot abandonné. Une fois qu'il s'y est trouvé piégé, je l'ai détruit. C'était lui ou moi.

– De la légitime défense en somme, commenta avec ironie Domérégo. Vous dites qu'il vous a contraint et menacé, mais de quelle manière ?

– Avec un couteau. Il l'agitait devant moi en répétant sans cesse : « Sur cette lame il y a mon sang, papa. Je vais le mélanger au tien et comme ça nous serons père et fils. »

– Et, bien sûr, vous n'avez pas reconnu ce couteau ? interrogea Kétab, elle aussi sarcastique.

– Pourquoi ? J'aurais dû ?

– Arrêtez votre cinéma, professeur, vous savez parfaitement qu'il s'agit de l'arme qu'a utilisée votre femme pour le poignarder.

Alors, contre toute attente, Cassan tressaillit et perdit un peu de sa contenance. Kétab, elle, jubilait : « Est-ce que j'aurais enfin réussi à déstabiliser le docteur Frankenstein ? »

– Je l'ignorais, dit-il d'une voix rauque, il ne m'a rien dit lorsqu'il est venu se faire soigner.

Il y eut un silence durant lequel se fit entendre un petit craquement sec et répété qui jusqu'alors, s'était confondu avec le grésillement de l'ampoule qui grillait.

– C'est quoi ce bruit ? demanda Domérégo, intrigué.

Mais le professeur demanda précipitamment :

– Comment avez-vous appris que j'avais suturé les plaies de Somaly ?

Les deux enquêteurs échangèrent un coup d'œil de surprise.

– Vous nous étonnez. Nous aurions pensé que vous nous interrogeriez plutôt sur la tentative de meurtre de votre femme.

Cassan passa une main sur son front sans qu'on sache si c'était parce qu'il était une nouvelle fois désarçonné ou bien parce que l'air, qui devenait de plus en plus irritant, l'incommodait.

– Je ne comprends pas, dit-il.

– Vous ne nous demandez pas ce qui a pu pousser votre femme à poignarder un de vos patients ? Ou encore quel rapport existe entre votre femme et Somaly ?

– Non.

– Ça ne vous intéresse pas ?

– Je connais déjà la réponse.

Les deux enquêteurs ouvrirent la bouche de stupéfaction. Cassan, dont le visage avait brusquement vieilli, s'expliqua aussitôt.

– Connaissez-vous ce conte persan du chardon qui s'éprend du rossignol ? Il n'est pas aimé en retour mais convainc le bel oiseau de l'épouser. La nuit de leurs noces, ce dernier se pose sur les épines de son nouvel époux pour faire entendre son chant, mais il meurt aussitôt. L'une des épines lui a transpercé le cœur. J'étais ce chardon et Daphné le rossignol. Je l'aimais, elle ne m'aimait pas et elle en mourait. Comment la garder près de moi et entendre toujours son chant ? En lui donnant une rose à aimer. Car l'histoire raconte aussi que ce sont des roses que les rossignols s'éprennent. J'ai donc créé une rose artificielle. Somaly. Il n'a pas été conçu dans le cadre de recherches scientifiques secrètes et intrépides menées dans un souterrain étrange et inquiétant. En recomposant un être à partir d'autres êtres, je n'ai pas cherché à faire reculer les limites de la nature ou à démontrer l'étendue de la puissance de la science. Somaly n'est pas le plomb que j'ai transformé en or. Je ne suis pas Faust, je ne suis qu'un chirurgien qui a conçu une créature pour ne pas voir s'éloigner la femme qu'il aime. J'ai, d'une certaine façon, ressuscité des morts pour cela, puisque j'ai maintenu en vie leurs organes dans un corps qui leur était étranger et intolérant. Somaly était un être prothèse ; je l'ai entièrement fabriqué seul dans ce sous-sol. Et quand, une nuit d'hiver, j'ai donné l'impulsion électronique au pacemaker et que j'ai écouté le cœur de ma « chose » battre, j'ai ressenti la joie d'un ingénieur satisfait de sa construction et non celle d'un savant fou assuré qu'il laisserait son nom à la postérité. Il faut que vous compreniez ça, que vous compreniez que, sans Daphné, Somaly n'aurait jamais vu le jour. C'est d'ailleurs la première chose que je lui ai expliquée lorsqu'il a été presque entièrement consolidé et en état de, comment dirais-je ? d'apparaître aux yeux des hommes. Puis je lui ai dit ce que j'attendais de lui : qu'il redonne le goût de vivre à Daphné et qu'en échange je le maintiendrai en vie. Je ne lui ai pas laissé le choix. Sans mes soins constants et le traitement que j'avais mis au point, il n'aurait pas pu survivre plus de quelques jours. Il a accepté, bien entendu. Il voulait tellement sortir de ce souterrain, remonter à la surface, vivre. Lorsque je l'ai collecté à la morgue, après son accident, seul son visage était resté intact. Je n'y ai moi-même pas touché lorsque je l'ai façonné. Et dès que Daphné le vit, elle l'aima. (Il sourit tristement.) C'est moi qui ai provoqué leur première rencontre. Je lui ai dit : « Daphné, j'aimerais te présenter un patient dont je suis très fier. » Voilà.

Sa voix s'étrangla alors et, pour la première fois, il baissa ses yeux terribles. Après un long silence, il jeta un coup d'œil à sa montre.

– Il nous reste encore un peu de temps, dit-il énigmatique. Daphné croyait me cacher ses amours mais elle les cachait mal. De toute manière, elle ne savait pas mentir. Elle était de nouveau heureuse, enjouée, resplendissante. Sa beauté mélancolique redevenait éclatante. Je souffrais atrocement de cet amour comme un pauvre Arnolphe de comédie, et lorsque la douleur devenait insupportable je redescendais dans mon souterrain. Mais les contes sont cruels pour ceux qui ne sont pas aimés. Car dans le mien la rose s'est éprise du rossignol. Somaly, ce bien-aimé que j'avais assemblé, tomba amoureux de Daphné. Il voulut tout lui dire, tout lui confesser, et me supplia de le libérer de sa servitude. Son amour l'aveuglait, le mien au contraire m'éclaira. Je changeai son traitement, qui à long terme devait le guérir définitivement. Je lui administrai les médicaments qu'on prescrit à des greffés, des suppresseurs associés à de la cyclosporine, qui certes le maintenaient en vie, mais ne l'empêchaient pas de diminuer chaque jour. Il développa des pathologies secondaires douloureuses qui nécessitèrent des prises quotidiennes de morphine. Et lorsqu'il en fut dépendant, je le chassais de l'hôpital et de la vie de Daphné. Somaly était un individu qui n'avait aucune existence sociale officielle : pas de famille, pas d'amis, pas de numéro de Sécurité sociale, pas de médecin… À vrai dire, il avait même été déclaré mort. De sorte que, sans moi, sans les médicaments que je lui délivrais avec parcimonie, sans les quelques soins vitaux que je lui prodiguais de temps à autre, il serait mort dans une ruelle comme un chien.

– Pourquoi ne pas l'avoir laissé mourir à ce moment-là ? demanda Kétab en lançant un regard plein d'horreur vers la porte métallique.

– Par vanité, je suppose. Chaque fois que j'auscultais Somaly, j'admirais ma création. J'avais réussi ce qu'aucun scientifique au monde n'aurait osé imaginer pouvoir réaliser même dans ses rêves les plus fous. Il était si parfait et si beau ! Il s'était révolté contre moi, il a cru pouvoir me défier, mais il était mon œuvre !

Son visage jusqu'alors tiré, fatigué, prit soudain une expression exaltée.

– Quoi qu'il en soit, à défaut de le laisser agoniser, j'avais la satisfaction d'apprendre qu'il se prostituait pour pouvoir acheter des drogues qui soulageaient ses souffrances et remplaçaient la morphine dont il était devenu accroc. Il a bien essayé de me faire chanter avec des cassettes et des documents qu'il m'a volés dans mon bureau, mais je menaçais de le faire jeter en prison où il aurait crevé pour de bon. Il a même envisagé de tout dire à Daphné. Je lui ai alors rappelé ce qu'il était : un monstre de foire.

– Vous êtes un salaud pervers et répugnant, monsieur le grand docteur en médecine.

– Nous sommes dans un lieu, capitaine, où ces mots n'ont aucune signification. Ce sont des jugements de valeur qui ont cours à la surface, à la pleine lumière grâce à laquelle on peut distinguer le bien et le mal. Ici, ils se confondent. Si vous vouliez que les faits que je vous restitue soient racontés par un homme qui aurait une éthique, une morale individuelle ou professionnelle, alors il aurait fallu m'interroger là-haut. Ici la conscience est aveugle.

– La nôtre voit encore, interrompit sèchement Domérégo, et vous n'avez toujours pas répondu à la question : qu'est-ce qui a poussé Daphné à poignarder son amant ?

Il avait choisi ses mots pour le blesser : il n'avait pas dit « Votre femme », ni « Somaly ». Il avait employé des termes qui les unissaient et l'excluaient lui, Cassan. Car le professeur, avec son redoutable engin dans les mains, ne flanchait pas. Il semblait, au contraire, avoir envie de se confier. Ce qui était franchement inattendu, venant d'un type aussi malin.

– Mais, monsieur, vous y répondez vous-même, dit-il. Parce qu'elle revoyait son ancien amant. J'imagine que de le découvrir ainsi se prostituant et s'avilissant sur les trottoirs de Paris alors qu'elle l'avait tant aimé et tant pleuré a dû lui causer un choc tel qu'elle n'a plus su ce qu'elle faisait.

– Vous voulez nous faire croire que vous ignorez les circonstances de son geste ?

– J'ai recousu les blessures de Somaly sans chercher à les connaître, en effet.

– Vous mentez ! dit Kétab en avançant sur lui. Vous mentez et nous en avons la preuve. Daphné vous a appelé de son portable juste après avoir commis son acte. Elle vous a longuement parlé, le relevé téléphonique de son opérateur l'indique.

Domérégo acquiesça de la tête, tout en sachant que sa collègue était en train de bluffer. Pascal Perrier ne leur avait appris ce fait que quelques heures plus tôt ; elle n'avait donc pas eu le temps de lancer une recherche d'identification de l'appel.

– Pas un pas de plus, capitaine ! ordonna soudain le chirurgien.

– Pourquoi ? Vous allez me transformer en torche humaine, moi aussi ?

Il dirigea alors le bec du tuyau vers la bouteille de gaz posée à ses pieds et articula d'une voix lente :

– Pas seulement vous, nous tous si vous continuez à avancer.

Kétab jeta un coup d'œil indécis à Domérégo : « Il n'osera pas, n'est-ce pas ? » Mais pour toute réponse, il lui fit signe de ne plus bouger.

– Je sais que la situation ne plaide pas en ma faveur, continua Cassan, néanmoins croyez le médecin que je suis lorsque je vous dis que je ne souhaite pas vous faire de mal.

– Permettez-nous d'en douter, professeur, rétorqua Domérégo. Surtout quand on songe que vous avez étranglé votre femme. Mais peut-être allez-vous encore nous dire que ce n'est pas le terme qui convient…

Cassan ne réagit pas tout de suite. Ses yeux perçants se portèrent tour à tour sur les deux enquêteurs, avant d'errer par-dessus leurs épaules comme s'il attendait que l'écho des mots prononcés par Domérégo lui revienne depuis le fond obscur de la galerie.

Roch et Malika sentirent alors que le coup avait porté, que la cuirasse du chirurgien venait enfin de se fissurer, qu'il fallait passer à l'offensive sans plus attendre. Kétab commença :

– Vous avez raison de ne pas nier. Ce serait inutile d'ailleurs, nous savons comment vous vous y êtes pris. Voyez-vous, votre alibi tenait jusqu'à ce qu'on apprenne que les cours que vous avez donnés le soir du meurtre ne se déroulaient pas à l'hôpital Beaujon, mais ici et plus précisément juste au-dessus de nos têtes, dans l'amphithéâtre Chiray. Car ce que vous avez omis de préciser, professeur, c'est que votre unité des greffes est rattachée aux deux hôpitaux, tout comme vous avez omis de me parler de votre souterrain des horreurs…

– Depuis l'hôpital Beaujon, continua son collègue, vous n'auriez pas pu en un peu plus d'une demi-heure vous rendre rue Marcadet, monter dans la chambre 13 de l'hôtel Darwin, assassiner votre femme, ramasser à la va-vite les affaires qui s'y trouvaient afin de brouiller les pistes et revenir vous installer devant vos étudiants comme si de rien n'était…

– Alors que, depuis Bichat, c'est tout à fait faisable. Nous sommes à quoi ? cinq, dix minutes tout au plus de l'hôtel ?

– Et pour être certain que vous ne serez pas gêné par la circulation, vous avez pris un véhicule d'urgence. C'était quoi ? Une ambulance ? Une voiture du Samu ? Vous savez, ça nous sera facile de vérifier.

– Nous savons quand, nous savons comment et nous avons même le mobile, se risqua le capitaine. Votre femme avait découvert votre passe-temps secret, vos pratiques ignobles qui consistent à piller les organes de cadavres encore tièdes pour créer des êtres hybrides, des amants artificiels. Et quoi ? Elle vous menaçait de rendre l'affaire publique ? De vous dénoncer à l'ordre des médecins ? De ruiner votre réputation de grand chirurgien ? De vous envoyer jouer du bistouri en prison ?

– Et c'est la raison pour laquelle vous venez de brûler vif Somaly, renchérit Roch. Vous avez voulu effacer toute trace de vos expérimentations de psychopathe. Mais faites-nous confiance, docteur, nous retournerons sens dessus dessous vos hôpitaux, nous fouillerons vos morgues, vos salles d'anatomie, nous creuserons ce sous-sol jusqu'aux égouts de Paris, nous ferons Dieu sait quoi ! mais nous finirons par trouver des preuves et par vous mettre au ban de la société. Il n'y a pas de crime parfait…

– Mais d'amour parfait, si, coupa Cassan qui parut soudainement sortir de sa rêverie.

Ses yeux avaient perdu leur éclat redoutable, presque insoutenable. Y brillait à présent une lueur dansante de folie. Il les leva très vite en direction de l'ampoule qui se remit à clignoter avec ce crépitement de fils électriques prêts à s'enflammer.

Il eut un ricanement méprisant.

– Ainsi, vous pensez avoir tout compris ? Je l'aurais tuée parce que j'aurais craint pour ma réputation ? Ce que vous pouvez être stupides et bornés avec vos idées préconçues que vous prenez pour de la clairvoyance ! Encore une fois vous ne voyez rien, vous ne savez rien. C'est de Daphné que nous parlons. *De Daphné !* Une énigme pour qui j'ai créé une chimère, un mystère pour qui j'ai repoussé les limites de la nature et de la connaissance, une femme pour qui, à rebours de Darwin, j'ai remonté l'évolution de l'espèce humaine jusqu'à l'origine du sexe et vous venez me parler d'honneur, de considération, de renommée, de tous ces travestissements sociaux faits pour des individus qui frayent avec des mortels ! Daphné n'était pas de ce monde, elle n'était pas comme vous et moi un être médiocre et fini, elle était réellement cette nymphe que les dieux choisissent d'aimer et de poursuivre, de posséder ou de métamorphoser. Et parce qu'elle a accepté que quelqu'un comme moi, un ver de terre rampant, puisse se tenir à ses côtés, respirer le même air qu'elle, regarder le même paysage qu'elle, toucher les choses qu'elle effleure, m'asseoir dans le siège qu'elle quitte, lui tenir le bras dans le monde, que quelqu'un comme moi, dis-je, puisse la regarder vivre et vivre avec elle, je n'ai pas pu supporter que des larmes de tristesse coulent de ses beaux yeux parce qu'elle se languissait avec moi. Alors j'ai voulu être un de ces dieux de l'Olympe, qui crée et métamorphose par amour.

Il avait un visage de dément, un visage écarlate et animé que la lumière clignotante de l'ampoule rendait fantastique.

– Vous ne pensez pas, poursuivit-il en agitant en tous sens son tuyau de gaz, vous ne pensez pas que, si j'avais eu peur pour ma renommée et ma carrière, j'aurais commencé par détruire Somaly quand il est venu se faire soigner des coups de couteau qu'il avait reçus ? J'aurais ainsi fait disparaître la preuve de ce qu'elle aurait pu révéler au monde. Au lieu de ça, j'ai recousu et cautérisé les plaies de son amant pour qu'il lui revienne…

Il eut un geste vague en direction du cachot puis parut soudain se rappeler de quelque chose, il regarda une nouvelle fois sa montre.

– Vous avez quelque chose à faire, professeur ?

– J'ai surtout quelque chose à dire, capitaine. En effet, Daphné m'a appelé de cette chambre d'hôtel. D'une voix froide et méprisante que je ne lui connaissais pas, elle m'a dit qu'elle savait tout, que je lui faisais horreur et que je devais me réjouir car pour la première fois elle éprouvait un sentiment fort pour moi : de la haine. Ensuite, elle m'a raconté ce qu'elle avait fait, d'une voix redevenue douce et cristalline. Elle m'a dit qu'elle l'avait tenu contre elle et qu'elle avait senti combien il souffrait, combien son pauvre corps agonisait dans d'atroces tourments. Mais que, malgré cela, son amant avait trouvé la force de l'aimer une dernière fois. Je lui ai dit : « Je t'en referai un autre, Daphné. Je te referai une autre créature, à l'identique si tu veux ! » Elle s'est d'abord tue et durant ce silence j'ai senti, palpé son aversion pour moi. Puis elle m'a répondu : « Tu n'en auras pas l'occasion, Cassan. Je vais récupérer des cassettes et des documents qui te compromettent et je les remettrai à la police. » Je n'ai pas douté d'elle un seul instant, j'ai su qu'elle allait le faire et ça ne m'a pas affolé le moins du monde. Non, ce qui m'a effrayé, c'est qu'elle disait cela pour…

Il se tut. Ses jambes tremblèrent puis fléchirent.

– Pourquoi ? dit Kétab.

– Pour que je la tue.

Il se redressa, secoué par ses propres paroles. Il chercha quelque chose dans une poche de sa blouse : il sortit ses lunettes et les chaussa maladroitement. Les verres étaient fêlés. Malika et Roch échangèrent un regard perplexe.

– Vous n'allez tout de même pas nous faire gober qu'elle vous a demandé de l'étrangler ! reprit la jeune femme d'un ton agressif.

– Elle ne me l'a pas explicitement demandé, mais j'ai compris que c'était ce qu'elle voulait. Cependant je ne l'ai pas tuée parce qu'elle m'a poussé à le faire. Au contraire, lorsque j'ai vu Somaly surgir en sang dans mon hôpital, j'ai cru que je tenais une nouvelle chance de me racheter auprès d'elle. Somaly savait qu'elle l'avait poignardé pour abréger ses souffrances, et il en était heureux comme un adolescent à qui la fille qu'il aime aurait donné la plus belle des preuves d'amour. Il me supplia de lui sauver la vie, qu'en échange il ferait tout ce que je lui demanderais, continuer à se prostituer si je le voulais. Il avait peur que s'il mourait Daphné n'ait des ennuis, qu'elle soit inquiétée par la police.

– Ou que vous la fassiez chanter, coupa Domérégo. Après tout, vous l'auriez tenue avec cette tentative de meurtre. Elle allait être à vous pour toujours et sans avoir à bricoler un autre amant par-dessus le marché.

– Chanter ? À propos de qui ? De quoi ? Je vous rappelle que Somaly n'existe pas pour l'état civil. Il n'a jamais existé, il n'est qu'un protocole d'expérimentation que je n'ai pas référencé officiellement.

– Alors que s'est-il passé ensuite ?

– Elle ne voulait plus me revenir. Elle voulait rester dans cette chambre d'hôtel ignoble et avilissante. J'ai eu beau la supplier, lui assurer que Somaly était toujours vivant, qu'il était en convalescence à l'hôpital, qu'elle n'avait qu'à me suivre pour le voir, elle ne me croyait pas, elle refusait de quitter la chambre 13. Puis elle m'a dit : « Si c'est vrai, s'il est toujours en vie, je ne quitterai pas plus cette chambre, je resterai ici avec lui car c'est dehors que vit le vrai monstre. » J'ai compris qu'elle était déterminée. Alors l'image de Daphné dans cet hôtel abject, avec son amant prostitué, morphinomane et agonisant m'a horrifié. Cette image me hantait et me rendait fou. J'ai réalisé que je n'avais pas d'autre solution que de la…, que la mort était le seul moyen de la défendre contre elle-même.

– Et vous avez choisi de l'étrangler ? demanda Malika d'une voix rauque.

– Je n'ai pas voulu la faire partir comme un praticien avec une solution quelconque ou comme un criminel avec une arme. Le moyen aussi s'est imposé à moi comme une évidence : j'ai choisi mes mains nues pour partager avec elle une dernière étreinte.

La main droite de son interlocutrice serra alors dans le vide un objet qu'elle ne tenait plus, son pistolet, et la frustration de ne pas pouvoir le sentir lui faisait enfoncer les ongles dans la chair de sa paume.

– Pourquoi ne pas avoir tué Somaly tout de suite après le meurtre de votre femme ? Pourquoi maintenant ? dit Domérégo qui interpréta le silence de sa collègue comme une invitation à poursuivre l'interrogatoire.

– Parce que je me suis dit qu'il ferait un coupable idéal. Ma femme allait être retrouvée assassinée dans l'hôtel où il logeait, c'était un marginal, qui plus est malade et sans véritable identité. Il aurait eu beau clamer son innocence, quel fonctionnaire de police l'aurait cru ? J'étais son alibi, mais j'aurais démenti catégoriquement l'avoir soigné clandestinement dans mon hôpital. On l'aurait jeté en prison où on l'aurait retrouvé quelques jours plus tard mort d'une septicémie. Il aurait été incinéré dans le crématorium de la morgue de l'Institut médico-légal comme tous les indigents anonymes. Et toute trace de lui aurait disparu à jamais. Voilà ce que je me suis dit. De sorte que je l'ai gardé un ou deux jours après que vous avez découvert le corps de Daphné. Je crois d'ailleurs, capitaine, que lorsque vous êtes venue m'interroger la première fois, il était encore dans la salle d'anatomie désaffectée. Ensuite je lui ai demandé de partir et de ne surtout pas retourner pendant quelque temps à l'hôtel Darwin pour ne pas compromettre Daphné, dans l'hypothèse où on l'aurait vue ou entendue le poignarder. Je lui ai donné un peu d'argent et une boîte de médicaments. Je ne l'ai revu qu'une fois depuis, lorsqu'il a forcé la porte de la pharmacie de l'unité. J'ai non seulement réalisé à ce moment-là qu'il n'était pas au courant de la mort de Daphné, mais que, de surcroît, lui-même n'en avait plus pour longtemps à vivre. Toutefois, il a réussi à différer l'inéluctable en me volant des traitements antirejet. J'ai bien tenté ce jour-là de le chasser, mais il n'a pas hésité à me frapper. (Il éclata de rire, d'un rire bref et violent.) Il avait encore l'illusion de croire qu'il pouvait s'affranchir de moi, s'émanciper de son créateur !

Ce rire fut insupportable pour Roch et Malika. Celle-ci demanda, hargneuse :

– Eh bien, la suite, professeur ?

– Tout à l'heure, il a appris – j'ignore comment – qu'il était recherché par la police pour le meurtre d'une femme. C'est là qu'il a compris que Daphné était… morte. Et deviné que j'étais l'auteur de l'assassinat. Alors il est venu me chercher pour accomplir ici sa destinée.

Cassan esquissa un geste en direction de la porte en métal, et Domérégo remarqua que cette fois il ne regarda pas sa montre. « Pourquoi nous avoir tout raconté dans les moindres détails ? », se demanda-t-il inquiet. Alors une pensée effroyable percuta son esprit.

Le professeur eut un terrible sourire, triomphant et cruel, puis il baissa la tête pour retirer ses lunettes. Lorsqu'il la releva, ses yeux avaient retrouvé leur expression maléfique.

– Je pense que vous avez compris pourquoi je vous ai tout raconté. J'ai cherché à gagner du temps.

Kétab étonnée se retourna vers son compagnon qui se mit à expliquer à haute voix sans cesser de fixer le professeur :

– Somaly n'avait pas fini de brûler lorsque nous sommes arrivés. Le crépitement qu'on entendait, c'était la combustion de son corps. Il parlait pour nous occuper en attendant la calcination complète de sa créature, le salaud !

– Bravo ! s'écria Cassan.

Sur ce, il dirigea la gueule de son lance-flammes en direction de l'ampoule suspendue au plafond. Roch et Malika n'eurent pas le temps de réagir qu'une immense langue de feu enrobée de flammèches bleuâtres s'éleva au-dessus de leurs têtes avec un bruit énorme de soufflerie, qui fit éclater l'ampoule et embrasa les fils électriques.

Ce fut l'obscurité.

Le court-circuit qui avait immédiatement suivi l'incendie des fils avait provoqué l'extinction de toutes les ampoules de la galerie avec, de loin en loin, une série de petites détonations sourdes. Lorsque Domérégo, dans l'affolement, parvint à allumer la petite lampe torche du gardien, il était déjà trop tard : se confondant avec les explosions des ampoules, on entendait l'écho de pas rapides qui s'éloignaient.

C'étaient ceux de Cassan qui, telle une chauve-souris, s'orientait sans lumière dans le dédale de son souterrain.

Épilogue

La nuit humide avait fait descendre sur la ville un brouillard dense et froid qui déposait sur les véhicules de police, des pompiers et des urgentistes de l'hôpital Bichat une fine couche de givre qui scintillait sous le tournoiement de leurs gyrophares.

Toutes ces voitures étaient rangées autour d'un cratère provoqué par l'affaissement de la chaussée, entre la chapelle et l'amphithéâtre Chiray. Elles formaient un périmètre de sécurité en attendant l'arrivée des barrières métalliques des services de la voirie.

Deux silhouettes se tenaient debout devant le vaste trou obstrué de terre, de gravats et de goudron sans que personne ose leur demander de s'éloigner.

C'étaient Roch et Malika. Ils étaient couverts de poussière et de suie, des pieds jusqu'à la tête. Leurs pantalons étaient maculés de boue et déchirés au niveau des genoux, qui, comme leurs mains, étaient salement écorchés. Ils étaient médusés et frissonnants. Apparemment, ils n'en revenaient pas de s'en être sortis.

Immédiatement après la fuite du professeur, ils s'étaient lancés à sa poursuite, mais la faible lumière de leur lampe torche ne leur permettait pas de distinguer le fond du boyau. Ils s'étaient très vite égarés dans le labyrinthe obscur, changeant sans cesse de direction, débouchant sur des voies sans issue, découvrant qu'ils retombaient sur une galerie déjà empruntée. Au fur et à mesure de leur course, ils s'étaient délestés de tous les objets qu'ils avaient sur eux, montres, stylos, pièces de monnaie, clés, afin de baliser leur passage. Ils avaient réuni, haletants, tous les morceaux de papier qu'ils avaient sur eux puis les avaient enflammés au-dessus de leur tête dès qu'ils avaient l'impression de sentir un courant d'air : ils espéraient à chaque fois découvrir un conduit d'aération, une béance dans une paroi qui les aurait ramenés à la surface. Pour finir, Domérégo brûla même le calepin du détective Perrier. Inutilement.

Parfois les ampoules des galeries se remettaient à clignoter quelques secondes puis s'éteignaient cruellement. En réalité, leurs scintillements signalaient que tous les fils électriques étaient en train de brûler les uns après les autres. Ils le comprirent lorsqu'une odeur âcre bientôt suivie d'une fumée caustique se mit à envahir les tunnels. Alors une peur panique, primitive, la terreur de brûler vifs les fit hurler après Cassan, l'appeler à l'aide.

Mais l'écho de leurs cris sans réponse ne fit qu'augmenter en eux l'effroi, si bien que la perception du lieu où ils se trouvaient finit par se déformer et qu'ils crurent en toute bonne foi apercevoir à plusieurs reprises l'ombre du professeur se projeter sur les parois. Leur affolement culmina quand, venu de très loin derrière eux, ils entendirent une détonation longue et sourde, accompagnée de plusieurs autres identiques, qui dissipa la fumée et leur amena un souffle chaud, presque brûlant.

Alors Domérégo saisit le bras de sa compagne et se mit à courir à toutes jambes, en criant :

– Vite ! Ce sont les canalisations de gaz qui explosent ! Faut foutre le camp d'ici !

Il suivit instinctivement la fumée qui était soufflée devant eux avec l'espoir qu'elle les conduirait à un orifice par lequel elle chercherait à s'échapper.

Et tandis qu'ils fuyaient, le sol tout à coup se déroba sous leurs pieds, ils chancelèrent, puis furent projetés contre les murs avant de retomber violemment à terre. Ce ne fut qu'ensuite qu'ils perçurent le son étouffé d'une nouvelle détonation. Dans un boyau latéral, une canalisation venait d'exploser.

Kétab se releva aussitôt et, impression irréelle, elle sentit sur son visage une pluie de sable et de graviers tomber du ciel sans pourtant entendre aucun bruit. Elle appela son compagnon et comme elle ne percevait plus rien, elle avança à tâtons, les deux bras en avant. Soudain, elle trébucha sur un amas de gravats et tomba sur ses genoux. Elle palpa devant elle : la première chose qu'elle toucha fut l'étoffe de laine du caban de Roch. Elle poussa un cri et se mit fiévreusement à creuser les décombres quand une main s'empara de la sienne. Elle se dressa aussitôt et la tira à elle ; elle lui amena un corps qui tomba dans ses bras.

Leur étreinte fraternelle fut brève. L'explosion avait entraîné un éboulement dans la galerie où ils se trouvaient, il leur fallait s'éloigner au plus vite.

Ils couraient depuis un moment quand la jeune femme recouvra son audition : elle perçut d'abord le son confus de leurs pas, puis leurs respirations haletantes, enfin des bribes de phrases prononcées par Roch :

– … sirène… avis… entends au-dessus…

Elle cria :

– Quoi ? Répète !

Alors il s'arrêta brusquement, la saisit par les épaules et lui hurla en pleine face :

– Bon sang, Malika ! Tu n'entends pas la sirène ? À ton avis, c'est au-dessus de nous ou plus loin ?

Elle secoua la tête et tendit l'oreille.

– C'est devant nous ! C'est devant nous, Roch !...

– Tu es sûre ? Parce que si c'est au-dessus, il faut leur signaler qu'on est là !...

Mais l'effondrement de la voûte à quelques mètres derrière eux décida de leur sort. Ils reprirent leur course éperdue et aveugle, fuyant comme des rats qui sentiraient arriver le déferlement de l'eau dans l'égout.

Tout à coup Kétab agrippa la manche de son compagnon et le tira d'un coup sec en arrière.

– Quoi ?

– Tu ne sens pas ?

– Qu'est-ce que je... ?... L'air ! L'air frais ! s'écria-t-il.

Alors ils furent secoués par des rires fous, nerveux, libérateurs tandis que dans l'obscurité ils offraient leur visage à ce courant d'air vif et miraculeux. Puis ils se donnèrent quelques bourrades amicales avant de repartir main dans la main.

Ce ne fut qu'au bout de plusieurs centaines de mètres qu'ils distinguèrent, sur un tas de décombres, une auréole de lumière jaune projetée en faisceau par un trou dans la voûte. La paroi à cet endroit avait dû se fissurer après les différentes explosions, et s'effondrer.

Lorsqu'ils aperçurent le lampadaire de l'hôpital qui, depuis le trottoir, éclairait la béance sous laquelle ils se tenaient, ils le saluèrent en agitant les bras comme s'ils apercevaient un phare par une nuit de tempête. Malika grimpa sur les gravats et, aidée de Roch, elle se hissa sur la chaussée ; là-haut elle porta secours à son compagnon.

À la surface, ils se contemplèrent le visage illuminé par la joie mais les pupilles encore dilatées par la nuit et l'effroi du sous-sol. Passé cet instant, ils se serrèrent longuement la main, et c'est Domérégo qui le premier donna le signal du retour à la vie. Il plaisanta :

– Permets-moi de te dire que tu n'as pas l'ouïe fine pour un fin limier ! Les pompiers se trouvaient bien au-dessus de nos têtes.

Elle suivit son regard et aperçut derrière elle les camions de secours garés au bord d'une vaste dépression du sol : en bas ils avaient couru dans le sens inverse. Sans la découverte de ce trou, ils seraient toujours perdus... Ou pire encore.

– Je trouvais plus drôle de s'en sortir par nous-mêmes, répliqua-t-elle sur le même ton amusé.

Soudain ils entendirent un pompier crier :

– Il y a des rescapés !

Et en un clin d'œil ils furent entourés, félicités, palpés, enveloppés dans une couverture de survie, sommés d'avaler un gobelet de soupe lyophilisée.

– Vous n'auriez pas plutôt du café ? implora Kétab.

– Dans votre état, un excitant est vivement déconseillé.

En découvrant l'étendue de l'affaissement de la chaussée, ils restèrent tétanisés. Il n'y avait plus qu'un vaste trou plein de débris entre l'amphithéâtre et la chapelle. D'après leurs souvenirs, sous l'éboulis, se trouvaient les premières pièces du laboratoire qu'ils avaient traversées. De cet épicentre partaient d'innombrables failles dont une courait jusque dans le mur de l'oratoire.

Domérégo sortit le premier de sa stupeur. Autour d'eux c'était une cacophonie de voix, de radios, de sonneries de téléphones, de moteurs, de sirènes... Il s'exclama :

– Le gardien !

Kétab, brusquement tirée de son état de choc, se mit à tourner la tête en tous sens.

– Mince alors ! On l'avait oublié !... Je le vois ! Il est là-bas !

Ils secouèrent les couvertures de leurs épaules, jetèrent à terre leurs gobelets encore pleins et se précipitèrent vers Albert Carlucci. L'homme était assis dans une chaise roulante, lui aussi emmitouflé jusqu'aux oreilles dans des couvertures et entouré de ses collègues qui le blaguaient :

– Alors vieux, on essaye de prendre sa retraite avant l'heure ?... Tu vas en avoir du temps pour faire tes mots croisés...

Mais dès que ce dernier aperçut ses compagnons, il envoya tout promener, couvertures et amis compris.

– Dites donc, qu'est-ce que vous avez fait comme barouf là-dessous ! On m'a dit que vous vous en étiez sortis de justesse.

Il était ému de les voir et très impressionné par leur état de sinistrés.

– Rien de cassé, j'espère ? ajouta-t-il en les examinant avec inquiétude.

– C'est plutôt à vous qu'il faudrait demander ça, rétorqua Malika. C'est la cheville, c'est ça ?

Le gardien leva un pied bandé.

– Quelques mois dans le plâtre et un peu de rééducation, rien de grave. C'est ma femme Ornella qui va être contente, elle va pouvoir s'occuper de moi. Ça la changera de ses perruches.

Roch et Malika se forcèrent à rire mais ils étaient en réalité préoccupés par autre chose.

– Dites, monsieur Carlucci, demanda Roch gravement, avez-vous vu quelqu'un sortir par la dalle ?

– Non, personne.

– Et vous n'avez pas bougé après notre descente dans le sous-sol ?

– Pas d'un millimètre. Je vous attendais. Ce sont les brancardiers qui sont venus m'extirper de la chapelle. J'étais d'ailleurs dans une situation périlleuse, toute la partie qui se trouvait sous la dalle des Résistants s'est effondrée et le sol sous moi glissait lentement vers le trou. Heureusement qu'il y avait la table de l'autel ! J'ai pu m'y agripper. Sans cela j'aurais été englouti moi aussi. Il n'y a plus d'entrée du reste. Elle est complètement bouchée. S'il y a encore quelqu'un là-dessous, il ne pourra pas en sortir avant longtemps.

Kétab et Domérégo s'interrogèrent du regard : « Serait-il mort ? » Soudain ceux de la jeune femme s'agrandirent de surprise : elle apercevait par-dessus l'épaule de Domérégo un petit homme tout rond, tout chauve, une main potelée se balançant devant lui comme montée sur un ressort, et qui roulait vers eux. Il arriva rouge et essoufflé :

– Vous voilà enfin, capitaine Kébab, je vous cherche partout !

– C'est Ké*t*ab, monsieur le commissaire.

– Et regardez qui nous avons là aussi, poursuivit Sempère en adressant un sourire goguenard à Roch. Un ancien collègue ! Vous faites de la pige à quat' sous à présent m'a-t-on dit ?

– Et je joue du saxophone aussi.

De rouge, Sempère devint écarlate. Il chercha immédiatement à se venger de cette insolence.

– Mes hommes en sont à se demander si l'explosion ne pourrait pas être d'origine criminelle. Que faisiez-vous dans l'enceinte de l'hôpital, monsieur ?

– Il y a pénétré avec moi, intervint sèchement Malika.

– Et pour quelle raison ?

– Monsieur Domérégo est un témoin dans le cadre de mes investigations. Je souhaitais vérifier avec lui un élément du dossier. Vous pourrez prendre connaissance des détails du rapport que je ne manquerai pas de vous communiquer, monsieur le commissaire.

La main de Sempère s'immobilisa. Il aurait pu user de son autorité afin d'exiger d'entendre les explications du capitaine sur-le-champ. Mais, s'il était plus gradé qu'elle, il n'était pas pour autant son supérieur hiérarchique direct. Qui plus est, l'officier appartenait à une brigade spéciale. Elle pouvait refuser d'obtempérer et cela aurait été pour lui une humiliation de plus. Or Sempère était un craintif. Rien ne le répugnait davantage que de s'affronter à ses congénères. Il battit donc en retraite. « Bien, bien, je lirai votre rapport avec une attention toute particulière, croyez-moi. »

Puis sa main reprit sa danse de Saint-Guy.

– À la vérité, capitaine, je suis venu m'assurer de vos premières déclarations. Vous dites que dans les voies souterraines d'assainissement il y avait aussi le professeur Cassan ?

– Le professeur Cassan ! s'écria le gardien. Mais qu'irait-il faire là-dessous ?

– C'est bien mon avis, monsieur, reprit Sempère en ne quittant pas des yeux son interlocutrice.

– En premier lieu, dit-elle, nous n'étions pas dans des voies d'assainissement, mais dans un véritable sous-sol...

– Ce n'est pas ce que disent les ingénieurs de la voirie qui viennent d'arriver. Selon eux, vous étiez dans d'anciens canaux d'épuration qui longent des conduits de gaz plus récents.

– Je sais où nous étions, monsieur le commissaire, insista Kétab, et je sais aussi qui y était. D'ailleurs vous avez dû retrouver la voiture du professeur sur un des parkings.

– Celui qui se trouve derrière l'amphithéâtre en effet, concéda Sempère à contrecœur. Mais ça ne veut rien dire. Il peut être n'importe où dans l'hôpital.

Domérégo rongeait son frein. Il racla sa gorge et roula un caillou sous la pointe de sa chaussure pour se retenir d'intervenir. Le faire aurait été nuire à Malika.

– Si le professeur est quelque part, il est sous vos pieds, commissaire. Vous devriez en tenir compte pour vos recherches.

– Mais c'est ce que nous faisons, capitaine. Nous n'excluons pas la thèse de l'accident…

– De l'accident ? s'exclama-t-elle. Qui vous parle d'accident ?

– Si par malheur cet éminent chirurgien, de renommée internationale je vous le rappelle, venait à être retrouvé d'une manière ou d'une autre sous les décombres, c'est l'hypothèse que nous privilégierions. Il se serait rendu à son amphithéâtre, il y aura eu une explosion souterraine, la chaussée se serait affaissée, l'entraînant avec lui. En tout cas votre patron, le divisionnaire Sézureck, souhaite pour le moment qu'on retienne cette thèse qui, il faut le reconnaître, est la plus plausible.

– Sézureck ? s'écria Kétab.

Le commissaire émit un étrange glapissement. Il savourait son petit effet. Il savait que prononcer seulement ce nom aux membres de la BRAP équivalait à agiter un épouvantail devant des moineaux.

– Lorsque mes hommes m'ont appris que vous vous trouviez sur place au moment de l'accident et que vous avez même failli y rester, j'ai appelé votre supérieur pour le prévenir et recueillir ses consignes. C'est la procédure entre chefs, vous savez.

Les lèvres serrées de Kétab frémirent et ses narines se dilatèrent. Elle contenait sa colère avec peine. Cela n'échappa pas au petit commissaire qui, impressionné, recula d'un pas.

– Du reste, poursuivit-il d'une voix plus hésitante, il vous attend… Maintenant.

– À cette heure-ci !

– Oui. Il m'a chargé de vous dire qu'il serait à son bureau. J'imagine qu'il veut aussi vous parler du meurtrier de la rue Marcadet… Vous n'êtes pas au courant ?

Elle fit non de la tête tout en levant les sourcils. Domérégo se rapprocha d'eux, la bouche ouverte, tout aussi surpris.

– On sait à présent qui est le meurtrier de l'hôtel Darwin, continua Sempère. Ce serait un certain Somaly. Un prostitué qui n'est pas dans nos fichiers. La victime a été retrouvée dans la chambre contiguë à la sienne. On pense qu'il l'y a attirée de force sous un faux prétexte. Des témoins, les deux clandestins qui logent dans l'hôtel, affirment avoir vu le suspect en sortir la veille du meurtre titubant et avec un couteau ensanglanté à la main. On le recherche, on a diffusé son signalement mais sans identité complète ou une photographie de lui, on risque d'avoir du mal à mettre la main dessus.

Soudain le commissaire remarqua la présence de Domérégo presque sous son nez et se rappela sa profession de journaliste.

– Je dois vous laisser, capitaine, dit-il abruptement. Le procureur va arriver d'un instant à l'autre, je dois recueillir le maximum d'informations pour lui faire mon compte rendu. Et puis, pour tout vous dire (il donna un coup de menton en direction du journaliste), je ne suis pas habitué à la compagnie des vautours.

Malika et Roch serrèrent la main du gardien comme celle d'un compagnon de voyage qu'ils ne reverraient plus.

– Dites, madame l'inspecteur, vous penserez à sortir mon vélo qui est dans votre coffre ?

– On ne dit plus « inspecteur » depuis longtemps, monsieur Carlucci, je suis capitaine.

– Comme à l'armée ?

– Oui, mais en plus méchant.

Mais le gardien n'avait pas le cœur à rire. Il semblait bouleversé depuis qu'il avait entendu qu'un homme, que le professeur, pouvait être resté prisonnier des entrailles de l'hôpital.

– En revanche, je ne peux pas vous rendre votre lampe torche, s'excusa Domérégo. Je l'ai perdue quand la voûte s'est écroulée sur moi.

– Elle !… Elle aussi est restée en dessous ! s'écria le pauvre homme décidément très choqué. Ça ne fait rien… L'important, c'est qu'elle vous a servi à vous sortir de là. Au revoir, mes amis.

Le gardien réajusta ses couvertures, fit rouler sa chaise jusqu'à une ambulance dans laquelle on le chargea. Il leur adressa un dernier signe de la main, l'air toujours aussi ébranlé, puis les portières se refermèrent sur lui.

– Moi aussi j'ai quelque chose à te rendre, dit Domérégo en tirant discrètement de sa poche l'arme de service de Kétab.

– Merci. (Elle la glissa dans sa ceinture et ajouta avec un regard expressif :) Je te remercie de m'avoir évité de faire une connerie.

– J'imagine que cette fois encore, tu n'as pas le temps pour un café ?

Cette question, qui n'en était pas une, contenait tant de tristesse et de regrets anticipés que Malika, émue, baissa la tête pour lui répondre :

– Tu connais Sézureck. Avec lui : maintenant, c'est tout de suite. Il doit déjà être assis derrière son bureau à fixer la porte d'entrée tout en faisant jouer ses mâchoires de requin.

– Une autre fois alors.

– Oui, ça serait bien.

Un long silence suivit, durant lequel ils se balancèrent sur leurs jambes, se passèrent la main dans les cheveux et tirèrent le lobe de leurs oreilles tout en se jetant des regards à la dérobée. Elle prit une cigarette, mais la remit aussitôt dans son paquet :

– Je crois que j'ai inhalé assez de fumée comme ça pour aujourd'hui, dit-elle avec un petit ricanement.

Puis de nouveau ce silence embarrassé de deux personnes qui ne veulent ni ne savent comment se quitter.

Finalement, ce fut elle qui se lança :

– Je n'y connais pas grand-chose, mais, d'après moi, tu tiens de quoi faire un bon article que tu pourras enfin signer de ton nom.

Il hocha la tête et répondit avec un sourire triste :

– Ce n'est par sûr que je l'écrive... à cause de Diane, tu comprends ?

– Je comprends. C'est bien de ta part.

Et elle lui donna une petite tape sur l'épaule pour faire disparaître ce sourire qui lui serrait le cœur.

– Allez, Django Reinhardt ! Je viendrai un de ces soirs te voir jouer du saxo au Petit Opportun.

– Il a fermé. Et Django Reinhardt jouait de la guitare.

Il rit enfin, heureux de cette promesse.

– Je joue un vendredi par mois au Baiser salé maintenant.

– La propriétaire, c'est toujours Maria Rodriguez ?

– Oui, et la serveuse c'est toujours Sally. Je crois que tu lui plaisais bien aussi, à Sally.

Elle rougit légèrement et répondit sur un ton bourru.

– Si je viens, c'est pour te voir jouer et boire un verre avec Maria. C'est tout.

L'écho de ce dernier mot resta un instant suspendu entre eux comme le son d'une cloche de départ, la sirène d'un bateau qui va larguer les amarres. Alors ils se serrèrent la main, sans un mot.

Kétab tourna les talons. Elle fit quelques pas, s'arrêta, parut hésiter, repartit pour en définitive revenir précipitamment :

– On n'a jamais su le véritable nom de Somaly, dit-elle. Et comme tu vas remettre ses lettres d'amour à Diane Jenken je me disais que, peut-être, tu pourrais lui demander de les lire et voir si… Daphné ne le révèle pas. J'aimerais bien connaître son nom.

– Mais je les ai elles aussi brûlées dans le souterrain !

OPHÉLIE

I

Sur l'onde calme et noire où dorment les étoiles
La blanche Ophélia flotte comme un grand lys,
Flotte très lentement, couchée en ses longs voiles...
– On entend dans les bois lointains des hallalis.
Voici plus de mille ans que la triste Ophélie
Passe, fantôme blanc, sur le long fleuve noir ;
Voici plus de mille ans que sa douce folie
Murmure sa romance à la brise du soir.
Le vent baise ses seins et déploie en corolle
Ses grands voiles bercés mollement par les eaux ;
Les saules frissonnants pleurent sur son épaule,
Sur son grand front rêveur s'inclinent les roseaux.
Les nénuphars froissés soupirent autour d'elle ;
Elle éveille parfois, dans un aune qui dort,
Quelque nid, d'où s'échappe un petit frisson d'aile :
– Un chant mystérieux tombe des astres d'or.

II

Ô pâle Ophélia ! belle comme la neige !
Oui tu mourus, enfant, par un fleuve emporté !
– C'est que les vents tombant des grands monts de Norwège
T'avaient parlé tout bas de l'âpre liberté ;

C'est qu'un souffle, tordant ta grande chevelure,
À ton esprit rêveur portait d'étranges bruits ;
Que ton cœur écoutait le chant de la Nature
Dans les plaintes de l'arbre et les soupirs des nuits ;
C'est que la voix des mers folles, immense râle,
Brisait ton sein d'enfant, trop humain et trop doux ;
C'est qu'un matin d'avril, un beau cavalier pâle,
Un pauvre fou, s'assit muet à tes genoux !
Ciel ! Amour ! Liberté ! Quel rêve, ô pauvre folle !
Tu te fondais à lui comme une neige au feu :
Tes grandes visions étranglaient ta parole
– Et l'infini terrible effara ton œil bleu !

III

– Et le poète dit qu'aux rayons des étoiles
Tu viens chercher, la nuit, les fleurs que tu cueillis,
Et qu'il a vu sur l'eau, couchée en ses longs voiles,
La blanche Ophélia flotter, comme un grand lys.

Arthur Rimbaud, 1870.

Mes remerciements au Dr Dominique Métral, à Mme et M. Daniel Horvath, à Me Géraud Bommenel.

DU MÊME AUTEUR
CHEZ ODILE JACOB

L'Affaire Clémence Lange, 2008.

CET OUVRAGE A ÉTÉ TRANSCODÉ
ET MIS EN PAGES CHEZ NORD COMPO (VILLENEUVE-D'ASCQ)
ACHEVÉ D'IMPRIMER
SUR ROTO-PAGE
PAR L'IMPRIMERIE FLOCH À MAYENNE
EN AVRIL 2009

N° d'impression : 73603.
N° d'édition : 7381-2246-X.
Dépôt légal : avril 2009.

Imprimé en France